· 高职高专土建类专业系列规划教材 ·

范一鸣　王建勇　主　编

尹学英　李　红　崔怀祖　副主编

工程造价计价与控制

合肥工业大学出版社

责任编辑 陈淮民

封面设计 玉 立

图书在版编目(CIP)数据

工程造价计价与控制/范一鸣,王建勇主编 . —合肥:合肥工业大学出版社,2012.7(2015.1 重印)
ISBN 978 - 7 - 5650 - 0475 - 9

Ⅰ.①工… Ⅱ.①范… Ⅲ.①建筑造价管理—高等职业教育—教材 Ⅳ.①TU723.3

中国版本图书馆 CIP 数据核字(2012)第 152141 号

工程造价计价与控制

主 编	范一鸣 王建勇	副主编	尹学英 李 红 崔怀祖

出 版	合肥工业大学出版社	版 次	2012 年 7 月第 1 版
地 址	合肥市屯溪路 193 号	印 次	2015 年 1 月第 2 次印刷
邮 编	230009	开 本	787 毫米×1092 毫米 1/16
电 话	总 编 室:0551 - 62903038	印 张	21.25
	市场营销部:0551 - 62903163	字 数	439 千字
网 址	www.hfutpress.com.cn	印 刷	合肥学苑印务有限公司
E-mail	hfutpress@163.com	发 行	全国新华书店

主编信箱	bzfym@yahoo.com.cn	责编信箱/热线	Chenhm30@163.com 13905512551

ISBN 978 - 7 - 5650 - 0475 - 9　　　　　　　　　　　定价:38.40 元

如果有影响阅读的印装质量问题,请与出版社市场营销部联系调换

高职高专土建类专业系列规划教材
编　委　会

参编学校名单（以汉语拼音为序）

安 徽

安徽电大城市建设学院
安徽建工技师学院
安徽交通职业技术学院
安徽涉外经济职业学院
安徽水利水电职业技术学院
安徽万博科技职业学院
安徽新华学院
安徽职业技术学院
安庆职业技术学院
亳州职业技术学院
巢湖职业技术学院
滁州职业技术学院
阜阳职业技术学院
合肥滨湖职业技术学院
合肥共达职业技术学院
合肥经济技术职业学院
淮北职业技术学院
淮南职业技术学院
六安职业技术学院
宿州职业技术学院
铜陵职业技术学院
芜湖职业技术学院
宣城职业技术学院

江 西

江西工程职业学院
江西环境工程职业学院
江西建设职业技术学院
江西交通职业技术学院
江西蓝天职业技术学院
江西理工大学南昌校区
江西现代职业技术学院
九江职业技术学院
南昌理工学院

总　序

高等职业教育是我国高等教育的重要组成部分。作为大众化高等教育的一种重要类型,高职教育应注重工程能力培养,加强实践技能训练,提高学生工程意识,培养为地方经济服务的生产、建设、管理、服务一线的应用型技术人才。随着我国国民经济的持续发展和科学技术的不断进步,国家把发展和改革职业教育作为建设面向 21 世纪教育和培训体系的重要组成部分,高等职业教育的地位和作用日益被人们所认识和重视。

建筑业是我国国民经济五大物质生产行业之一,正在逐步成为带动整个经济增长和结构升级的支柱产业。我国国民经济建设已进入健康、高速的发展时期,今后一个时期土木工程设施建设仍是国家投资的主要方向,房屋建筑、道路桥梁、市政工程等土木工程设施正在以前所未有的速度建设。因而,国家对建筑业人才的需求亦是与日俱增。建筑业人才的需求可分为三个层次:第一层次是高级研究人才;第二层次是高级设计、施工管理人才;第三层次是生产一线应用型技术人才。土建类高职教育的根本任务是培养应用型技术人才,满足土木工程职业岗位的需求。

但是,由于土建类高职教育培养目标的特殊性,目前国内适合于土建类高等职业技术教育的教材较为缺乏,大部分高职院校教学所用教材多为直接使用本、专科的同类教材,内容缺乏针对性,无法适应高职教育的需要。教材是体现教学内容的知识载体,是实现教学目标的基本工具,也是深化教学改革、提高教学质量的重要保证。从高等职业技术教育的培养目标和教学需求来看,土建类高职教材建设已是摆在我们面前的一项刻不容缓的任务。

为适应高等职业教育不断发展的需要,推动我省高职高专土建类专业教学改革和持续发展,合肥工业大学出版社在充分调研的基础上,联合安徽省 20 多所和江西省 6 所高职高专及本科院校,共同编写出版一套"高职高专土建类专业系列规划教材",并努力在课程体系、教材内容、编写结构等方面将这套教材打造成具有高职特色的系列教材。

本套系列教材的编写体现以学生为本,紧密结合高职教育的规律和特点,涵盖建筑工程技术、建筑工程管理、工程造价、工程监理、建筑装饰技术等土建类常见的

专业,并突出以下特色:

1. 根据土木工程专业职业岗位群的要求,确定了土建类应用型人才所需共性知识、专业技能和职业能力。教材内容安排坚持"理论知识够用为度、专业技能实用为本、实践训练应用为主"的原则,不强调理论的系统性与科学性,而注重面向土建行业基层、贴近地方经济建设、适应市场发展需求;在理论知识与实践内容的选取上,实践训练与案例分析的设计上,以及编排方式和书籍结构的形式上,教材都尽力去体现职教教材强化技能培训、满足职业岗位需要的特点。

2. 为了让学生更好地掌握书中知识要点,每章开端都有一个"导学",分成"内容要点"和"知识链接"两部分。"内容要点"是将本章的主要内容以及知识要点逐条列举出来,让学生搞得清楚、弄得明白,更好地把握知识重点。"知识链接"以大土木专业视野,交待各专业方向课程内容之间的横向联系程度,厘清每门课程的先修课与后续课内容之间的纵向衔接关系。

3. 为了注重理论知识的实际应用,提高学生的职业技能和动手本领,使理论基础与实践技能有机地结合起来,每本教材各章节都分成"理论知识"和"实践训练"两大部分。"理论知识"部分列有"想一想、问一问、算一算"内容,帮助学生掌握本专业领域内必需的基础理论;"实践训练"部分列有"试一试、做一做、练一练"内容,着力培养学生的实践能力和分析处理问题的能力,体现土木工程专业高职教育特点,培养具有必需的理论知识和较强的实践能力的应用型人才。

4. 教材编写注意将学历教育规定的基础理论、专业知识与职业岗位群对应的国家职业标准中的职业道德、基础知识和工作技能融为一体,将职业资格标准融入课程教学之中。为了方便学生应对在校时和毕业后的各种职业技能资质考试与考核,获取技术等级证书或职业资格证书,教材编写注重加强试题、考题的实战练习,把考题融入教材中、试题跟着正文走,着力引导学生能够带着问题学,便于学生日后从容应对各类职业技能资质考试,为实现职业技能培训与教学过程相融通、职业技能鉴定与课程考核相融通、职业资格证书与学历证书相融通的"双证融通"职业教育模式奠定基础。

我希望这套系列教材的出版,能对土建类高职高专教育的发展和教学质量的提高及人才的培养产生积极作用,为我国经济建设和社会发展作出应有的贡献。

柳炳康

2010 年 12 月

前　　言

当今的中国建筑业孕育着大改革和大发展,呈现出前所未有的繁荣和生机,而我国工程造价行业经历了工程量清单计价制度的重大变革后,随着我国工程造价管理工作改革的不断深入,造价工程师和工程造价咨询单位执业资格制度的发展和2008版《清单规范》的颁布,工程造价专业毕业生也受到用人单位的欢迎。由于工程造价专业开设较晚,比较成熟的教材相对较少。本教材在编写体例上打破传统的编写模式,把理论部分和实践训练分开编写,强化实践训练;并且每章开端都有"内容要点"和"知识链接"两部分,可以使学生很容易地掌握知识要点。

本书的特色是为教材使用者——学生着想的:第一是让学生更好地掌握知识要点,搞得清楚,弄得明白;第二是提供了许多实训课目和大大小小的案例,这样可以更好地提高学生职业技能和动手本领,到了工作岗位能够很快上手;第三是在正文中,在每章之后都有题目,这样能方便学生应对在校时、毕业后的各种考试或考证,通过加强试题、考题实战练习,取得好成绩。

本教材适应工程造价发展的需要,对工程造价过程中的常用方法、常见问题加以介绍。全书分为八章,其中第一章介绍了工程造价构成,第二章介绍了工程造价的定额计价方法,第三章介绍了工程造价工程量清单计价方法,第四章介绍了建设项目决策阶段工程造价的计价与控制,第五章介绍了建设项目设计阶段工程造价计价与控制,第六章介绍了建设项目招投标与合同价款的确定,第七章介绍了建设项目施工阶段工程造价的计价与控制,第八章介绍了竣工决算的编制和竣工后保修费用的处理。

本教材可供土建类工程造价专业以及相关专业的高职学生使用,也可供建设、设计、施工和工程咨询等单位从事工程造价管理的专业人员参考。

本书由范一鸣、王建勇担任主编。参编人员有范一鸣、王建勇、尹学英、李红、崔怀祖、武忠民、杜克勤等老师;参编的学校和单位包括亳州职业技术学院、阜阳职业技术学院、淮南职业技术学院、江西工程职业学院、安徽南巽建设项目管理投资有限公司、亳州谯城区水务局等。

本书的编写,参考和引用了一些相关专业书籍的论述,编著者也在此向有关人员致以衷心的感谢!

由于时间仓促,加上编者水平有限,错误在所难免,恳请广大读者批评指正。

编　者

2012 年 5 月

目　　录

绪 论

一、本课程的基础知识

(一)工程造价的概念

广义的工程造价,是指建设一项工程预期开支或实际开支的全部固定资产投资费用,即完成一个工程项目建设所需费用的总和,包括建筑安装工程费用、设备工器具费用和工程建设其他费用等;狭义的工程造价,是指建设单位支付给从事建筑安装工程施工单位的全部生产费用,包括用于建筑物的建造及有关的准备、清理等工程的费用,用于需要安装设备的安置、装配工程费用。

因此,工程造价包括两种含义:前者是从投资者即业主的角度定义的,工程造价就是工程投资费用,建设项目工程造价就是建设项目固定资产投资,反映的是投资者投入与产出的关系;而后者则是指工程项目承发包价格,即建成一个工程项目,业主投资当中应以价款的形式支付给施工企业的全部生产费用,它反映的是建筑市场中以建筑产品为对象的商品交换关系。

在建筑市场中,建安工程造价就是建筑安装产品的价格。

(二)建设项目的划分

为了便于对建设工程管理和确定建筑产品价格,将建设项目的整体根据其组成进行科学的分解,依次划分为若干个单项工程→单位工程→分部工程→分项工程→子项工程。如图 0-1 所示。

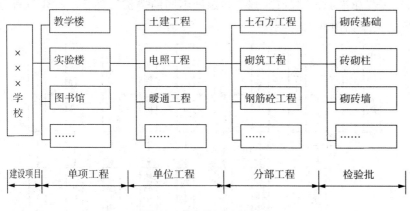

图 0-1 建设项目的划分

1. 建设项目

一个具体的基本建设工程,通常就是一个建设项目。一般是指在一个场地或几个场地上，按照一个设计意图，在一个总体设计或初步设计范围内，进行施工的各个项目的总和。在工业建设中，建设一个工厂就是一个建设项目；在民用建设中，一般以一个学校、一所医院等为一个建设项目。

2. 单项工程

是指在一个建设项目中，具有独立的设计文件，竣工后可以独立发挥生产能力或效益的工程。如工业建设中的各个车间、办公楼、住宅等；民用工程中如学校的教学楼、图书馆等。

3. 单位工程

是指竣工后一般不能独立发挥生产能力或效益，但具有独立设计，可以独立组织施工的工程。按照单项工程的构成，可以分解为建筑工程和设备及安装工程两类。如一个生产车间的厂房修建、电气照明、给排水、工业管道安装、电气设备安装等。

4. 分部工程

按照工程部位、设备种类和型号、工种和结构不同，可将一个单位工程分解为若干个分部工程。如房屋的土建工程，按其不同的工种、不同的结构和部位可分为土石方工程、砌筑工程、钢筋及混凝土工程、门窗工程、装饰工程等。

5. 分项工程

按照不同的施工方法、不同的材料、不同的内容，可将一个分部工程分解为若干检验批。如砌筑工程（分部工程）可分为砖墙、毛石墙等分项工程。

6. 检验批

检验批是工程验收的最小单位，是分项工程乃至建筑工程质量验收的基础。

（三）工程造价的确定

1. 工程造价确定的过程

由于工程项目建设时间长、规模大、造价高，需要按建设程序分阶段建设。因此，在工程建设的不同阶段，都需要编制不同的造价文件。项目建设程序与工程造价的关系如图 0-2 所示。

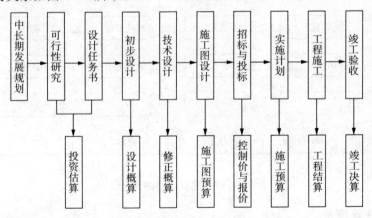

图 0-2 项目建设程序与工程造价的关系

(1)建设程序

项目建设程序,是指建设项目在建设的全过程中各环节、各步骤之间客观存在的不可破坏的先后顺序,是由建设项目本身的特点和客观规律决定的。

一个项目的建设程序可分为以下几个阶段:

① 项目建议书阶段

也叫立项阶段。在项目建议书中论述建设项目的必要性、建设条件的可行性和获利的可能性,供国家选择并确定是否进行下一步工作。

② 可行性研究报告阶段

也叫评估阶段。是对拟建项目的技术、经济的可行性进行详细分析论证,通过多方案的比较,研究基本建设项目的必要性、可行性、合理性。经过批准的"投资估算"是该项目造价的控制限额。

③ 设计工作阶段

设计阶段一般分初步设计和施工图设计两个阶段。大型及技术复杂项目根据需要,在初步设计阶段后,增加技术设计或扩大初步设计阶段,进行 3 阶段设计。

④ 建设准备阶段

按规定征地、拆迁,完成"三通一平"(通水、通电、通路、平整土地)或"七通一平"(水通、排水通、电力通、电讯通、道路通、煤气通和场地平整)。

⑤ 招投标阶段

组织工程招投标,确定施工和监理单位。

⑥ 施工安装阶段

办理开工手续,施工过程中,严格遵守施工图纸、施工验收规范的规定,按照合理的施工顺序组织施工,并加强施工中的经济核算。

⑦ 生产准备阶段

建设单位根据建设项目或主要单项工程生产技术特点,及时组织专门班子有计划地做好生产准备工作

⑧ 竣工验收及交付使用阶段

全部施工完成后,按照规定的竣工验收标准,由项目主管部门或建设单位向主管部门提出竣工验收报告。验收合格后,施工单位向建设单位办理竣工移交和竣工结算手续。

⑨ 工程项目后评价阶段

指项目竣工投产运营一段时间后,再对项目建设的各个阶段进行系统评价的一种经济活动。包括影响评价,即项目投产后对各方面的影响进行评价;经济效益评价,即对项目投资、国民经济效益、财务效益、技术进步和规模效益、可行性研究深度等进行评价;过程评价,即对项目的立项、设计施工、建设管理、竣工投产、生产运营等全过程进行评价。

(2)工程造价的编制

工程建设的不同阶段,应编制相应的工程造价文件。

① 投资估算

投资估算,一般是指在项目建议书和可行性研究阶段,由建设单位或其委托的咨询机构根据项目建议、估算指标和类似工程的有关资料,为了确定建设项目的投资总额而编制的经济文件。投资估算是决策、筹资和控制造价的主要依据。

② 设计概算和修正概算

设计概算是指在初步设计阶段由设计单位根据设计图纸进行计算的,用以确定建设项目概算投资,进行设计方案比较,进一步控制建设项目的工程建设预算文件。设计概算按编制先后顺序和范围大小可分为单位工程概算、单项工程综合概算和建设项目总概算。

修正概算是在扩大初步设计阶段对概算进行的修正调整,较概算造价准确,但受概算造价控制。

③ 施工图预算

施工图预算,是指在施工图设计阶段,由设计单位(或中介机构、施工单位)在施工图设计完成后,根据施工图纸、现行预算定额或估价表、各项费用取费标准,建设地区的自然、技术经济条件等资料,预先计算和确定单项工程和单位工程全部建设费用的经济文件。

④ 控制与标价

控制价是指招标人根据国家或省级、行业建设主管部门颁发的有关计价依据和办法,按施工图纸计算的,对招标工程限定的最高工程限价,也可称其拦标价、预算控制价或最高极价等。

标价是指建设工程施工招标过程中投标方的投标报价。

⑤ 工程结算

竣工决算是指一个单项工程、单位工程、分部分项工程完成后,经建设单位及有关部门验收并办理验收手续后,施工单位按照合同约定和规定的程序,根据施工合同、设计变更通知书、技术核定单、现场费用签证等竣工资料,向建设单位(业主)办理已完工程价款清算的经济文件。分为工程中间结算、年终结算和竣工结算。

⑥ 竣工决算

竣工决算,是指在工程竣工验收后,根据施工合同、技术核定单、现场费用签证等竣工资料,由建设单位编制的反映建设项目从筹建到建成投产(或使用)全过程实际支付的建设费用的技术经济文件。竣工决算是整个建设工程的最终价格,是作为建设单位财务部门汇总固定资产的主要依据。

2. 工程造价确定的方法

(1)定额计价模式

定额计价模式,即由国家或行业提供统一的社会平均的人工、材料、机械标准和价格,供用户确定工程造价的模式。定额是计划经济的产物,在计划经济时期,定额作为建设工程计价的主要依据发挥了重要的作用。但是,随着经济体制由计划经济向市场经济的转变,定额的局限性日渐突出,不能充分调动企业加强管理,不能体现企业的综合实力和竞争能力,使市场竞争机制在工程造价和招投标工作中得不到充分体现。

（2）工程量清单计价模式

工程量清单计价是在建设工程招标投标项目中按照国家统一的工程量清单计价规范,由招标人提供反映工程实体和措施项目的工程量清单,作为招标文件的组成部分,由投标人自主报价,经评审合理低价中标的工程造价计价模式。实行这种计价模式,真正体现了公开、公平、公正的原则,反映市场经济规律,实现了与国际接轨,提高了参与国际竞争的能力。

由于我国工程量清单计价模式尚处在初级阶段,定额计价的模式仍然在使用,目前是两种模式并轨运行。

3. 工程造价的计价特点

建设工程即建筑产品,是建筑业的物质成果,基本建设各部门均以建设工程为对象进行生产、管理、使用,建筑产品具有商品的属性,需要计价,但其计价的特点与其他商品有所不同,主要区别在于建筑产品的计价是一项预测行为,价格需预先计算,如估算、概算、预算等。所以,建筑产品的计价特点表现为:

（1）计价的单件性

由于每一个工程建设项目的结构特点及功能要求均不相同,使其计价方式不能像一般工业产品那样按品种、规格、质量成批计价,只能根据各个工程建设项目的具体情况,通过特殊程序单独计算其工程造价。

（2）计价的多次性

由于工程建设项目的生产周期长,消耗数量大,必须遵循一定的建设程序。所以对其工程造价的计算也要按照不同的建设阶段,分次进行,多次计价。

（3）计价的组合性

为了便于对体积庞大的工程建设项目进行设计、施工和管理,必须按照统一的要求和划分原则进行必要的分解。所以在进行工程计价时,就必须按照建设项目构成进行分部组合计价。其计算过程和计算顺序是:分部分项工程造价→单位工程造价→单项工程造价→建设项目造价。

（4）计价方法的多样性

如编制建筑工程概、预算的方法有单价法和实物法等,编制投资估算的方法有设备系数法、生产能力指数估算法等等。

二、本课程的特点及其与其他课程的关系

1. 本课程的特点

本课程是一门综合性较强的应用学科,涉及我国国民经济的各部门、各行业,应用范围也极为广泛,其主要特点是综合性、政策性、实用性、实践性。

（1）综合性

本课程是一门综合性较强的专业课。主要体现在课程内容上有经济理论基础、工程技术经济、建筑企业管理和计算机技术应用等多学科的交叉和相关知识

的有机组合。这些相关知识的有机组合,使之成为一个比较合理的整体学科,并能满足专业教学的需要。

(2)政策性

本课程具有较强的政策性。本课程所讲述的工程计价定额、工程费用定额、工程造价编制等,无不与国家建筑经济技术政策有关。学习本课程,一个很重要的方面就是要了解、掌握这些政策规定和政策精神,以便在实际工程中贯彻应用。

(3)实用性

本课程是一门实用性学科。本课程内容设置上紧跟我国工程造价改革发展的实际,新增了近期颁发的新定额、新规定和新方法,还收集整理了部分典型工程造价编制实例和一些实际应用问题,经提炼后编写为本课程教学内容和练习题。由于本课程内容切合实际,适应企业经营管理需要,因此更增强了课程内容的实用性。

(4)实践性

本课程力求使理论知识密切联系建筑企业的实际情况,并以实际应用为学习重点。为在教学中重视基本技能的训练,加强动手能力的培养,本课程专门安排一定学时的实践性教学和现场教学,以增强学生的感性认识和实际工作能力。由于教学中重点突出了多练习、多实践,因而使本课程具有较强的实践性。

2. 本课程与其他课程的关系

本课程是一门综合性的技术经济学科,内容多,涉及的知识面广。它是以政治经济学、建筑经济学、价格学和社会主义市场经济理论为理论基础,以建筑识图、房屋构造、建筑材料、建筑结构、施工技术、建筑工程经济与企业管理、建筑企业会计等课程为专业基础,与建筑施工组织、房屋设备、计算机信息技术等课程有着密切联系,尤其是我国加入世贸组织参与国际竞争,在工程预算费用内容、价格组成、编制方法、审查程序等方面均要采用国际惯例。

三、本课程的研究对象与任务

1. 本课程的研究对象

在一定的社会生产力水平条件下,建筑业的产品与其他产品一样要消耗一定数量的活劳动与物化劳动。施工生产消耗虽然受诸多因素的影响,但生产单位建筑产品与消耗的人力、物力和财力之间存在着一种必然的以质量为基础的定量关系,表示这个定量关系的就是建筑安装工程定额。建筑安装工程定额是客观地、系统地研究建筑产品与生产要素之间构成的因素和规律,并用科学的方法确定建筑安装产品消耗标准,经国家主管部门批准颁发建筑安装产品消耗量的一个标准额。

在社会主义市场经济条件下,建筑安装产品不仅具有商品属性,而且因产品的构成要素和价格的形成具有自身的特殊性,必须充分认识价格运动的特点,才能准确、合理的确定建筑产品的价格。本课程就是针对建筑安装产品消耗量的一个标准额和建筑安装产品的价格进行研究。掌握和确定建筑安装产品价格的科学体系,提高社会生产力发展水平,加快与国际接轨,是本课程研究的目的所在。

2. 本课程的研究任务

建筑工程造价改革的最终目标是建立以市场形成价格为主的价格机制,改革现行建筑安装工程定额管理方式,实行量价分离,企业积极参与市场竞争,政府进行宏观调控,参考国际惯例制定统一的计价规范,为在招标投标中推行全国统一的工程量清单计价办法提供基础。因此,如何运用各种经济规律和科学方法,合理确定建筑安装工程造价,科学地掌握价格规律,就成为本课程主要的研究任务。

四、本课程的学习方法

由于本课程具有综合性、实践性强的特点,因此,在学习方法上,不但要注重理论知识的学习,更重要的是要注重实际操作,学练结合、学以致用。学生除独立完成平时作业外,还必须亲自动手加强基本技能的训练和实际工作能力的培养,即在老师的指导下,独立完成单位工程施工图的编制。只有通过反复的练习和具体运用,才能在加深理解的基础上,培养成为具有较强动手能力的高级应用型人才。

本章思考与实训

1. 什么是工程造价?
2. 工程造价有哪些计价特点?
3. 学习这门课有何意义?
4. 本课程的学习方法有哪些?

第一章 工程造价构成

【内容要点】

1. 我国现行投资构成和工程造价构成；
2. 世界银行工程造价构成；
3. 设备购置费的构成及计算，包括设备原价、设备杂运费的构成计算；
4. 工具、器具及生产家具购置费的构成及计算；
5. 建筑安装工程费用构成；
6. 预备费、建设期贷款利息、固定资产投资方向调节税。

【知识链接】

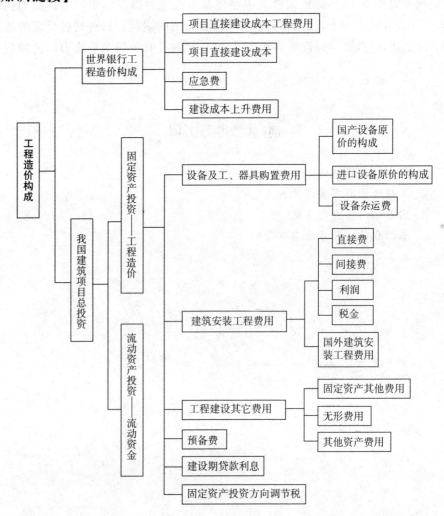

第一节　世界银行及我国工程造价的构成

一、世界银行工程造价的构成

1978 年,世界银行、国际咨询工程师联合会对项目总建设成本(相当于我国的工程造价)作了统一规定,工程造价总建设成本包括直接建设成本、间接建设成本、应急费和建设成本上升费等。各部分详细内容如下:

(一)项目直接建设成本

项目直接建设成本包括以下内容:

(1)土地征购费。

(2)场外设施费用,如道路、码头、桥梁、机场、输电线路等设施费用。

(3)场地费用,指用于场地准备、厂区道路、铁路、围栏、场内设施等的建设费用。

(4)工艺设备费,指主要设备、辅助设备及零配件的购置费用,包括海运包装费用、交货港离岸价,但不包括税金。

(5)设备安装费,指设备供应商的监理费用,本国劳务及工资费用,辅助材料、施工设备、消耗品和工具等费用,以及安装承包商的管理费和利润等。

(6)管道系统费用,指与系统的材料及劳务相关的全部费用。

(7)电气设备费,其内容与第(4)项类似。

(8)电气安装费,指设备供应商的监理费用,本国劳务与工资费用,辅助材料、电缆管道和工具费用,以及营造承包商的管理费和利润。

(9)仪器仪表费,指所有自动仪表、控制板、配线和辅助材料以及供应商的监理费用、外国或本国劳务及工资费用、承包商的管理费和利润。

(10)机械的绝缘和油漆费,指与机械及管道的绝缘和油漆相关的全部费用。

(11)工艺建筑费,是指原材料、劳务费以及与基础、建筑构造、屋顶、内外装修、公共设施有关的全部费用。

(12)服务性建筑费用,其内容与第(11)项相似。

(13)工厂普通公共设施费,包括材料和劳务费以及与供水、燃料供应、通风、蒸汽发生及分配、下水道、污物处理等公共设施有关的费用。

(14)车辆费,指工艺操作必需的机动设备零件费用,包括海运包装费用以及交货港的离岸价,但不包括税金。

(15)其他当地费用,指那些不能归类于以上任何一个项目,不能计入项目间接成本,但在建设期间又是必不可少的当地费用。

(二)项目间接建设成本

项目间接建设成本包括以下内容:

(1)项目管理费

① 总部人员的薪金和福利费,以及用于初步和详细工程设计、采购、时间和成本控制、行政和其他一般管理的费用。

② 施工管理现场人员的薪金、福利费，以及用于施工现场监督、质量保证、现场采购、时间及成本控制、行政及其他施工管理机构的费用。

③ 零星杂项费用，如返工、旅行、生活津贴、业务支出等。

④ 各种酬金。

(2)开工试车费，指工厂投料试车必需的劳务和材料费用。

(3)业主的行政性费用，指业务的项目管理人员费用及支出。

(4)生产前费用，指前期研究、勘测、建矿、采矿等费用。

(5)运费和保险费，指海运、国内运输、许可证及佣金、海洋保险、综合保险等费用。

(6)地方税，指地方关税、地方税及对特殊项目征收的税金。

(三)应急费

应急费包括以下内容：

(1)未明确项目的准备金。此项准备金用于在估算时不可能明确的潜在项目，包括那些在做成本估算时因为缺乏完整、准备和详细的资料而不能完全预见和不能注明的项目，而且这些项目是必须完成的，或它们的费用是必定要发生的。在每一个组成部分中均单独以一定的百分比确定，并作为估算的一个项目单独列出。此项准备金不是为了支付工作范围以外可能增加的项目，不是用于应付天灾、非正常经济情况及罢工等情况，也不是用来补偿估算的任何误差，而是用来支付那些几乎可以肯定要发生的费用。因此，它是估算不可缺少的一个组成部分。

(2)不可预见准备金。此项准备金(在未明确项目的准备金之外)用于在估算到达一定的完整性并符合技术标准的基础上，由于物质、社会和经济的变化，导致估算增加的情况。此种情况可能发生，也可能不发生，因此，不可预见准备金只是一种储备，可能不动用。

(四)建设成本上升费用

通常，估算中使用的构成工资率、材料和设备价格基础的截止日期就是"估算日期"。必须对该日期或已知成本基础进行调整，以补偿直至工程结束时的未知价格增长。

工程的各个主要组成部分(国内劳务和相关成本、本国材料、外国材料、本国设备、外国设备、项目管理机构)的细目划分决定以后，便可以确定每一个主要组成部分的增长率。这个增长率是一项判断因素。它以已发表的国内和国际成本指数、公司记录等为依据，并于实际供应商进行核对，然后根据确定的增长率和从工程进度表中获得的各主要组成部分的中点值，计算出每项主要组成部分的成本上升值。

二、我国工程造价的构成

建设项目投资是指在工程项目建设阶段所需要的全部费用的总和。生产性建设项目总投资包括建设投资、建设期利息和流动资金三部分；非生产性建设项目总投资包括建设投资和建设期利息两部分。其中，建设投资和建设期利息之和对应于固定资产投资，固定资产投资与建设项目的工程造价在量上相等。由于工程造价具有大额性、动态性、兼容性等特点,要有效管理工程造价,必须按照一定的标准对工程造价的费用构成进行分解。一般可以按建筑资金支出的性质、途径等方式来分解工程造价。工程造价基本构成包括用于购买工程项目所含各种设备的费用,用于建筑施工和安装施工所需支出的费用,用于委托工程勘察设计应支付的费用,用于购置土地所需的费用,也包括用于建设单位自身进行项目筹建和项目管理所花费的费用等。总之,工程造价是按照确定的建筑内容、建设规模、建设标准、功能要求和使用要求等将工程项目全部建成并验收合格交付使用所需的全部费用。

工程造价的主要构成部分的建设投资,根据国家发改委和建设部以(发改投资[2006]1325 号)发布的《建设项目经济评价方法与参数(第三版)》的规定,建设投资包括工程费用、工程建设其他费用和预备费三部分。工程费用是指直接构成固定资产实体的各种费用,可以分为建筑安装工程费和设备及工器具购置费;工程建设其他费用是指根据国家有关规定应在投资中支付,并列入建设项目总造价或单项工程造价的费用;预备费是为了保证工程项目的顺利实施,避免在难以预料的情况下造成投资不足而预先安排的一笔费用。建筑项目总投资的具体构成内容如表1-1所示。

表 1-1　建设项目总投资的构成

		第一部分 工程费用	建筑安装工程费
建设工程项目总投资	建设投资		设备、工器具购置费
		第二部分 工程建设其他费用	固定资产费用
			管理费
			建设用地费
			可行性研究费
			研究试验费
			勘察设计费
			环境影响评价费
			劳动安全卫生评价费
			场地准备及临时设施费
			引进技术和引进设备其他费
			工程保险费
			联合试运转费
			特殊设备安全监督检验费
			市政公用设施建设及绿化补偿费
		无形资产费用	专利及专有技术使用费
		其他资产费用	生产准备费
			开办费
		第三部分 预备费	基本预备费
			涨价预备费
		建设期利息	
		固定资产投资方向调节税(暂停征收)	
	流动资产投资——铺底流动资金		

[注]　图中列示的项目总投资主要是指在项目可行性研究阶段用于财务分析时的总投资构成,在"项目报批总投资"或"项目概算总投资"中只包括铺底流动资金,其金额通常为流动资金总额的30%。

第二节　设备及工、器具购置费用的构成

设备及工、器具购置费用是由设备购置费和工具、器具及生产家具购置费组成的,它是固定资产投资中的积极部分。在生产性工程建设中,设备及工、器具购置费用占工程造价比重的增大,意味着生产技术的进步和资本有机构成的提高。

一、设备购置费用的构成及计算

(一)国产设备原价的构成及计算

[想一想]
国产标准设备原价,一般是按什么计算的?

国产设备原价一般指的是设备制造厂的交货价或订货合同价。它一般根据生产,或供应商的询价、报价、合同价确定,或采用一定的方法计算确定。国产设备原价分为国产标准设备原价和国产非标准设备原价。

1. 国产标准设备原价

国产标准设备是指按照主管部门颁布的标准图纸和技术要求,由我国设备生产厂批量生产的,符合国家质量检测标准的设备。国产标准设备原价有两种,即带有备件的原价和不带有备件的原价。在计算时,一般采用带有备件的原价。国产标准设备一般有完善的设备交易市场,因此可通过查询相关交易价格或向设备生产厂家询价得到国产标准设备原价。

2. 国产非标准设备原价

国产非标准设备是指国家尚无定型标准,各设备生产厂不可能在工艺过程中采用批量生产,只能按定货要求,并根据具体的设计图纸制造的设备。非标准设备原价有多种不同的计算方法,如成本计算估价法、系列设备插入估价法、分部组合估价法、定额估价法等。按成本计算估价法,非标准设备的原价由以下各项组成:

(1)材料费

其计算公式如下:

$$材料费＝材料净重×(1＋加工损耗系数)×每吨材料综合价 \qquad (1-1)$$

(2)加工费

包括生产工人工资和工资附加费、燃气动力费、设备折旧费、车间经费等。其计算公式如下:

$$加工费＝设备总重量(吨)×设备每吨加工费 \qquad (1-2)$$

(3)辅助材料费(简称辅材费)

包括焊条、焊丝、氧气、氩气、氮气、油漆、电石等费用。其计算公式如下:

$$辅助材料费＝设备总重量×辅助材料费指标 \qquad (1-3)$$

(4)专用工具费

按(1)~(3)项之和乘以一定百分比计算。

(5)废品损失费

按(1)～(4)项之和乘以一定百分比计算。

(6)外购配套件费

按设备设计图纸所列的外购配套件的名称、型号、规则、数量、重量,根据相应的价格加运杂费计算。

(7)包装费

按以上(1)～(6)项之和乘以一定百分比计算。

(8)利润

可按(1)～(5)项加第(7)项之和乘以一定利润率计算。

(9)税金(主要指增值税)

计算公式为:

$$增值税＝当期销项税额—进项税额 \qquad (1-4)$$

$$当期销项税额＝销售额×适用增值税率(\%) \qquad (1-5)$$

$$[销售额为(1)～(2)项之和]$$

(10)非标准设备设计费

按国家规定的设计费收费标准计算。

$$单台非标准设备原价＝\{[(材料费＋加工费＋辅助材料费)×(1＋专用工具费率)×(1＋废品损失费率)＋外购配套件费]×(1＋包装费率)—外购配套件费\}×(1＋利润率)＋销项税金＋非标准设备设计费＋外购配套件费 \qquad (1-6)$$

(二)进口设备原价的构成及计算

进口设备的原价是指进口设备的抵岸价,通常是由进口设备到岸价(CIF)和进口从属费构成。进口设备的到岸价,即抵达买方边境港口或车站的价格。在国际贸易中,交易双方所用的交货类别不同,则交易价格的构成的内容也有所差异。进口从属费用包括银行财务费、外贸手续费、进口关税、消费税、进口环节增值税等,进口车辆的还需缴纳车辆购置税。

1. 进口设备的交易价格

在国际贸易中,较为广泛使用的交易价格术语有 FOB、CFR 和 CIF。

(1)FOB(free on board),意为装运港船上交货,亦称为离岸价格

FOB 术语是指当货物在指定的装运港越过船舷,买方即完成交货义务。风险转移,以在指定的装运港货物越过船舷时为分界点。费用划分与风险转移的分界点相一致。

在 FOB 交货方式下,卖方的基本义务有:办理出口清关手续,自负风险和费用,领取出口许可证及其他官方文件;在约定的日期或期限内,在合同规定的装运港,按港口惯常的方式,把货物装上买方指定的船只,并及时通知买方;承担货物在装运港越过船舷之前的一切费用和风险;向买方提供商业发票和证明货物已交至船上的装运单据或具有同等效力的电子单证。买方的基本义务有:负责

[问一问]

哪些费用中可计入国产非标准设备原价?

租船订舱,按时派船到合同约定的装运港接运货物,支付运费,并将船期、船名及装船地点及时通知卖方;负担货物在装运港越过船舷后的各种费用以及货物灭失或损失的一切风险;负责获取进口许可证或其他官方文件,以及办理货物入境手续;受领卖方提供的各种单证,按合同规定支付货款。

(2)CFR(cost and freight),意为成本加运费,或称之为运费在内价

CFR 是指在装运港货物越过船舷卖方即完成交货,卖方必须支付将货物运至指定的目的港所需的运费和费用,但交货后货物灭失或损坏的风险,以及由于各种事件造成的任何额外费用,却由卖方转移到买方。与 FOB 价格相比,CFR的费用划分与风险转移的分界点是不一致的。

在 CFR 交货方式下,卖方的基本义务有:提供合同规定的货物,负责订立运输合同并租船订舱,在合同规定的装运港和规定的期限内,将货物装上船并及时通知买方,支付运至目的港的运费;负责办理出口清关手续,提供出口许可证或其他官方批准的文件;承担货物在装运港越过船舷之前的一切费用和风险;按合同规定提供正式有效的运输单据、发票或具有同等效力的电子单证。买方的基本义务有:承担货物在装运港越过船舷以后的一切风险及运输途中因遭遇风险所起的额外费用;在合同规定的目的港受领货物,办理进口清关手续、交纳进口税,受领卖方提供的各种约定的单证,并按合同规定支付货款。

(3)CIF(cost insurance and freight),意为成本加保险费、运费,习惯称到岸价格

在 CIF 术语中,卖方除负有与 CFR 相同的义务外,还应办理货物在运输途中最低险别的海运保险,并支付保险费。如买方需要更高的保险险别,则需要与卖方明确地达成协议,或者自行做出额外的保险安排。除保险这项义务之外,买方的义务与 CFR 相同。

2. 进口设备到岸价的构成及计算

$$进口设备到岸价(CIF)=离岸价格(FOB)+国际运费+运输保险费$$

$$=运输在内价(CFR)+运输保险费 \qquad (1-7)$$

(1)货价,一般指装运港船上交货价(FOB)。设备货价分为原币货价和人民币货价,原币货价一律折算为美元表示,人民币货价按原币货价乘以外汇市场美元兑换人民币汇率中间价确定。进口设备货价按有关生产厂商询价、报价、订货合同价计算。

(2)国际运费,即从装运港(站)到达我国目的港(站)的运费。我国进口设备大部分采用海洋运输,小部分采用铁路运输,个别采用航空运输。进口设备国际运费计算公式为:

$$国际运费(海、陆、空)=货币货价(FOB)×运费率(\%) \qquad (1-8)$$

$$国际运费(海、陆、空)=单价运价×运量 \qquad (1-9)$$

其中运费率或单位运价参照有关部门或进出口公司的规定执行。

(3)运输保险费。对外贸易货物运输保险是由保险人(保险公司)与被保险人(出口人或进口人)订立保险契约,在被保险人交付议定的保险费后,保险人根据保险契约的规定对货物在运输过程中发生的承保责任范围内的损失给予经济上的补偿。这是一种财产保险。计算公式为:

$$运输保险费 = \frac{原币货价(FOB) + 国外运费}{1 - 保险费率(\%)} \times 保险费率(\%) \quad (1-10)$$

其中,保险费率按保险公司规定的进口货物保险费率计算。

3. 进口从属费的构成及计算

$$进口从属费 = 银行财务费 + 外贸手续费 + 关税 + 消费税 +$$

$$进口环节增值税 + 车辆购置税 \quad (1-11)$$

(1)银行财务费,一般是指在国际贸易结算中,中国银行为进出口商提供金融结算服务收取的费用,可按下式简化计算:

$$银行财务费 = 离岸价格(FOB) \times 人民币外汇汇率 \times$$

$$银行财务费率 \quad (1-12)$$

(2)外贸手续费,指按对外经济贸易部规定的外贸手续费计取的费用,外贸手续费率一般取 1.5%。计算公式为:

$$外贸手续费 = 到岸价格(CIF) \times 人民币外汇汇率 \times 贸易手续费率$$

$$(1-13)$$

(3)关税,由海关对进出国境或关境的货物和物品征收的一种税。计算公式为:

$$关税 = 到岸价格(CIF) \times 人民币外汇汇率 \times 进口关税税率 \quad (1-14)$$

到岸价格作为关税的计征基数时,通常又可称为关税完税价格。进口关税税率分为优惠和普通两种。优惠税率适用于与我国签订关税互惠条款的贸易条约或协定的国家的进口设备;普通税率适用于与我国未签订关税互惠条款的贸易条约或协定的国家的进口设备。进口关税税率按我国海关总署发布的进口关税税率计算。

(4)消费税,仅对部分进口设备(如轿车、摩托车等)征收,一般计算公式为:

$$应纳消费税税额 = \frac{到岸价格(GIF) \times 人民币外汇汇率 + 关税}{1 - 消费税税率(\%)} \times$$

$$消费税税费(\%) \quad (1-15)$$

其中,消费税税率根据规定的税率计算。

(5)进口环节增值税,是对从事进口贸易的单位和个人,在进口商品报关进口后征收的税种,我国增值税条例规定,进口应税产品均按组成计税价格和增值税税率直接计算应纳税额。即:

$$进口环节增值税额＝组成计税价格×增值税税率(\%) \qquad (1-16)$$

$$组成计税价格＝关税完税价格＋关税＋消费税 \qquad (1-17)$$

增值税税率根据规定的税率计算。

(6)车辆购置税。进口车辆需缴进口车辆购置税。其公式如下：

$$进口车辆购置税＝(关税完税价格＋关税＋消费税)×$$

$$车辆购置税率(\%) \qquad (1-18)$$

【例1-1】 从某国进口设备，重量1000吨，装运港船上交货价为400万美元，工程建设项目位于国内某省城市。如果国际运费标准为300美元/吨，海上运输保险费率为3‰，银行财务费率为5‰，外贸手续费为1.5%，关税税率为22%，增值税的税率为17%，消费税税率为10%，银行外汇牌价为1美元＝6.8元人民币，对该设备的原价进行估算。

解：进口设备FOB＝400×6.8＝2720(万元，人民币，同下)

国际运费＝300×1000×6.8＝204(万元)

海运保险费＝(2720＋204)/(1－0.3‰)×0.3‰＝8.80(万元)

CIF＝2720＋204＋8.80＝2932.8(万元)

银行财务费＝2720×5‰＝13.6(万元)

外贸手续费＝2932.8×1.5%＝43.99(万元)

关税＝2932.8×22%＝645.22(万元)

消费税＝(2932.8＋645.22)/(1－10%)×10%＝397.56(万元)

增值税＝(2832.8＋645.22＋397.56)×17%＝675.85(万元)

进口从属费＝13.6＋43.99＋645.22＋397.56＋675.85＝1776.22(万元)

进口设备原价＝2932.8＋1776.22＝4709.02(万元)

(三)设备运杂费的构成计算

1. 设备运杂费的构成

设备杂运费通常由下列各项构成：

(1)运费和装卸费

国产设备由设备制造厂交货地点起至工地仓库(或施工组织设计指定的需要安装设备堆放地点)止所发生的运费和装卸费；进口设备则由我国到岸港口或边境车站起至工地仓库(或施工组织设计指定的需要安装设备的堆放地点)止所发生的运费和装卸费。

(2)包装费

在设备原价中没有包含的，为运费而进行的包装支出的各种费用。

(3)设备供销部门的手续费

按有关部门规定的统一费率计算。

(4)采购与仓库保管费

指采购、验收、保管和收发设备所发生的各种费用，包括设备采购人员、保管

[问一问]

设备运杂费由哪几部分构成？

人员和管理人员的工资、工资附加费、办公费、差旅交通费,设备供应部门办公和仓库所占有固定资产使用费、工具用具使用费、劳动保护费、检验试验费等。这些费用可按主管部门规定的采购与保管费费率计算。

2. 设备运杂费的计算

设备运杂费按设备原价乘以设备运杂费率计算,其公式为:

$$设备运杂费＝设备原价×设备运杂费率(\%) \qquad (1-19)$$

其中,设备运杂费率按各部门及省、市有关规定计取。

二、工具、器具及生产家具购置费用的构成及计算

工具、器具及生产家具购置费,是指新建或扩建项目初步设计规定的,保证初期正常生产必须购置的没有达到固定资产标准的设备、仪器、工卡模具、器具、生产家具和备品备件等的购置费用。一般以设备购置费为计算基数,按照部门或行业规定的工具、器具及生产家具费用率计算。计算公式为:

$$工具、器具及生产家具购置费＝设备购置费×定额费率 \qquad (1-20)$$

【实践训练】

课目:

(一)背景资料

在该工程中,有一种设备须从国外进口,招标文件中规定投标者必须对其做出详细报价。某资格审查合格的施工单位,对该设备的报价资料作了充分调查,所得数据为:该设备重 1000 吨;在某国的装运港船上交货价为 100 万美元;海洋运费为 300 美元/吨;运输保险费率为 2‰;银行财务费率为 5‰;外贸手续费率为 1.5‰;关税税率为 20%;增值税税率为 17%;设备运杂费率为 2.5%。

(二)问题

请根据上述资料计算出详细报价(以人民币计,1 美元＝8.30 元人民币)。

(三)分析与解答

1. 设备货价 100 万美元×8.3 元/美元＝830 万元

2. 海洋运输费＝1000 吨×300 美元/吨×8.3 元/美元＝249 万元

3. 运输保险费＝[(830＋249)/(1−2‰)]×2‰＝2.16 万元

4. 银行财务费＝830 万元×5‰＝4.15 万元

5. 外贸手续费＝(830＋249＋2.16)万元×1.5‰＝16.22 万元

6. 关税＝(830＋249＋2.16)×20%＝216.23 万元

7. 增值税＝(830＋249＋2.16＋216.73)×17%＝220.64 万元

8. 设备运杂费＝(830＋249＋2.16＋4.15＋16.22＋216.23＋220.64)×

2.5‰＝348.46 万元

  9. 该设备报价＝1576.85 万元

第三节　建筑安装工程费用构成

一、建筑安装工程费用的内容及构成

(一)建筑安装工程费用内容

1. 建筑工程费用内容

(1)各类房屋建筑工程和列入房屋建筑工程预算的供水、供暖、卫生、通风、煤气等设备费用及其装设、油饰工程的费用,列入建筑工程预算的各种管道、电力、电信和电缆导线敷设工程的费用。

(2)设备基础、支柱、工作台、烟囱、水塔、水池等建筑工程以及各种炉窑的砌筑工程和金属结构工程的费用。

(3)为施工而进行的场地平整,工程和水文地质勘察,原有建筑和障碍物的拆除以及施工临时用水、电、气、路和完工后的场地清理,环境绿化、美化等工作的费用。

(4)矿井开凿、井巷延伸、露天矿剥离,石油、天然气钻进,修建铁路、公路、桥梁、水库、堤坝、灌渠及防洪等工程的费用。

2. 安装工程费用内容

(1)生产、动力、起重、运输、传动和医疗、试验等各种需要安装的机械设备的装配费用,与设备相连的工作台、梯子、栏杆等设施的工程费用,附属于被安装设备的管线敷设工程费用,以及被安装设备的绝缘、防腐、保温、油漆等工作的材料费和安装费。

(2)为测定安装工程质量,对单台设备进行单机试运转、对系统设备进行系统联动无负荷运转工作的调试费。

(二)我国现行建筑安装工程费用项目组成

根据建设部"关于印发《建筑安装工程费用项目组成》的通知"(建标[2003]206 号),我国现行建筑安装工程费用项目主要由四部分组成:直接费、间接费、利润和税金。其具体构成如图 1−1 所示。

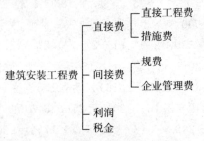

图 1−1　建筑安装工程费用的组成

二、直接费构成及计算

建筑安装工程直接费由直接工程费和措施费组成。

(一)直接工程费

直接工程费是指施工过程中耗费的直接构成工程实体的各项费用,包括人工费、材料费、施工机械使用费。

1. 人工费

建筑安装工程费中的人工费,是指直接从事建筑安装工程施工作业的生产人工开支的各项费用。构成人工费的基本要素有两个,即人工工日消耗量和人工日工资单价。

(1)人工工日消耗量

是指在正常施工生产条件下,建筑安装产品(分部分项工程或结构构件)必须消耗的某种技术等级的人工工日数量。它由分项工程所综合的各个工序施工劳动定额包括的基本用工、其他用工两部分组成。

(2)相应等级的日工资单价包括生产工人基本工资、工资性补贴、生产工人辅助工资、职工福利费及生产工人劳动保护费

人工费的基本计算公式为:

$$人工费 = \sum (工日消耗量 \times 日工资单价) \qquad (1-21)$$

2. 材料费

建筑安装工程费中的材料费,是指施工过程中消耗的构成工程实体的原材料、辅助材料、构配件、零件、半成品的费用。构成材料的基本要素是材料消耗量、材料基价和检验试验费。

(1)材料消耗量

材料消耗量是指在合理材料的条件下,建筑安装产品(分部分项工程或结构构件)必须消耗的一定品种规格的原材料、辅助材料、构配件、零件、半成品等的数量标准。它包括材料净用量和材料不可避免的损耗量。

(2)材料基价

材料基价是指材料在购买、运输、保管过程中形成的价格,其内容包括材料原价(或供应价格)、材料运杂费、运输损耗量、采购及保管等。

(3)检验试验费

检验试验费是指对建筑材料、构件和建筑安装物进行一般鉴定、检查所发生的费用,包括自设试验室进行试验所耗用的材料和化学药品等费用;不包括新结构、新材料的试验费和建筑单位对具有出厂合格证明的材料进行检验、对构件做破坏性试验及其他特殊要求检验试验的费用。

材料费的基本计算公式:

$$材料费 = \sum (材料消耗量 \times 材料基价) + 检验试验费 \qquad (1-22)$$

3. 施工机械使用费

建筑安装工程费中的施工机械使用费,是指施工机械作业所发生的机械使用费以及机械安拆费和场外运费。构成施工机械使用费的基本要素是施工机械台班消耗量和机械台班单价。

(1)施工机械台班消耗量

是指在正常施工条件下,建筑安装产品(分部分项工程或结构构件)必须消耗的某类某种型号施工机械的台班数量。

(2)机械台班单价

内容包括台班折旧费、台班大修理费、台班经常修理费、台班安拆费及场外运输费、台班人工费、台班燃料动力费、台班养路费及车船使用税。

施工机械使用费的基本计算公式为:

$$施工机械使用费 = \sum (施工机械台班消耗量 \times 机械台班单价) \quad (1-23)$$

[问一问]
  建筑安装工程费中措施费主要有哪些?

(二)措施费

措施费是指实际施工中必须发生的施工准备和施工过程中技术、生活、安全、环境保护等方面的非工程实体项目的费用。所谓非实体性项目,是指其费用的发生和金额的大小与使用时间、施工方法或者两个以上工序相关,并且不形成最终的实体工程,如大型机械设备出场及安拆、文明施工和安全防护、临时设施等,措施费项目的构成需考虑多种因素,除工程本身的因素外,还涉及水文、气象、环境、安全等因素。综合《建筑安装工程费用项目组成》、《建设工程工程量清单计价规范》(GB50500—2008)以及《建筑工程安全防护、文明施工措施费用及使用管理规定》(建办[2005]89号)的规定,措施项目费可以归纳为以下几项,见下表1-2:

表1-2 措施项目

序号	项目名称
1	安全文明施工(含环境保护、文明施工、安全施工、临时施工)
2	夜间施工
3	二次搬运
4	冬季、雨季施工
5	大型机械设备进出场及安拆
6	施工排水
7	施工降水
8	地上、地下设施,建筑物的临时保护设施
9	已完工程及设备保护

三、间接费构成及计算

建筑安装工程间接费是指虽不是直接由施工的工艺过程所引起,但却与工程的总体条件有关的,建筑安装企业为组织施工和进行经营管理,以及间接为建筑安装生产服务的各项费用。

(一)间接费的组成

按现行规定,建筑安装工程间接费由规费和企业管理费组成。

1. 规费

规费是指政府和有关权力部门规定必须缴纳的费用,包括:

(1)工程排污费

是指施工现场按规定缴纳的工程排污费。

(2)社会保障费

包括:

① 养老保险费:是指企业按规定标准为职工缴纳的基本养老保险费。

② 失业保险费:是指企业按照国家规定标准为职工缴纳的失业保险费。

③ 医疗保险费:是指企业按照规定标准为职工缴纳的基本的医疗保险费。

(3)住房公积金

是指企业按规定标准为职工缴纳的住房公积金。

(4)危险作业意外伤害保险

是指按照建筑法规定,企业为从事危险作业的建筑安装施工人员支付的意外伤害保险费。

2. 企业管理费

企业管理费是指建筑安装企业组织施工生产和经营管理所需费用,包括:

(1)管理人员工资

是指管理人员的基本工资、工资性补贴、职工福利费、劳动保护费等。

(2)办公费

是指企业管理办公用的文具、纸张、账表、印刷、邮电、书包、会议、水电、烧水和集体取暖(包括现场临时宿舍取暖)用煤等费用。

(3)差旅交通费

是指职工因公出差、调动工作的差旅费、住勤补助费,市内交通费和误餐补助费,职工探亲路费,劳动力招募费,职工离退休、退职一次性路费,工伤人员就医路费,工地转移费以及管理部门使用的交通工具的油漆、燃料、养路费及牌照费。

(4)固定资产使用费

是指管理和试验部门及附属生产单位使用的属于固定资产的房屋、设备仪器等的折旧、大修、维修或租赁等的费用。

(5)工具用具使用费

是指企业管理过程中使用的不属于固定资产的生产工具、器具、家具、交通

[算一算]

某施工企业施工时使用自有模板,已知一次使用量为1200m²,模板价格为30元/m²,若周转次数为8,补损率8%,施工损耗为10%,不考虑支、拆、运输。

请算出模板摊销量和模板费。

工具和检验、试验、测绘、消防用具等的购置、维修和摊销费。

（6）劳动保险费

是指由企业支付离退休职工的易地安家补助费、职工退职金、6个月以上的病假人员工资、职工死亡丧葬补助费、抚恤费、按规定支付给离休干部的各项经费。

（7）工会经费

是指企业按职工工资总额计提的工会经费。

（8）职工教育经费

是指企业为职工学习先进技术和提高文化水平，按职工工资总额计提的费用。

（9）财产保险费

是指施工管理用财产、车辆保险费用。

（10）财务费

是指企业为筹集资金而发生的各种费用。

（11）税金

是指企业按规定缴纳的房产税、车船使用税、土地使用税、印花税等。

（12）其他

包括技术转让费、技术开发费、业务招待费、绿化费、广告费、公证费、法律顾问费、审计费、咨询费等。

（二）间接费的计算方法

$$间接费＝取费基数×间接费费率 \qquad (1-24)$$

间接费的取费基数有三种，分别是：以直接费为计算基数，以人工费和机械费合计为计算基数，以及以人工费为计算基数。

$$间接费费率（\%）＝规费费率（\%）＋企业管理费费率（\%） \qquad (1-25)$$

在不同的取费基数下，规费费率和企业管理费费率计算方法均不相同。

1. 以直接费为计算基数

（1）规费费率

$$规费费率（\%）＝\frac{\sum 规费缴纳标准×每万元发承包价计算基数}{每万元发承包价中的人工费含量}×$$

$$人工费占直接费的比例 \qquad (1-26)$$

（2）企业管理费费率

$$企业管理费费率（\%）＝\frac{生产工人年平均管理费}{年有效施工天数×人工单价}×$$

$$人工费占直接费比例（\%） \qquad (1-27)$$

2. 以人工费和机械费合计为计算基数

（1）规费费率

$$规费费率 = \frac{\sum 规费缴纳标准 \times 每万元发承包价计算基数}{每万元发承包价中的人工费含量和机械费含量} \times 100\%$$

$$(1-28)$$

（2）企业管理费费率

$$企业管理费费率（\%） = \frac{生产工人年平均管理费}{年有效施工天数 \times （人工单价 + 每一工日机械使用费）} \times 100\%$$

$$(1-29)$$

3. 以人工费为计算基数

（1）规费费率

$$规费费率（\%） = \frac{\sum 规费缴纳标准 \times 每万元发承包价计算基数}{每万元发承包价中的人工费含量} \times 100\%$$

$$(1-30)$$

（2）企业管理费费率

$$企业管理费费率（\%） = \frac{生产工人年平均管理费}{年有效施工天数 \times 人工单价} \times 100\% \quad (1-31)$$

四、利润及税金的构成及计算

建筑安装工程费用中的利润及税金是建筑安装企业职工为社会劳动所创造的那部分价值在建筑安装工程造价中的体现。

（一）利润

利润是指施工企业完成所承包工程获得的盈利。利润的计算同样因计算基数的不同而不同。

（1）以直接费为计算基数时利润的计算方法

$$利润 = （直接费 + 间接费） \times 相应利润率（\%） \quad (1-32)$$

（2）以人工费和机械费为计算基数时利润的计算方法

$$利润 = 直接费中的人工费和机械费合计 \times 相应利润率（\%） \quad (1-33)$$

（3）以人工费为计算基数时利润的计算方法

$$利润 = 直接费中的人工费合计 \times 相应利润率（\%） \quad (1-34)$$

在建筑产品的市场定价过程中,应根据市场的竞争状况适当确定利润水平。取定的利润水平过高可能会导致丧失一定的市场机会,取定的利润水平过低又会面临很大的市场风险,相对于相对固定的成本水平来说,利润率的选定体现了企业的定价政策,利润率的确定是否合理也反映出企业的市场成熟度。

（二）税金

建筑安装工程税金是指国家税法规定的应计入建筑安装工程费用的营业税,城市维护建设税及教育费附加。

1. 营业税

营业税是按计税营业额乘以营业税税率确定。其中,建筑安装企业营业税税率为3%。计算公式为:

$$应纳营业税＝计税营业额×3\% \tag{1-35}$$

计税营业额是含税营业额,指从事建筑、安装、修缮、装饰及其他工程作业收取的全部收入,包括建筑、修缮、装饰工程所用原材料及其他物资和动力的价款。当安装的设备的价值作为安装工程产值时,亦包括所安装设备的价款。但建筑安装工程总承包方将工程分包或转包给他人的,其营业额中不包括付给分包或转包方的价款。营业税的纳税地点为应税劳务的发生地。

2. 城市维护建设税

城市维护建设税是为筹集城市维护和建筑资金,稳定和扩大城市、乡镇维护建设的资金来源,而对有经营收入的单位和个人征收的一种税。

城市维护建设税是按应纳营业税额乘以使用税率确定,计算公式为:

$$应纳税额＝应纳营业税额×适用税率(\%) \tag{1-36}$$

城市维护建设税的纳税地点在市区的,其适用税率为营业税的7%;所在地为县镇的,其适用税率为营业税的5%;所在地为农村的,其适用税率为营业税的1%。城建税的纳税地点与营业税纳税地点相同。

3. 教育费附加

教育费附加是按应纳营业税额乘以3%确定,计算公式为:

$$应纳税额＝应纳营业税额×3\% \tag{1-37}$$

建筑安装企业的教育费附加要与其营业税同时缴纳。即使办有职工子弟学校的建筑安装企业,也应当先交缴纳教育费附加。教育部门可根据企业的办学情况,酌情返还给办学单位,作为对办学经费的补助。

4. 税金的综合计算

在工程造价单价计算过程中,三个税金通常一并计算。由于营业税的计税依据是含税营业额,城市维护建设税和教育费附加的计税依据是应纳税营业税额。而在计算税金时,往往已知条件是税前造价,即直接费、间接费、利润之和。因此,税金的计算往往需要将税前造价先转化为含税营业额,再按相应的公式计算缴纳税金。营业额的计算公式为:

$$营业额＝\frac{直接费＋间接费＋利润}{1-营业税率-营业税率×城市维护建设税率-营业税率×教育费附加率}$$

$$\tag{1-38}$$

为了简化计算,可以直接将三种税合并为一个综合税率,按下式计算应纳税额:

$$应纳税额 = (直接费 + 间接费 + 利润) \times 综合税率(\%) \qquad (1-39)$$

综合税率的计算因企业所在地的不同而不同:

(1)纳税地点在市区的企业综合税率的计算

$$税率(\%) = \frac{1}{1-3\% - (3\% \times 7\%) - (3\% \times 3\%)} - 1 \qquad (1-40)$$

(2)纳税地点在县城、镇的企业综合税率的计算

$$税率(\%) = \frac{1}{1-3\% - (3\% \times 5\%) - (3\% \times 3\%)} - 1 \qquad (1-41)$$

(3)纳税地点不在市区、县城、镇的企业综合税率的计算

$$税率(\%) = \frac{1}{1-3\% - (3\% \times 1\%) - (3\% \times 3\%)} - 1 \qquad (1-42)$$

五、国外建筑安装工程费用的构成

(一)费用构成

国外的建筑安装工程费用一般是在建筑市场上通用招标投标方式确定的。工程费的高低受建筑产品供求关系影响较大。国外建筑安装工程费用的构成可用图1-2表示。

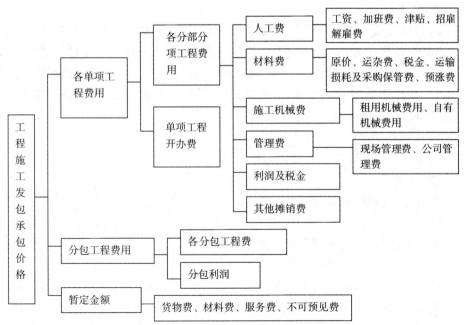

图1-2 国外建筑安装工程费用构成

1. 直接工程费的构成

(1) 工资

国外一般工程施工的工人按技术要求划分为高级技工、熟练工、半熟练工和壮工。当工程价格采用平均工资计算时，要按各类工人总数的比例进行加权计算。工资应该包括工资、加班费、津贴、招雇解雇费用等。

(2) 材料费

主要包括以下内容：

① 材料原价。在当地材料市场中采购的材料则为采购价，包括材料出厂价和采购供销手续等。进口材料一般是指到达当地海港的交货价。

② 运杂费。在当地采购的材料是指从采购地点至工程现场的短途运输费、装卸费。进口材料则为从当地海港运至工程施工现场的运输费、装卸费。

③ 税金。在当地采购的材料，采购价格中已经包括税金；进口材料则为工程所在国的进口关税和手续费等。

④ 运输耗损及采购保管费。

⑤ 预涨费。根据当地材料价格年平均上涨率和施工年数，按材料原价、运杂费、税金之和的一定比例计算。

(3) 施工机械费

大型自有机械台时单价，一般由每台时应摊折旧费、应摊维修费、台时消耗的能源和动力费、台时应摊的驾驶工人工资以及工程机械设备险投保费、第三者责任险投保费等组成。如使用租赁施工机械时，其费用则包括租赁费、租赁机械的进出场费等。

2. 管理费

管理费包括工程现场管理费(约占整个管理费的 20％～30％)和公司管理费(约占整个管理费的 20％～75％)。管理费除了包括与我国施工管理构成相似的工作人员工资、工作人员辅助工资、办公费、差旅交通费、固定资产使用费、生活设施使用费、工具用具使用费、劳动保护费、检验试验费以外，还含有业务经费。业务经费包括：

(1) 广告宣传费

用于公司形象宣传及业务介绍。

(2) 交际费

如日常接待饮料、宴请及礼品费等。

(3) 业务资料费

如购买投标文件，文件及资料复印费等。

(4) 业务所需手续费

施工企业参加投标时，必须由银行开具投标保函；在中标后必须由银行开具履约保函；在收到业主的工程付款以前，必须由银行开具预付款保函；在工程竣工后，必须由银行开具质量或维修保函。在开具以上保函时，银行收取一定的担保费。

（5）代理人费用和佣金

施工企业为争取中标或加强收取工程款，在工程所在地（所在国）寻找代理人或签订代理合同，因而付出的佣金和费用。

（6）保险费

包括建筑安装工程一切险投保费、第三者责任险投保费等。

（7）税金

包括印花税、转手税、公司所得税、个人所得税、营业税、社会安定税等。

（8）向银行贷款利息

在许多国家，施工企业的业务经费往往是管理费中所占比例最大的一项，大约占整个管理费的 30%～38%。

3. 利润

国际市场上，施工企业的利润一般为成本的 10%～15%，也有的管理费与利润合取，为直接费的 30% 左右。具体工程的利润率要根据具体情况，如工程难易、现场条件、工期长短、竞争对手的情况等随行就市确定。

4. 开办费

在许多国家，开办费一般是在各分部分项工程造价的前面按单项工程分别单独列出。单项工程建筑安装工程量越大，开办费在工程价格中的比例就越小；反之开办费就越大。一般开办费约占工程价格的 10%～20%。开办费包括的内容因国家和工程的不同而异，大致包括以下内容：

（1）施工用水、用电费

施工用水费，按实际打井、抽水、送水发生的费用估算，也可以按占直接费的比率估计。施工用电费，按实际需要的电费或自行发电费估算，也可按照占直接费的比率估算。

（2）工地清理费及完工后清理费，建筑物烘干费，临时围墙、安全信号、防护用品的费用以及恶劣气候条件下的工程防护费、污染费、噪声费，其他法定的防护费用

（3）周转材料费

如脚手架、模板的摊销费等。

（4）临时设施费

包括生活用房、生产用房、临时通信、室外工程（包括道路、停车场、围墙、给排水管道、输电线路等）的费用，可按实际需要计算。

（5）驻工地工程师的现场办公室及所需设备的费用，现场材料试验及所需设备的费用

一般在招标文件的技术规范中有明确的面积、质量标准及设备清单等要求。如要求配备一定的服务人员或实验助理人员，则其工资费用也需计入。

（6）其他

包括工人现场福利及安全费、职工交通、日常气候报表费、现场道路及进出场道路修筑及维护费、恶劣天气下的工程保护措施费、现场保卫设施费等。

5. 暂定金额

这是指包括在合同中,供工程任何部分的施工或提供货物、材料、设备或服务、不可预料事件所使用的一项金额,这项金额只有工程师批准后才能动用。

6. 分包工程费用

(1)分包工程费

包括分包工程的直接工程费、管理费和利润。

(2)总包利润和管理费

指分包单位向总包单位缴纳的总包管理费、其他服务费和利润。

(二)费用的组成形式和分摊比例

1. 组成形式

上述组成造价的各项费用体现在承包商投标报价中有三种形式:组成分部分项工程单价、单独列项、分摊进单价。

(1)组成分部分项工程单价

工程费、机械费和材料费直接消耗在分部分项工程上,在费用和分部分项工程之间存在着直观的对应关系,所以人工费、材料费和机械费组成分部分项工程单价,单价与工程量相乘得出分部分项工程价格。

(2)单独列项

开办费中的项目有临时设施、为业主提供的办公和生活设施、脚手架等费用,经常在工程量清单的开办费部分单独分项报价。这种方式适用于不直接消耗在某个分部分项工程上,无法与分部分项工程直接对应,但是对完成工程建设必不可少的费用。

(3)分摊进单价

承包商总部管理、利润和税金,以及开办费中的项目经常以一定的比例分摊进单价。

需要注意的是,开办费项目在单独列项和分摊进单价这两种方式中采用哪一种,要根据招标文件和计算规则的要求而定。有的计算规则包括的开办费项目比较齐全,有的计算规则包括的开办费项目比较少。例如英国 SMM7 计算规则的开办费项目就比较齐全,而同样比较有影响的《建筑工程量计算原则(国际通用)》就没有专门的开办费用部分,要求把开办费都分摊进分部分项工程单价。

2. 分摊比例

(1)固定比例

税金和政府收取的各项管理费的比例是工程所在地政府规定的费率,承包商不能随意变动。

(2)浮动比例

总部管理费和利润的比例由承包商自行确定。承包商根据自身经营状况、工程具体情况等投标策略确定。一般来讲,这个比例在一定范围内是浮动变化的,不同的工程项目、不同的时间和地点,承包商对总部管理费和利润的预期值都不会相同。

(3)测算比例

开办费的比例需要详细测算,首先计算出需要分摊的项目金额,然后计算分摊金额与分部分项工程价格的比例。

(4)公式法

可参考下列公式分摊:

$$A = a(1+k_1)(1+k_2)(1+k_3) \qquad (1-43)$$

式中　A——分摊后的分部分项工程单价;

　　　a——分摊前的分部分项工程单价;

　　　K_1——开办费项目的分摊比例;

　　　K_2——总部管理费和利润的分摊比例;

　　　K_3——税率。

【实践训练】

课目:

(一)背景资料

某市建筑公司承建某县政府办公楼,工程不含税造价为 1000 万元。

(二)问题

求该施工企业应交纳的营业税、城市维护建设税和教育费附加分别是多少。

(三)分析与解答

解:含税营业额=1000/[1-3%-(3%×5%)-(3%×3%)]=1033.48(万元)

应缴纳的营业税=1033.48×3%=31.00(万元)

应缴纳的城市维护建设税=31.00×5%=1.55(万元)

应缴纳的教育费附加=31.00×3%=0.93(万元)

第四节　工程建设其他费用组成

工程建设其他费用是指应在建设项目的建设投资中开支的,为保证工程建设顺利完成和交付使用后能够正常发挥效用而发生的固定资产其他费用、无形资产费用和其他资产费用。

一、固定资产其他费用

固定资产其他费用是固定资产费用的一部分。固定资产费用系指项目投产时将直接形成固定资产的建设投资,包括已在第二节和第三节中详细介绍的工程费用以及在工程建设其他费用中按规定将形成固定资产的费用,后者被称为固定资产其他费用。

(一)建设管理费

建设管理费是指建设单位从项目筹集开始直至工程竣工验收合格或交付使用为止发生的项目建设管理费用。

1. 建设管理费的内容

(1)建设单位管理费

是指建设单位发生的管理性质的开支,包括:工作人员工资、工资性补贴、施工现场补贴、职工福利费、住房基金、基本养老保险费、基本医疗保险费、失业保险费、办公费、差旅交通费、劳动保护费、工具用具使用费、固定资产使用费、必要的办公及生活用品购置费、必要的通信设备及交通工具购置费、零星固定资产购置费、招募生产工人费、技术图书资料费、业务招待费、设计审查费、工程招标费、合同契约公证费、法律顾问费、咨询费、完工清理费、竣工验收费、印花税和其他管理性质开支。

(2)工程监理费

是指建设单位委托工程监理单位实施工程监理的费用。此项费用应按国家发改委与建设部联合发布的《建设工程监理与相关服务收费管理规定》(发改价格[2007]670号)计算。依法必须实行监理的建设工程施工阶段的监理费用实行政府指导价;其他建设工程施工阶段的监理费和其他阶段的监理与相关服务收费实行市场调节价。

2. 建设单位管理费的计算

建设单位管理费按照工程费用之和(包括设备工器具购置费和建筑安装工程费用)乘以建设单位管理费费率计算。

$$建设单位管理费＝工程费用×建设单位管理费费率 \qquad (1-44)$$

建设单位管理费费率按照建设项目的不同性质、不同规模确定。有的建设项目按照建设工期和规定的金额计算建设单位管理费。如采用监理,建设单位部分管理工作量转移至监理单位。监理费应根据委托的监理工作范围和监理深度在监理合同中商定或按当地或所属行业部门有关规定计算;如建设单位采用工程总承包方式,其总管理费由建设单位与总包单位根据总包工作范围在合同中商定,从建设管理费中支出。

(二)建设用地费

任何一个建设项目都固定于一定点与地面相连接,必须占用一定量的土地,也就必然要发生为获得建设用地而支付的费用,这就是土地使用费。它是指通过划拨方式取得土地使用权而支付的土地征用及迁移补偿费,或者通过土地使用权出让方式取得土地使用权而支付的土地使用权出让金。

1. 土地征用及迁移补偿费

土地征用及迁移补偿费,是指建设项目通过划拨方式取得无限期的土地使用权,依照《中华人民共和国土地管理法》等规定所支付的费用。其总和一般不得超过被征土地年产值的30倍,土地年产值则按被征用前三年的平均产量和国家规定的价格计算。其内容包括：

(1)土地补偿费

征用耕地(包括菜地)的补偿标准,按政府规定,为该耕地被征用前三年平均年产值的 6～10 倍,具体补偿标准由省、自治区、直辖市人民政府在此范围内制定。征用园地、鱼塘、藕塘、苇塘、宅基地、林场、牧场、草原等的标准,由省、自治区、直辖市参照征用耕地的土地补偿费制定。征用无收益的土地,不予补偿。土地补偿费归农村集体经济组织所有。

(2)青苗补偿费和被征用土地上的房屋、水井、树木等附着物补偿费

这些补偿费的标准由省、自治区、直辖市人民政府制定。征用城市郊区的菜地时,还应按照有关规定向国家缴纳新菜地开发建设基金。地上附着物及青苗补偿费归地上附着物及青苗的所有者所有。

(3)安置补助费

征用耕地、菜地的,其安置补助费按需要安置的农业人口数计算。每一个需要安置的农业人口的安置补助费标准,为该耕地被征用前三年平均年产值的 4～6 倍。但是,每公顷被征用耕地的安置补助费,最高不得超过被征用前三年平均年产值的 15 倍。征用土地的安置补助费必须专款专用,不得挪作他用。需要安置人员由农村集体经济组织安置的,安置补助费支付给农村集体经济组织,由农村集体经济组织管理和使用;有其他单位安置的,安置补助费支付给安置单位;不需要统一安置的,安置补助费发放给安置人员个人或者征得被安置人员同意后用于支付被安置人员的保险费用。市、县和乡(镇)人民政府应当加强对安置补助费使用情况的监督。

(4)缴纳的耕地占用税或城镇土地使用税、土地登记费及征地管理费等

县市土地管理机关从征地费中提取土地管理费的比率,按征地工作量大小,视不同情况,在 1%～4% 幅度内提取。

(5)征地动迁费

包括征用土地上的房屋及附属构筑物、城市公共设施等拆除、迁建补偿费、搬迁运输费,企业单位因搬迁造成的减产、停工损失补贴费,拆迁管理费等。

(6)水利水电工程水库淹没处理补偿费

包括农村移民安置迁建费,城市迁建补偿费,库区工矿企业、交通、电力、通信、广播、管网、水利等的恢复、迁建补偿费;库底清理费,防护工程费,环境影响补偿费用等。

2. 土地使用权出让金

土地使用权出让金,指建设项目通过土地使用权出让方式,取得有限期的土地使用权,依照《中华人民共和国城镇国有土地使用权出让和转让暂行条例》规定支付的土地使用权出让金。

(1)明确国家是城市土地的唯一所有者,并分层次、有偿、有限期地出让、转让城市土地

第一层次是城市政府将国有土地使用权出让给用地者,该层次由城市政府

垄断经营。出让对象可以是有法人资格的企事业单位,也可以是外商。第二层次及以下层次的转让则发生在使用者之间。

(2)城市土地的出让和转让可采用协议、招标、公开拍卖等方式

① 协议方式是由用地单位申请,经市政府批准同意后双方洽谈具体地块及地价。该方式适用于市政工程、公益事业用地以及需要减免地价的机关、部队用地和需要重点扶持、优先发展的产业用地。

② 招标方式是在规定的期限内,由用地单位以书面形式投标,市政府根据投标报价、所提供的规划方案以及企业信誉综合考虑,择优而取。该方式适用于一般工程建设用地。

③ 公开拍卖是指在指定的地点和时间,由申请用地者叫价应价,价高者得。这完全是由市场竞争决定,适用于盈利高的行业用地。

(3)在有偿出让和转让土地时,政府对地价不作统一规定,但应坚持以下原则

① 地价对目前的投资环境不产生大的影响。

② 地价与当地的社会经济承受能力相适应。

③ 地价要考虑已投入的土地开发费用、土地市场供求关系、土地用途和使用年限。

(4)关于政府有偿出让土地使用权的年限,各地可根据时间、区位等各种关系作不同的规定。根据《中华人民共和国城镇国有土地使用权出让和转让暂行条例》,土地使用权出让最高年限按下列用途确定

① 居住用地 70 年。

② 工业用地 50 年。

③ 教育、科技、文化、卫生、体育用地 50 年。

④ 商业、旅游、娱乐用地 40 年。

⑤ 综合或者其他用地 50 年。

(5)土地有偿出让和转让,土地使用者和所有者要签约,明确使用者对土地享有的权利和义务

① 有偿出让和转让使用权,要向土地受让者征收契税。

② 转让土地如有增值,要向转让者征收土地增值税。

③ 在土地转让期间,国家要区别不同地段、不同用途向土地使用者收取土地占用费。

(三)可行性研究费

可行性研究费是指在建设项目前期工作中,编制和评估项目建议书(或预可行性研究报告)、可行性研究报告所需的费用。此项费用应依据前期研究委托合同计列,或参照《国家计委关于印发〈建设项目前期工作咨询收费暂行规定〉的通知》(计投资[1999]1283 号)规定计算。

(四)研究试验费

研究实验费是指为建设项目提供和验证设计参数、数据、资料等所进行的必

要的试验费用以及设计规定在施工中必须进行试验、验证所需费用,包括自行或委托其他部门研究实验所需人工费、材料费、试验设备以及仪器使用费等。这项费用按照设计单位根据本工程项目的需要提出的研究实验内容和要求计算。在计算时要注意不应包括以下项目:

(1)应由科技三项费用(即新产品试制费、中间试验费和重要科学研究补助费)开支的项目。

(2)应在建筑安装费用中列支的施工企业对建筑材料、构件和建筑物进行一般鉴定、检查所发生的费用及技术革新的研究试验费。

(3)应由勘察设计费或工程费用中开支的项目。

(五)勘察设计费

勘察设计费是指委托勘察设计单位进行工程水文地质勘查、工程设计所发生的各项费用,包括:工程勘察费、初步设计费(基础设计费)、施工图设计费(详细设计费)、设计模型制作费。此项费用应按《关于发布(工程勘察设计收费管理规定)的通知》(计价格[2002]10号)的规定计算。

(六)环境影响评价费

环境影响评价费是指按照《中华人民共和国环境保护法》、《中华人民共和国环境影响评价法》等规定,为全面、详细评价本建设项目对环境可能产生的污染或造成的重大影响所需的费用;包括编制环境影响报告书(含大纲)、环境影响报告表以及对环境影响报告表进行评估等所需的费用。此项费用可参照《关于规范环境影响咨询收费有关问题的通知》(计价格[2002]125号)规定计算。

(七)劳动安全卫生评价费

劳动安全卫生评价费是指按照劳动部《建设项目(工程)劳动安全卫生监察规定》和《建设项目(工程)劳动安全卫生预评价管理办法》的规定,为预测和分析建设项目存在的职业危险、危害因素的种类和危险危害程度,并提出先进、科学、合理可行的劳动安全卫生技术和管理对策所需的费用;包括编制建设项目劳动安全卫生预评价大纲和劳动安全卫生预评价报告书以及编制上述文件所进行的工程分析和环境现状调查等所需费用。必须进行劳动安全卫生预评价的项目包括:

(1)属于《国家计划委员会、国家基本建设委员会、财政部关于基本建设项目和大中型划分标准的规定》中规定的大中型建设项目。

(2)属于《建筑设计防火规范》(GB50016—2006)中规定的火灾危险性生产类别为甲类的建设项目。

(3)属于劳动部颁布的《爆炸危险场所安全规定》中规定的爆炸危险场所等级为特别危险场所和高度危险场所建设项目。

(4)大量生产或使用《职业性接触毒物危害程度分级》(GB5004—85)规定的Ⅰ级、Ⅱ级危害程度的职业性接触毒物的建设项目。

(5)大量生产或使用石棉粉料或含有10%以上的游离二氧化硅粉料的建设

项目。

(6)其他由劳动行政部门确认的危险、危害因素大的建设项目。

(八)场地准备及临时设施费

1. 场地准备及临时设施费的内容

(1)建设项目场地准备费是指建设项目为达到工程开工条件进行的场地平整和对建设场地余留的有碍于施工建设的设施进行拆除清理的费用。

(2)建设单位临时设施费是指为满足施工建设需要而供到场地界区的、未列入工程费用的临时水、电、路、气、通信等其他工程费用和建设单位的现场临时建(构)筑物的搭设、维修、拆除、摊销或建设期间租赁费用,以及施工期间专用公路或桥梁的加固、养护、维修等费用。

2. 场地准备及临时设施费的计算

(1)场地准备及临时设施应尽量与永久性工程统一考虑。建设场地的大型土石方工程应进入工程费用中的总的运输费用中。

(2)新建项目的场地准备和临时设施费应根据实际工程量估算,或按工程费用的比例计算。该扩建项目一般只计拆除清理费。

$$场地准备和临时设施费 = 工程费用 \times 费率 + 拆除清理费 \qquad (1-45)$$

(3)发生拆除清理费时可按新建同类工程造价或主材费、设备费的比例计算。凡可回收材料的拆除工程采用以料抵工方式冲抵拆除清理费。

(4)此项费用不包括已列入建筑安装工程费用中的施工单位临时设施费用。

(九)引进技术和引进设备其他费

(1)引进项目图纸资料翻译复制费、备品备件测绘费。按具体情况计列或按引进货价(FOB)的比例估列;引进项目发生备品备件测绘费时按具体情况估列。

(2)出国人员费用。包括买方人员出国设计联络、出国考察、联合设计、监造、培训等发生的旅费、生活费等。依据合同或协议规定的出国人次、期限以及相应的费用标准计算。生活费按照财政部、外交部规定的现行标准计算,旅费按中国民航公布的票价计算。

(3)来华人员费用。包括卖方来华工程技术人员的现场办公费用、往返现场交通费用、接待费用等。依据引进合同或协议有关条款及来华技术人员派遣计划进行计算。来华人员接待费用可按每人次费用指标计算。引进合同价款中已包括的费用内容不得重复计算。

(4)银行担保及承诺费。指引进项目由国内外金融机构出面承担风险和责任担保所发生的费用,以及支付贷款机构的承诺费用。应按担保或承诺协议计取。投资估算和概算编制时可以担保金额或承诺金额为基数乘以费率计算。

(十)工程保险费

工程保险费是指建设项目在建设期间根据需要对建筑工程、安装工程、机器设备和人身安全进行投保而发生的保险费用,包括建筑安装工程一切险、引进设备财产保险和人身意外伤害险等。

根据不同的工程类别,分别以其建筑、安装工程费乘以建筑、安装工程保险费率计算。民用建筑(住宅楼、综合性大楼、商场、旅馆、医院、学校)占建筑工程费的2‰～4‰;其他建筑(工业厂房、仓库、道路、码头、水坝、隧道、桥梁、管道等)占建筑工程费的3‰～6‰;安装工程(农业、工业、机械、电子、电器、纺织、矿山、石油、化学及钢铁工业、钢结构桥梁)占建筑工程费的3‰～6‰。

(十一)联合试运转费

联合试运转费是指新建项目或新增加生产能力的工程,在交付生产前按照批准的设计文件所规定的工程质量标准和技术要求,进行整个生产线或装置的负荷联合试运或局部联动试车所发生的费用净支出(试运转支出大于收入的差额部分费用)。试运转支出包括试运转所需原料、燃料及动力消耗、低值易耗品、其他物料消耗、工具用具使用费、机械使用费、保险金、施工单位参加试运转人员工资,以及专家指导费等;试运转收入包括试运转期间的产品销售收入和其他收入。联合试运转费不包括应由设备安装工程费用开支的调试及试车费用,以及在试运转中暴露出来的因施工原因或设备缺陷等发生的处理费用。

(十二)特殊设备安全监督检验费

特殊设备安全监督检验费是指在施工现场组装的锅炉及压力容器、压力管道、消防设备、燃气设备、电梯等特殊设备和设施,由安全监察部门按照有关安全监察条例和实施细则以及设计技术要求进行安全检验,应由建设项目支付的、向安全监察部门缴纳的费用。此项费用按照建设项目所在省(自治区、直辖市)安全监察部门的规定标准计算。无具体规定的,在编制投资估算时可按受检设备现场安装费的比例估算。

(十三)市政公用设施费

市政公用设施费是指使用市政公用设施的建设项目,按照项目所在地省一级人民政府有关规定建设或缴纳的市政公用设施建设配套费用,以及绿化工程补偿费用。此项费用按工程所在地人民政府规定标准计列。

二、无形资产费用

无形资产费用系指直接形成无形资产的建设投资,主要是指专利及专有技术使用费。

(一)专利及专有技术使用费的主要内容

(1)国外设计及技术资料费,引进有效专利、专有技术使用费和技术保密费。

(2)国内有效专利、专有技术使用费。

(3)商标权、商誉和特许经营权费等。

(二)专利及专有技术使用费的计算

在专利及专有技术使用费计算时应注意以下问题:

(1)按专利使用许可协议和专有技术使用合同的规定计列。

(2)专有技术的界定应以省、部级鉴定批准为依据。

（3）项目投资中只计需在建设期支付的专利及专有技术使用费。协议或合同规定在生产期支付的使用费应在生产成本中核算。

（4）一次性支付的商标权、商誉及特许经营权费按协议或合同规定计列。协议或合同规定在生产期支付的商标权或特许经营权费应在生产成本中核算。

（5）为项目配套的专用设施投资，包括专用铁路线、专用公路、专用通信设施、送变电站、地下管道、专用码头等，如由项目建设单位负责投资但产权不归属本单位的，应作无形资产处理。

三、其他资产费用

其他资产费用系指建设投资中除形成固定资产和无形资产以外的部分，主要包括生产准备及开办费等。

（一）生产准备及开办费的内容

生产准备及开办费是建设项目为保证正常生产（或营业、使用）而发生的人员培训费、提前进厂费以及投产使用必备的生产办公、生活家具用具及工器具等购置费用。包括：

（1）人员培训费及提前进场费，包括自行组织培训或委托其他单位培训的人员工资、工资性补贴、职工福利费、差旅交通费、劳动保护费、学习资料费等。

（2）为保证初期正常生产（或营业、使用）所必需的生产办公、生活家具用具购置费。

（3）为保证初期正常生产（或营业、使用）必需的第一套不够固定资产标准的生产工具、器具、用具购置费，不包括备品备件费。

（二）生产准备及开办费的计算

（1）新建项目按设计定员为基数计算，改扩建项目按新增设计定员为基数计算：

$$生产准备费＝设计定员×生产准备费指标（元/人） \qquad (1-46)$$

（2）可采用综合的生产准备费指标进行计算，也可以按费用内容的分类指标计算。

第五节　预备费、建设期贷款利息、固定资产投资方向调节税

一、预备费

按我国现行规定，预备费包括基本预备费和涨价预备费。

（一）基本预备费

1. 基本预备费的内容

基本预备费是指针对在项目实施过程中可能发生难以预料支出，需要事先

预留的费用,又称工程建设不可预见费,主要指设计变更及施工过程中可能增加工程量的费用。基本预备费一般由以下三部分构成:

(1)在批准的初步设计范围内,技术设计、施工图设计及施工过程中所增加的工程费用;设计变更、工程变更、材料代用、局部地基处理等增加的费用。

(2)一般自然灾害造成的损失和预防自然灾害所采取的措施费用。实行工程保险的工程项目,该费用应适当降低。

(3)竣工验收时为鉴定工程质量对隐蔽工程进行必需的挖掘和修复费用。

2. 基本预备费的计算

基本预备费是按工程费用和工程建设其他费用二者之和为计取基数,乘以基本预备费费率进行计算。

$$基本预备费 = (工程费用 + 工程建设其他费用) \times$$

$$基本预备费费率 \qquad (1-47)$$

基本预备费费率的取值应执行国家及部门的有关规定。

(二)涨价预备费

1. 涨价预备费的内容

涨价预备费是指针对建设项目在建设期间内由于材料、人工、设备等价格可能发生变化引起工程造价变化,而事先预留的费用,亦称为价格变动不可预见费。涨价预备费的内容包括:人工、设备、材料、施工机械的价差费,建设安装工程费、工程建设其他费用可调整及利率、汇率调整等增加的费用。

2. 涨价预备费的测算方法

涨价预备费一般根据国家规定的投资综合价格指数,一般估算年份价格水平的投资额为基数,采用复利方法计算。计算公式为:

$$PF = \sum_{t=1}^{n} I_t \left[(1+f)^t - 1 \right] \qquad (1-48)$$

式中　PF——涨价预备费;

　　n——建设期年分数;

　　I_t——建设期中第 t 年的投资计划额,包括工程费用、工程建设其他费用及基本预备费,即第 t 年的静态投资;

　　f——年均投资价格上涨率。

【例 1-2】　某建设项目建安工程费 5000 万元,设备购置费 3000 万元,工程建设其他费用 2000 万元,已知基本预备费费率为 5%,项目建设前期年限为 1年,建设期为 3年,各年投资计划额为:第一年完成投资 20%,第二年 60%,第三年 20%,年均投资价格上涨率为 6%,求建设项目建设期间涨价预备费。

解:基本预备费 = (5000 + 3000 + 2000) × 5% = 500(万元)

静态投资 = 5000 + 3000 + 2000 + 500 = 10500(万元)

建设期第一年完成投资＝10200×20％＝210（万元）

第一年涨价预备费为：$PF_1 = I_1\left[(1+f)(1+f)^{0.5} - 1\right] = 19.18$（万元）

第二年完成投资＝10500×60％＝630（万元）

第二年涨价预备费为：$PF_2 = I_2\left[(1+f)(1+f)^{0.5}(1+f) - 1\right] = 98.79$（万元）

第三年完成投资＝10500×20％＝210（万元）

第三年涨价预备费为：$PF_3 = I_3\left[(1+f)(1+f)^{0.5}(1+f)^2 - 1\right] = 47.51$（万元）

所以，建设期的涨价预备费为：

$PF = 19.18 + 98.79 + 47.51 = 165.48$（万元）

二、建设期利息

建设期利息包括向国内银行和其他非银行金融机构贷款、出口信贷、外国政府贷款、国际商业银行贷款以及在境内外发行的债券等在建设期间应计的借款利息。

当总贷款是分年均衡发放时，建设期利息的计算可按当年借款在年中支付考虑，即当年贷款按半年计息，上年贷款全年计息。计算公式为：

$$qj = \left(P_{j-1} + \frac{1}{2}A_j\right) \cdot i \tag{1-49}$$

式中　q_j——建设期第 j 年应计利息；

　　　P_{j-1}——建设期第 j−1 年末累计贷款本金与利息之和；

　　　A_j——建设期第 j 年贷款金额；

　　　I——年利率。

国外贷款利息的计算中，还应包括国外贷款银行根据贷款协议向贷款方以年利率的方式收取的手续费、管理费、承诺费；以及国内代理机构经国家主管部门批准的以一年利率的方式向贷款单位收取转贷费、担保费、管理费等。

【例1-3】　某新建项目，建设期为3年，分年均衡进行贷款，第一年贷款300万元，第二年贷款600万元，第三年贷款400万元，年利率为12％，建设期内利息只计息不支付，计算建设期利息。

解：在建设期，各年利息计算如下：

$$q_1 = \frac{1}{2}A_1 \cdot i = 0.5 \times 300 \times 12\% = 18（万元）$$

$$q_2 = \left(P_1 + \frac{1}{2}A_2\right) \cdot i = (300 + 18 + 0.5 \times 600) \times 12\% = 74.16（万元）$$

$$q_3 = \left(P_2 + \frac{1}{2}A_3\right) \cdot i = (318 + 600 + 74.16 + 0.5 \times 400) \times 12\% = 143.06（万元）$$

所以，建设期利息＝$q_1 + q_2 + q_3 = 18 + 74.16 + 143.06 = 235.22$（万元）

三、固定资产投资方向调节税

固定资产投资方向调节税是指国家对在我国境内进行固定资产投资的单位和个人，就其固定资产投资的各种资金征收的一种税。1991 年 4 月 16 日国务院发布《中华人民共和国固定资产投资方向调节税暂行条例》，从 1991 年起施行。自 2000 年 1 月 1 日起新发生的投资额，暂停征收固定资产投资方向调节税。

固定资产投资方向调节税征税范围亦称固定资产投资方向调节税"课税范围"。凡在我国境内用于固定资产投资的各种资金，均属固定资产投资方向调节税的征税范围。

各种资金包括：国家预算资金、国内外贷款、借款、赠款、各种自有资金、自筹资金和其他资金。固定资产投资，是指全社会的固定资产投资，包括基本建设投资、新改造投资、商品房投资和其他固定资产投资。

【实践训练】

课目：计算基本预备费等

(一)背景资料

应拟建项目背景资料为：工程费用为 5800 万元，其他费用为 3000 万元，建设期为 3 年，3 年建设期的实施进度为 20%、30%、50%；基本预备费费率为 8%，涨价预备费费率为 4%，项目适用固定资产投资方向调节税税率为 10%；建设期 3 年中的项目银行贷款 5000 万元，分别按照实施进度贷入，贷款年利率为 7%。

(二)问题

计算基本预备费、涨价预备费、固定资产投资方向调节税和建设期贷款利息。

(三)分析与解答

(1)估算项目投资的基本预备费为：

基本预备费＝(设备及工器具购置费用＋建安工程费用＋工程建设其他费用)×基本预备费费率

基本预备费＝(5800＋3000)×8%＝704(万元)

建设项目静态投资＝建安工程费＋基本预备费＝5800＋3000＋704＝9504(万元)

(2)计算涨价预备费为：

涨价预备费 $PF = \sum_{t=1}^{n} I_t [(1+f)^t - 1]$

第 1 年的涨价预备费＝9504×20%×[(1+4%)−1]＝76.03(万元)

第 1 年含涨价预备费的投资额＝9504×20%＋76.03＝1976.83(万元)

第 2 年的涨价预备费＝9504×30%×[(1+4%)²−1]＝232.66(万元)

第 2 年含涨价预备费的投资额 $=9504\times30\%+232.66=3083.86$（万元）

第 3 年的涨价预备费 $=9504\times50\%\times[(1+4\%)^3-1]=593.35$（万元）

第 3 年含涨价预备费的投资额 $=9504\times50\%+593.35=5345.35$（万元）

涨价预备费 $=76.03+232.66+593.35=902.04$（万元）

固定资产投资额 $=$ 建设项目静态投资 $+$ 涨价预备费

$=9504+902.04=10406.04$（万元）

（3）固定资产投资方向调节税

固定资产投资方向调节税 $=$（建设项目静态投资 $+$ 涨价预备费）$\times$ 固定资产投资方向调节税率 $=(9504+902.04)\times10\%=10406.04\times10\%=1040.60$（万元）

（4）计算建设期借款利息为：各年应计利息 $=$（年初借款本息累计 $+$ 本年借款额/2）$\times$ 年利率

第 1 年贷款利息 $=(\frac{1}{2}5000\times20\%)\times7\%=35$（万元）

第 2 年贷款利息 $=[(5000\times20\%+35)+\frac{1}{2}5000\times30\%]\times7\%=124.95$（万元）

第 3 年贷款利息 $=[(5000\times20\%+35)+(5000\times30\%+124.95)+\frac{1}{2}5000\times50\%]\times7\%=273.70$（万元）

建设期贷款利息 $=35+124.95+273.70=433.65$（万元）

（5）固定资产投资总额 $=$ 建设项目静态投资 $+$ 涨价预备费 $+$ 建设期贷款利息

$=9504+902.04+1040.60433.65=11880.29$（万元）

本章思考与实训

1. 工程造价一般有几大部分费用组成？
2. 试述设备、工器具费用的构成。
3. 进口设备的交货方式有哪几种？
4. 试述进口设备抵岸价的构成和计算方法。
5. 试述建筑安装工程费用的构成和计算方法。
6. 试述工程建设其他费用的构成和计算方法。
7. 试述预备费的构成和计算方法。
8. 试述建设项目贷款利息的计算特点和方法。

第二章　工程造价的定额计价方法

【内容要点】

1. 工程造价计价依据的概述；
2. 建筑安装工程人工、机械台班、材料定额消耗量确定方法；
3. 预算定额；
4. 建筑安装工程人工、材料、机械台班单价确定方法；
5. 概算定额和概算指标；
6. 投资估算指标。

【知识链接】

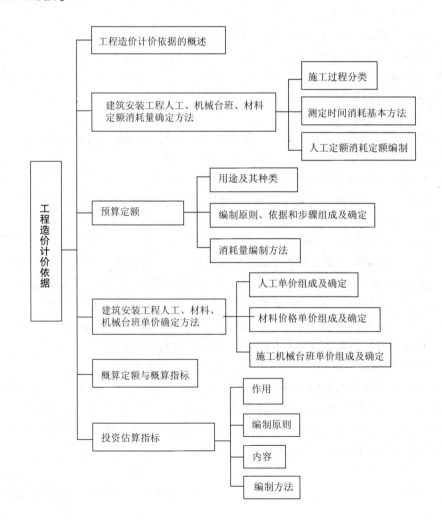

第一节 工程造价计价依据概述

一、工程定额体系

工程定额是在合理的劳动组织和合理地使用材料与机械的条件下,完成一定计量单位合格建筑产品所消耗资源的数量标准。工程定额是一个综合概念,是建设工程造价计价和管理中各类定额的总称,包括许多种类的定额,可以按照不同的原则和方法对它进行分类。

1. 按定额反映的生产要素消耗内容分类

可以把工程定额划分为劳动消耗定额、机械消耗定额和材料消耗定额三种。

(1)劳动消耗定额

简称劳动定额(也称为人工定额),是指完成一定数量的合格产品(工程实体或劳务)规定活劳动消耗的数量标准。劳动定额的主要表现形式是时间定额,但同时也表现为产量定额。时间定额与产量定额互为倒数。

(2)机械消耗定额

机械消耗定额是以一台机械一个工作班为计量单位,所以又称机械台班定额。机械消耗定额是指为了完成一定数量的合格产品(工程实体或劳务)所规定的施工机械消耗的数量标准。机械消耗定额的主要表现形式是机械时间定额,同时也以产量定额表现。

(3)材料消耗定额

简称材料定额,是指完成一定数量的合格产品所需消耗的原材料、成品、半成品、构配件、燃料及水、电等动力资源的数量标准。

2. 按定额的编制程序和用途的分类

[想一想]

衡量工人劳动数量和质量,反映成果和效益指标的是什么定额?

可以把工程定额分为施工定额、预算定额、概算定额、概算指标、投资估算指标五种。

(1)施工定额

施工定额是施工企业(建筑安装企业)组织生产和加强管理在企业内部使用的一种定额,属于企业定额的性质。施工定额是以同一性质的施工过程——工序作为对象编制,表示生产产品数量与生产要素消耗综合关系的定额。为了适应组织生产和管理的需要,施工定额的项目划分很细,是工程定额中分项最细、定额子目最多的一种定额,也是工程定额中的基础性定额。

(2)预算定额

预算定额是在编制施工图预算阶段,以工程中的分项工程和结构构件为对象编制,采用计算工程造价和计算工程中的劳动、机械台班、材料需要的定额。预算定额是一种计价性的定额。从编制程序上看,预算定额是以施工定额为基础综合扩大编制的,同时也是编制概算定额的基础。

(3)概算定额

概算定额是以扩大分项工程或扩大结构构件为对象编制的,计算和确定劳动、机械台班、材料消耗量所使用的定额,也是一种计价性定额。概算定额是编制扩大初步设计概算、确定建设项目投资定额的依据。概算定额的项目划分粗细,与扩大初步设计的深度相适应,一般是在预算定额的基础上综合扩大而成的,每一综合分项概算定额都包含了数项预算定额。

(4)概算指标

概算指标的设定和初步设计的深度相适应,比概算定额更加综合扩大。概算指标是概算定额的扩大与合并,它是以整个建筑物和构筑物为对象,以更为扩大的计量单位来编制的。概算指标的内容包括劳动、机械台班、材料定额三个基本部分,同时还列出了各结构分部的工程量及单位建筑工程(以体积或面积计)的造价,是一种计价定额。

(5)投资估算指标

它是在项目建议书和可行性研究阶段编制投资估算、计算投资需要量时使用的一种定额。它非常概略,往往以独立的单项工程或完整的工程项目为计算对象,编制内容是所有项目费用之和。它的概略程度与可行性研究阶段相适应。投资估算指标根据历史的预、决算资料和价格变动等资料编制,但其编制基础仍然离不开预算定额、概算定额。

上述各种定额的相互联系可参见表2-1。

表2-1 各种定额间关系比较

	施工定额	预算定额	概算定额	概算指标	投资估算指标
对 象	工 序	分项工程	扩大的分项工程	整个建筑物或构筑物	独立的单项工程或完整的工程项目
用途	编制施工预算	编制施工图预算	编制扩大初步设计概算	编制初步设计概算	编制投资估算
项目划分	最细	细	较粗	粗	很粗
定额水平	平均先进	平均	平均	平均	平均
定额性质	生产性定额	计价性定额			

3. 按照适用范围分类

工程定额分为全国通用定额、行业通用定额和专业专用定额三种。全国通用定额是指在部门间和地区间都可以使用的定额;行业通用定额是指具有专业特点在行业部门内可以通用的定额;专业专用定额是指特殊专业的定额,只能在指定的范围内使用。

4. 按主编单位和管理权限分类

工程定额可分为全国统一定额、行业统一定额、地区统一定额、企业定额、补充定额五种。

(1)全国统一定额是由国家建设行政主管部门综合全国工程建设中技术和施工组织管理的情况编制,并在全国范围内执行的定额。

（2）行业统一定额，是考虑到各行业部门专业工程技术特点，以及施工生产和管理水平编制的。一般只在本行业和相同专业性质的范围内使用。

（3）地区统一定额包括省、自治区、直辖市定额。地区统一定额主要考虑地区性特点对全国统一定额水平作适当调整和补充编制的。

（4）企业定额是由施工企业考虑本企业具体情况，参照国家、部门或地区定额的水平制定的定额。企业定额只在企业内部使用，是企业素质的一个标志。企业定额水平一般应高于国家现行定额，才能满足生产技术发展、企业管理和市场竞争的需要。在工程量清单计价方式下，企业定额作为施工企业进行建设工程投标报价的计价依据，正发挥着越来越大的作用。

[问一问]

施工企业为组织生产和加强管理在企业内部使用的定额是何种定额？

（5）补充定额是指随着设计、施工技术的发展，现行定额不能满足需要的情况下，为了补充缺陷所编制的定额。补充定额只能在指定的范围内使用，可以作为以后修订定额的基础。

上述各种定额虽然适用于不同的情况和用途，但是它们是一个相互联系的、有机的整体，在实际工作中配合使用。

二、工程定额的特点

1. 科学性

工程定额的科学性包括两重含义。一重含义是指工程定额和生产力发展水平相适应，反映出工程建设中生产消费的客观规律。另一重含义，是指工程定额管理在理论、方法和手段上适应现代科学技术和信息社会发展的需要。

工程定额的科学性，首先表现在用科学的态度制定定额，尊重客观实际，力求定额水平合理；其次表现在制定定额的技术方法上，利用现代科学管理的成就，形成一套系统的、完整的、在实践中行之有效的方法；第三，表现在定额制定和贯彻的一体化。制定定额是为了提供贯彻的依据，贯彻是为了实现管理目标，也是对定额的信息反馈。

2. 系统性

工程定额是相对独立的系统。它是由多种定额结合而成的有机整体。它的结构复杂、层次鲜明、目标明确。

工程定额的系统性是由工程建设特点决定的。按照系统论的观点，工程建设就是庞大的实体系统。工程定额是为了这个实体系统服务的。因为工程建设本身是多种类、多层次的。从整个国民经济来看，进行固定资产生产和再生产的工程建设，是一个多项工程集合体的整体。其中包括农林水利、轻纺、机械、煤炭、电力、石油、冶金、化工、建材、交通运输、邮电工程，以及商业物资、科学教育文化、卫生体育、社会福利和住宅工程等等。这些工程中的建设又有严格的项目划分，如建设项目、单项工程、单位工程、分部分项工程；在计划和实施工程中有严密的逻辑阶段，如规划、可行性研究、设计、施工、竣工交付使用，以及投入使用后的维修。与此相适应必然形成工程定额的多种类、多层次。

3. 统一性

工程定额的统一性，主要是由国家对经济发展的有计划的宏观调控职能决定的。为了使国民经济按照既定的目标发展,就需要借助于某些标准、定额、参数等,对工程建设进行规划、组织、调节、控制。

工程定额的统一性按照其影响和执行范围来看,有统一的程序、统一的原则、统一的要求和统一的用途。

我国工程定额的统一性和工程建设本身的巨大投入和巨大产出有关。它对国民经济的影响不仅表现在投资的总规模和全部建设项目的投资效益等方面,还表现在具体建设项目的投资数额及其投资效益方面。

4. 指导性

随着我国建设市场的不断成熟和规范,工程定额尤其是统一定额原具备的指令性特点逐渐弱化,转而成为对整个建设市场和具体建设产品交易的指导作用。

工程定额的指导性的客观基础是定额的科学性。只有科学的定额才能正确地指导客观的交易行为。工程定额的指导性体现在两个方面:一方面工程定额作为国家各地区和行业颁布的指导性依据,可以规范建设市场的交易行为,在具体建设产品定价过程中也可以起到相应的参考性作用;同时统一定额还可以作为政府投资项目定价以及造价控制的重要依据。另一方面,在现行的工程量清单计价方式下,体现交易双方自主定价的特点,投标人报价的主要依据是企业定额,但企业定额的编制和完善仍然离不开统一定额的指导。

5. 稳定性与时效性

工程定额中的任何一种都是一定时期技术发展和管理水平的反映,因而在一段时间内都表现出稳定的状态。稳定的时间有长有短,一般在 5 年至 10 年之间。保持定额的稳定性是维护定额的指导性所必需的,更是有效地贯彻定额所必要的。如果某种定额处于经常修改变动之中,那么必然造成执行中的困难和混乱,很容易导致定额指导作用的丧失。工程定额的不稳定也会给定额编制工作带来极大的困难。

但是工程定额的稳定性是相对的。当生产力向前发展时,定额就会与生产力不相适应。这样,它原有的作用就会逐步减弱以至消失,需要重新编制或修订。

三、工程定额计价的基本程序

我国在很长一段时间内采用单一的工程定额计价模式形成价格,即按预算定额规定的分部分项子目,逐项计算工程量,套用预算定额单价(或单位估价表)确定直接工程费,然后按规定的取费标准确定措施费、间接费、利润和税金,加上材料调差系数和适当的不可预见费,经汇总后即为工程预算或标底,而标底则作为评标定标的主要依据。

以预算定额单价法确定工程单价,是我国采用的一种与计划经济相适应的工程造价管理制度。工程定额计价模式实际上是国家通过颁布统一的计价定额或指标,对建筑产品价格进行有计划的管理。国家以假定的建筑安装产品为对象,制定统一的预算和概算定额,计算出每一单元子项的费用后,再综合形成整个工程的价格。工程计价的基础程序如图2-1所示。

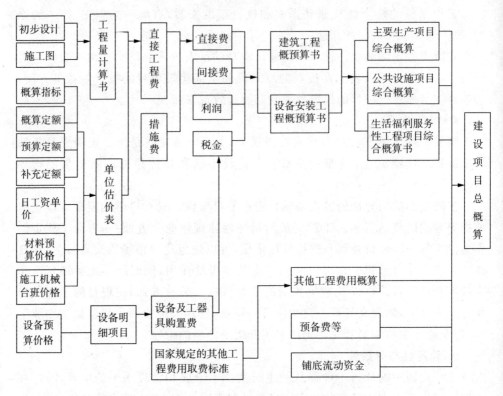

图2-1 工程造价定额计价程序示意图

从图2-1中可以看出,编制建设工程造价最基本的过程有两个:工程量计算和工程计价。为统一口径,工程量的计算均按照统一的项目划分和工程量计算规则计算。工程量确定以后,就可以按照一定的方法确定出工程的成本及盈利,最终就可以确定出工程预算造价(或投标报价)。定额计价方法的特点就是量与价的结合。概预算的单位价格的形成过程,就是依据概预算定额所确定的消耗量乘以定额单价或市场价,经过不同层次的计算达到量与价的最优结合过程。

确定建筑产品价格定额计价的基本方法和程序,还可以用公式表示如下:

每一计量单位建筑产品的基本构造要素(假定建筑产品)的直接工程费

$$=人工费+材料费+施工机械使用费 \tag{2-1}$$

其中:

$$人工费=\sum(人工工日数量×人工日工资标准) \tag{2-2}$$

$$材料费=\sum(材料用量×材料基价)+检验试验费 \tag{2-3}$$

$$机械使用费=\sum(机械台班用量×台班单价) \tag{2-4}$$

$$单位工程直接费 = \sum(假定建筑产品工程量 \times$$

$$直接工程费单价) + 措施费 \qquad (2-5)$$

$$单位工程概预算造价 = 单位工程直接费 + 间接费 + 利润 + 税金 \quad (2-6)$$

$$单项工程概算造价 = \sum 单位工程概预算 +$$

$$设备、工器具购置费 \qquad (2-7)$$

$$建设项目全部工程概算造价 = \sum 单项工程的概算造价 +$$

$$预备费 + 有关的其他费用 \qquad (2-8)$$

第二节　建设安装工程人工、机械、材料定额消耗量确定方法

一、建筑安装工程施工工作研究和分类

(一)施工过程及其分类

1. 施工过程的含义

施工过程就是在建设工地范围内所进行的生产过程。其最终目的是要建造、恢复、改建、移动或拆除工业、民用建筑物和构筑物的全部或一部分。

建筑安装施工过程与其他物质生产过程一样,也包括生产力三要素,即:劳动者、劳动对象、劳动工具,也就是说,施工过程是由不同工种、不同技术等级的建筑安装工人完成的,并且必须有一定的劳动对象——建筑材料、半成品、构件、配件等;使用一定的劳动工具——手动工具、小型机具和机械等。

每个施工过程的结束,获得了一定的产品,这种产品或者是改变了劳动对象的外表形态、内部结构或性质(由于制作和加工的结果),或者是改变了劳动对象在空间的位置(由于运输和安装的结果)。

2. 施工过程分类

对施工过程的细致分析,使我们能够更深入地确定过程各个工序组成的必要性及其顺序的合理性,从而正确地制定各个工序所需要的工时消耗。

(1)根据施工过程组织上的复杂程度,可以分解为工序、工作过程和综合工作过程。

① 工序是在组织上不可分割的,在操作过程中技术上属于同类的施工过程。工序的特征是:工作者不变,劳动对象、劳动工具和工作地点也不变。在工作中如有一项改变,那就说明由一项工序转入另一项工序了。如钢筋制作,它由平直钢筋、钢筋除锈、切断钢筋、弯曲钢筋等工序组成。

从施工的技术操作和组织观点看,工序是工艺方面最简单的施工过程。但是如果从劳动过程的观点看,工序又可分为更小的组成部分——操作和动作。

例如,弯曲钢筋的工序可分为下列操作:把钢筋放在工作台上,将旋钮旋紧,弯曲钢筋,放松旋钮,将弯好的钢筋搁在一边。操作本身又包括了最小的部分——动作。如把"钢筋放在工作台上"这一操作,可以分解为以下"动作":走向钢筋堆放处,拿起钢筋,返回工作台,将钢筋移到支座前面。而动作又是许多动素组成的。动素是人体动作的分解。每一个操作和动作都是完成施工工序的一部分。

在编制施工定额时,工序是基本的施工过程,是主要的研究对象。测定定额时只需分解和标定到工序为止。如果进行某项先进技术或新技术的工时研究,就要分解到操作甚至动作为止,从中研究可改进操作或节约工时。

工序可以由一个人来完成,也可以由小组或施工队内的几名工人协同完成;可以手动完成,也可由机械操作完成。在机械化的施工工序中,还可以包括由工人自己完成的各项操作和由机器完成的工作两部分。

② 工作过程是由同一工人或同一小组所完成的在技术操作上相互有机联系的工序的总合体。其特点是人员编制不变,工作地点不变,而材料和工具则可以变换。例如,砌墙和勾缝,抹灰和粉刷。

③ 综合工作过程是同时进行的、在组织上有机联系在一起的,并且最终能获得一种产品的施工过程的总和。例如,砌砖墙这一综合过程由调制砂浆、运砂浆、运砖、砌墙等工作过程构成,它们在不同的空间同时进行,在组织上有直接联系,并最终形成其共同产品——一定数量的砖墙。

(2)按照工艺特点,施工过程可以分为循环施工过程和非循环施工过程两类。凡各个组成部分按一定顺序一次循环进行,并且每经一次重复都可以生产出同一种产品的施工过程,称为循环施工过程;反之,若施工过程的工序或其组成部分不是以同样的次序重复,或者生产出来的产品各不相同,这种施工过程则称为非循环的施工过程。

3. 施工过程的影响因素

对施工过程的影响因素进行研究,其目的是为了正确确定单位施工产品所需要的作业时间消耗。施工过程的影响因素包括技术因素、组织因素和自然因素。

(1)技术因素

包括产品的种类和质量要求,所用材料、半成品、构配件的类别、规格和性能,所用工具和机械设备的类型、型号、性能及完好情况等。

(2)组织因素

包括施工组织与施工方法、劳动组织、工人技术水平、操作方法和劳动态度、工资分配方式、劳动竞赛等。

(3)自然因素

包括酷暑、大风、雨、雪、冰冻等。

(二)工作时间分类

研究施工中的工作时间最主要的目的是确定施工的时间定额和产量定额,其前提是对工作时间按其消耗性质进行分类,以便研究工时消耗的数量及其特点。

工作时间,指的是工作班延续时间。例如8小时工作制的工作时间就是8

小时,午休时间不包括在内。对工作时间消耗的研究,可以分为两个系统进行,即工人工作时间的消耗和工人所使用的机器工作时间消耗。

1. 工人工作时间消耗的分类

工人在工作班内消耗的工作时间按其消耗的性质,基本可以分为两类:必须消耗的时间和工人损失时间。工人工作时间的分类一般如图2-2所示。

(1)必须消耗的工作时间是工人在正常施工条件下,为完成一定合格产品所消耗掉的时间,是制定定额的主要依据,包括有效工作时间、休息时间和不可避免中断时间的消耗。

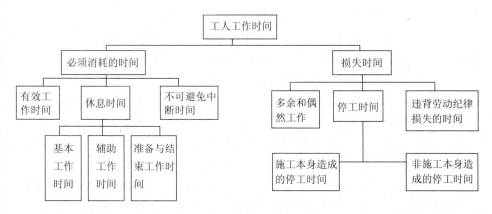

图2-2　工人工作时间的分类

① 有效工作时间是从生产效果来看与产品生产直接有关的时间消耗。其中,包括基本工作时间、辅助工作时间、准备与结束工作时间的消耗。

a. 基本工作时间是工人完成能生产一定产品的施工工艺过程所消耗的时间。通过这些工艺过程可以使材料改变外形,如钢筋撅弯等;可以改变材料的结构与性质,如混凝土制品的养护干燥等;可以使预制构配件安装组合成型;也可以改变产品外部及表面的性质,如粉刷、油漆等。基本工作时间所包括的内容依工作性质各不相同。基本工作时间的长短和工作量大小成正比例。

b. 辅助工作时间是为保证基本工作能顺利完成所消耗的时间。在辅助工作时间里,不能使产品的形状大小、性质或位置发生变化。辅助工作时间的结束,往往就是基本工作时间的开始。辅助工作一般是手工操作。但如果在机手并动的情况下,辅助工作是在机械运转过程中进行的,为避免重复则不应再计辅助工作时间的消耗。辅助工作时间长短与工作量大小有关。

c. 准备与结束工作时间是执行前或任务完成后所消耗的工作时间。如工作地点、劳动工具和劳动对象的准备工作时间;工作结束后的整理工作时间等。准备和结束工作时间的长短与所担负的工作量大小无关,但往往和工作内容有关。这项时间消耗可以分为班内的准备与结束工作时间,以及任务的准备与结束工作时间。其中,任务的准备和结束时间是在一批任务的开始与结束时产生的,如熟悉图纸、准备相应的工具、事后清理场地等,通常不反映在每一个工作班里。

② 休息时间是工人在工作过程中为恢复体力所必需的短暂休息和生理需要

的时间消耗。这种时间是为了保证工人精力充沛地进行工作,所以在定额时间中必须计算在内。休息时间的长短和劳动条件、劳动强度有关,劳动越繁重紧张、劳动条件越差(如高温),则休息时间越长。

③ 不可避免的中断所消耗的时间是由施工工艺特点引起的工作中断所必需的时间与施工过程工艺特点有关的工作中断时间,应包括在定额时间内,但应尽量缩短此项时间消耗。

(2)损失时间是与产品生产无关,而与施工组织和技术上的缺点有关,与工人在施工过程中的个人过失或某些偶然因素有关的时间消耗。损失时间中包括有多余和偶然工作、停工、违背劳动纪录所引起的工时损失。

① 多余工作,就是工人进行了任务以外而又不能增加产品数量的工作。如重砌质量不合格的墙体。多余工作的工时损失,一般都是由于工程技术人员和工人的差错而引起的,因此,不应计入定额时间中。偶然工作也是工人在任务外进行的工作,但能够获得一定产品。如抹灰工不得不补上偶然遗留的墙洞等。由于偶然工作能获得一定产品,拟定定额时适当考虑它的影响。

② 停工时间是工作班内停止工作造成的工时损失。停工时间按其性质可分为施工本身造成的停工时间和非施工本身造成的停工时间两种。施工本身造成的停工时间,是由于施工组织不善、材料供应不及时、工作面准备工作做得不好、工作地点组织不良等情况引起的停工时间。非施工本身造成的停工时间,是由于水源、电源中断引起的停工时间。前一种情况在拟定定额时不应该计算,后一种情况定额中则应给予合理的考虑。

③ 违背劳动纪律造成的工作时间损失,是指工人在工作班开始和午休后的迟到、午饭前和工作班结束前的早退、擅自离开工作岗位、工作时间内聊天或办私事等造成的工时损失。由于个别工人违背劳动纪律影响其他工人无法工作的时间损失,也包括在内。

2. 机器工作时间消耗的分类

在机械化施工过程中,对工作时间消耗的分析和研究,除了要对工人工作时间的消耗进行分类研究之外,还需要分类研究机器工作时间的消耗。

机器工作时间的消耗,按其性质也分为必需消耗的时间和损失时间两大类。如图2-3所示。

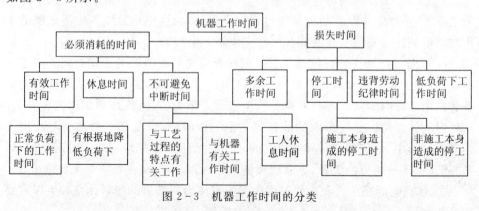

图2-3 机器工作时间的分类

（1）在必需消耗的工作时间里，包括有效工作、不可避免的无负荷工作和不可避免的中断三项时间消耗。而在有效工作的时间消耗中又包括正常负荷下、有根据地降低负荷下的工时消耗。

① 正常负荷下的工作时间，是机器与机器说明书规定的额定负荷相符的情况下进行工作的时间。

② 有根据地降低负荷下的工作时间，是在个别情况下由于技术上的原因，机器在低于其计算负荷下工作的时间。例如，汽车运输重量轻而体积大的货物时，不能充分利用汽车的载重吨位因而不得不降低其计算负荷。

③ 不可避免的无负荷工作时间，是由施工过程的特点和机械结构的特点造成的机械无负荷工作时间。例如筑路机在工作区末端调头等，就属于此项工作时间的消耗。

④ 不可避免的中断工作时间是与工艺过程的特点、机器的使用和保养、工人休息有关的中断时间。

a. 与工艺过程的特点有关的不可避免中断工作时间，有循环的和定期的两种。循环的不可避免中断，是在机器工作的每一个循环中重复一次。如汽车装货和卸货时停车。定期的不可避免中断，是经过一定时期重复一次。比如把灰浆泵由一个工作地点转移到另一工作地点时的工作中断。

b. 与机器有关的不可避免中断工作时间，是由于工人进行准备与结束工作或辅助工作时，机器停止工作而引起的中断工作时间。它是与机器的使用与保养有关的不可避免中断时间。

c. 工人休息时间前面已经作了说明。这里要注意的是，应尽量利用与工艺过程有关的和与机器有关的不可避免中断时间进行休息，以充分利用工作时间。

（2）损失的工作时间包括多余工作、停工、违背劳动纪律所消耗的工作时间和低负荷下的工作时间。

① 机器的多余工作时间，一是机器进行任务内和工艺过程内未包括的工作而延续的时间。如工人没有及时供料而使机器空运转的时间；二是机械在负荷下所做的多余工作，如混凝土搅拌机搅拌混凝土时超过规定搅拌时间，即属于多余工作时间。

② 机器的停工时间，按其性质也可分为施工本身造成和非施工本身造成的停工。前者是由于施工组织得不好而引起的停工现象，如暴雨时压路机的停工。上述停工中延续的时间，均为机器的停工时间。

③ 违反劳动纪律引起的机器的时间损失，是指由于工人迟到早退或擅离岗位等原因引起的机器的停工时间。

④ 低负荷下的工作时间，是由于工人或技术人员的过错所造成的施工机械在降低负荷的情况下工作的时间。例如，工人装车的砂石数量不足引起的汽车在降低负荷的情况下工作所延续的时间。此项工作时间不能作为计算时间定额的基础。

二、测定时间消耗的基本方法——计时观察法

定额测定是制定定额的一个主要步骤。测定定额是用科学的方法观察、记录、整理、分析施工过程，为制定建筑工程定额提供可靠依据。测定定额通常使用计时观察法。

(一)计时观察法概述

计时观察法,是研究工作时间消耗的一种技术测定方法。它以研究工时消耗为对象,以观察测时为手段,通过密集抽样和粗放抽样等技术进行直接的时间研究。计时观察法用于建筑施工中以现场观察为主要技术手段,所以也称之为现场观察法。

计时观察法的具体用途:

(1)取得编制施工的劳动定额和机械定额所需要的基础资料和技术根据。

(2)研究先进工作法和先进技术操作对提高劳动生产率的具体影响,并应用和推广先进工作法和先进技术操作。

(3)研究减少工时消耗的潜力。

(4)研究定额执行情况,包括研究大面积、大幅度超额和达不到定额的原因,积累资料、反馈信息。

计时观察法能够把现场工时消耗情况和施工组织技术条件联系起来加以考察,它不仅能为制定定额提供基础数据,而且也能为改善施工组织管理、改善工艺过程和操作方法、消除不合理的工时损失和进一步挖掘生产潜力提供技术根据。计时观察法的局限性是考虑人的因素不够。

(二)计时观察前的准备工作

1. 确定需要进行计时观察的施工过程

计时观察之前的第一个准备工作,是研究并确定有哪些施工过程需要进行计时观察。对于需要进行计时观察的施工过程要编出详细的目录,拟定工作进度计划,制定组织技术措施,并组织编制定额的专业技术队伍,按计划认真开展工作。在选择观察对象时,必须注意所选择的施工过程要完全符合正常施工条件。所谓施工的正常条件,是指绝大多数企业和施工队、组,在合理组织施工的条件下所处的施工条件。与此同时,还需调查影响施工过程的技术因素、组织因素和自然因素。

2. 对施工过程进行预研究

对于已确定的施工过程的性质应进行充分的研究,目的是为了正确地安排计时观察和收集可靠的原始资料。研究的方法,是全面地对各个施工过程及其所处的技术组织条件进行实际调查和分析,以便设计正常的(标准的)施工条件和分析研究测时数据。

(1)熟悉与该施工过程有关的现行技术规范和技术标准等文件和资料。

(2)了解新采用的工作方法的先进程度,了解已经得到推广的先进施工技术和操作,还应了解施工过程存在的技术组织方面的缺点和由于某些原因造成的混乱现象。

（3）注意系统地收集完成定额的统计资料和经验资料，以便与计时观察所得的资料进行对比分析。

（4）把施工过程划分为若干个组成部分（一般划分到工序）。施工过程划分的目的是便于计时观察。如果计时观察法的目的是为了研究先进工作法，或是分析影响劳动生产率提高或降低的因素，则必须将施工过程划分到操作以至动作。

（5）确定定时点和施工过程产品的计算单位。所谓定时点，即是上下两个相衔接的组成部分之间的分界点。确定定时点，对于保证计时观察的精确性是不容忽略的因素。确定产品计算单位，要能具体地反映产品的数量，并且有最大限度的稳定性。

3. 选择观察对象

所谓观察对象，就是对其进行计时观察完成该施工过程的工人。所选择的建筑安装工人，应具有与技术等级相符的工作技能和熟练程度，所承担的工作与其技术等级相符，用时应该能够完成或超额完成现行的施工劳动定额。

4. 其他准备工作

此外，还必须准备好必要的用具和表格。如测时用的秒表或电子计时器，测量产品数量的工、器具，记录和整理测时资料用的各种表格等。如果有条件且有必要，还可配备电影摄像和电子记录设备。

（三）计时观察方法的分类

对施工过程进行观察、测时，计算实物和劳务产量，记录施工过程所处的施工条件和确定影响工时消耗的因素是计时观察法的三项主要内容和要求。计时观察法种类很多，最主要的有三种（见图2-4）。

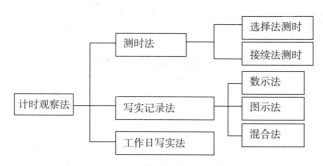

图2-4　计时观察法的种类

1. 测时法

测时法主要适用于测定时重复的循环工作的工时消耗，是精确度比较高的一种计时观察法，一般可达到0.2～15秒。测时法只用来测定施工过程中循环组成部分工作时间消耗，不研究工人休息、准备与结束及其他非循环的工作时间。

（1）测时法的分类

根据具体测时手段，可将测时法分为选择法和连续法两种。

稳定系数　要求的算术平均值精确度 $E = \pm \dfrac{1}{X}\sqrt{\dfrac{\sum \Delta^2}{n(n-1)}}$

① 选择法测时　它是间隔选择施工过程中非紧连接的组成部分(工序或操作)测定工时,精确度达 0.5 秒。

选择法测时也称为间隔法测时。采用选择法测时,当被观察的某一循环工作的组成部分开始,观察者立即开动秒表,当该组成部分终止,则立刻停止秒表。然后把秒表上指示的延续时间记录到选择法测时记录(循环整理)表上,并把秒针拨回到零点。下一组成部分开始,再开动秒表,如此依次观察,并依次记录下延续时间。

采用选择法测时,应特别注意掌握定时点。记录时间时仍在进行的工作组成部分,应不予观察。当所测定的各工序或操作的延续时间较短时,连续测定比较困难,用选择法测定时比较方便而简单。

② 接续法测时　它是连续测定一个施工过程各工序或操作的延续时间。接续法测时每次要记录各工序或操作的终止时间,并计算出本工序的延续时间。

接续法测时也称作连续法测时。它比选择法测时准确、完善,但观察技术也较之复杂。它的特点是在工作进行中和非循环组成部分出现之前一直不停止秒表,秒针走动过程中,观察者根据各组成部分之间的定时点,记录它的终止时间,再用定时点终止时间之间的差表示各组成部分的延续时间。

(2)测时法的观察方法

由于测时法是属于抽样调查的方法,因此为了保证选取样本的数据可靠,需要对于同一施工过程进行重复测时。一般来说,观测的次数越多,资料准确性越高,但要花费较多的时间和人力,这样既不经济,也不现实。确定观测次数较为科学的方法,应该是依据误差理论和经验数据相结合的方法来判定。表 2-2 给出了测时法下观察次数的确定方法。很显然,需要的观察次数与要求的算术平均值精确度及数列的稳定系数有关。

表 2-2　测时法所必需的观察次数

$K_p = \dfrac{t_{max}}{t_{min}}$	5%以内	7%以内	10%以内	15%以内	25%以内
	观察次数				
1.5	9	6	5	5	5
2	16	11	7	5	5
2.5	23	15	10	6	5
3	30	18	12	6	
4	39	25	15	10	7
5	47	31	19	11	8

[注]　表中符号的意义:t_{max}—最大观测值;t_{min}—最小观测值;$\overline{X}$—算术平均值;n—观察次数;△—每次观察值与算术平均值之差。

2. 写实记录法

写实记录法是一种研究各种性质的工作时间消耗的方法,包括基本工作时间、辅助工作时间、不可避免中断时间、准备与结束时间以及各种损失时间。采用这种方法,可以获得分析工作时间消耗和制定定额所必需的全部资料。这种测定方法比较简便、易于掌握,并能保证必需的精确度。因此,写实记录法在实际中得到了广泛应用。

写实记录法的观察对象,可以是一个工人,也可以是一个工人组。当观察有一人单独操作或产品数量可单独计算时,采用个人写实记录。如果观察工人小组的集体操作,而产品数量又无法单独计算时,可采用集体写实记录。

(1)写实记录法的种类

写实记录法按记录时间的方法不同分为数示法、图示法和混合法三种。计时一般采用有秒针的普通计时表即可。

① 数示法写实记录。数示法的特征是用数字记录工时消耗,是三种写实记录法中精确度较高的一种,精确度达 5s,可以同时对两个工人进行观察,适用于组成部分较少而且比较稳定的施工过程。数示法用来对整个工作班或半个工作班进行长时间观察,因此能反映工人或机器工作日全部情况。

② 图示法写实记录。图示法是在规定格式的图表上用时间线条表示工时消耗量的一种记录方法,精确度可达 30s,可同时对 3 个以内的工人进行观察。这种方法的主要优点是记录简单,时间一目了然,原始记录整理方便。

③ 混合法写实记录。混合法吸取数字和图示两种方法的优点,以图示法中的时间进度线条表示工序的延续时间,在进度线的上部加写数字表示各时间区段的工人数。混合法适用于 3 个以上工人工作时间的集体写实记录。

(2)写实记录法的延续时间

与确定测时法的观察次数相同,为保证写实记录法的数据可靠性,需要确定写实记录法的延续时间。延续时间的确定,是指在采用写实记录中任何一种方法进行测定时,对每个被测施工过程或同时测定两个以上施工过程所需的总延续时间的确定。

延续时间的确定,应立足于既不能消耗过多的观察时间,又能得到比较可靠和准确的结果。同时还必须注意:所测施工过程的广泛性和经济价值;已经达到的功效水平的稳定程度;同时测定不同类型施工过程的数目;被测定的工人人数以及测定完成产品的可能次数等。写实记录法所需的延续时间如表 2-3 所示,必须同时满足表中三项要求,如其中任一项达不到最低要求,应酌情增加延续时间。

表 2-3　写实记录法确定延续时间表

序号	项　　目	同时测定施工过程的类型数	测定对象		
			单人的	集体的	
				2~3 人	4 人以上
1	被测定的个人或小组的最低数	任一数	3 人	3 个小组	2 个小组

序号	项　目	同时测定施工过程的类型数	测定对象		
			单人的	集体的	
				2～3 人	4 人以上
2	测定总延续时间的最小值（时）	1	16	12	8
		2	23	18	12
		3	28	21	24
3	测定完成产品的最低次数	1	4	4	4
		2	6	6	6
		3	7	7	7

3. 工作日写实法

工作日写实法是一种研究整个工作班内的各种工时消耗的方法。

运用工作日写实法主要有两个目的，一是取得编制定额的基础资料；二是检查定额的执行情况，找出缺点，改进工作。当用于第一个目的时，工作日写实的结果要获得观察对象在工作班内工时消耗的全部情况；以及产品数量和影响工时消耗的影响因素。其中，工时消耗应该按工时消耗的性质分类记录。在这种情况下，通常需要测定 3～4 次。当用于第二个目的时，通过工作日写实应该做到：查明工时损失量和引起工时损失的原因，制订消除工时损失、改善劳动组织和工作地点组织的措施，查明熟练工人是否能发挥自己的专长，确定合理的小组编制和合理的小组分工；确定机器在时间利用和生产率方面的情况，找出使用不当的原因，订出改善机器使用情况的技术组织措施，计算工人或机器完成定额的实际百分比和可能百分比。在这种情况下，通常需要测定 1～3 次。

工作日写实法与测时法、写实记录法相比较，具有技术简便、费力不多、应用面广和资料全面的优点，在我国是一种采用较广的编制定额的方法。

工作日写实法利用写实记录表记录观察资料。记录时间时不需要将有效工作时间分为各个组成部分，只需划分适合于技术水平和不适合于技术水平两类。但是工时消耗还需按性质分类记录。

[做一做]
简述计时观察法对施工过程进行观察、测时的主要内容和要求。

三、确定人工定额消耗量的基本方法

时间定额和产量定额是人工定额的两种表现形式。拟定出时间定额，也就可以计算出产量定额。

在全面分析了各种影响因素的基础上，通过计时观察资料，我们可以获得定额的各种必需消耗时间。将这些时间进行归纳，有的是经过换算，有的是根据不同的工时规范附加，最后把各种定额时间加以综合和类比就是整个工作过程的人工消耗的时间定额。

（一）确定工序作业时间

根据计时观察资料的分析和选择，我们可以获得各种产品的基本工作时间和辅助工作时间，这两种时间合并称之为工序作业时间。它是产品主要的必需消耗的工作时间，是各种因素的集中反映，决定着整个产品的定额时间。

1. 拟定基本工作时间

基本工作时间在必需消耗的工作时间中占的比重最大。在确定基本工作时间时，必须细致、精确。基本工作时间消耗一般应根据计时观察资料来确定。其做法是，首先确定工作过程每一组成部分的工时消耗，然后再综合出工作过程的工时消耗。如果组成部分的产品计算单位和工作过程的产品计算单位不符，就需先求出不同计量单位的换算系数，进行产品计算单位的换算，然后再相加，求得工作过程的工时消耗。

（1）各组成部分与最终产品单位一致时的基本工作时间计算。此时，单位产品基本工作时间就是施工过程各个组成部分作业时间的总和，计算公式为：

$$T_1 = \sum_{i=1}^{n} t_i \qquad (2-9)$$

式中　　T_1—— 单位产品基本工作时间；

　　　　t_i—— 各组成部分的基本工作时间；

　　　　n_i—— 各组成部分的个数。

（2）各组成部分单位与最终产品单位不一致时的基本工作时间计算。此时，各组成部分基本工作时间应分别乘以相应的换算系数。计算公式为：

$$T_1 = \sum_{i=1}^{n} k_i \times t_i \qquad (2-10)$$

式中　　k_i—— 对应于 t_i 的换算系数。

【例 2-1】　砌砖墙勾缝的计量单位是平方米，但若将勾缝作为砌砖墙施工过程的一个组成部分对待，即将勾缝时间按砌砖墙厚度按砌体体积计算，设每平方米墙面所需的勾缝时间为 10min，试求各种不同墙厚每立方米砌体所需的勾缝时间。

解：

（1）一砖厚的砖墙，每立方米砌体墙面面积的换算系数为 1/0.24≈4.17

则每立方米砌体所需的勾缝时间是：4.17×10＝41.7(min)

（2）一砖半厚的砖墙，每立方米砌体面墙面积的换算系数为 1/0.365≈2.74

则每立方米砌体所需的勾缝时间是：2.74×10＝27.4(min)

2. 拟定辅助工作时间

辅助工作时间的确定方法与基本工作时间相同。如果在计时观察时不能取得足够的资料，也可采用工时规范或经验数据来确定。如具有现行的工时规范，可以直接利用工时规范中规定的辅助工作时间的百分数来计算。举例见表 2-4。

表 2-4　木作工程各类辅助工作时间的百分率参考表

工作项目	占工序作业时间(%)	工作项目	占工序作业时间(%)
磨刨刀	12.3	磨线刨	8.3
磨槽刨	5.9	锉锯	8.2
磨凿子	3.4		

(二)确定规范时间

规范时间内容包括工序作业时间以外的准备与结束时间、不可避免中断时间以及休息时间。

1. 确定准备与结束时间

准备与结束工作时间分为工作日和任务两种。任务的准备与结束时间通常不能集中在某一个工作日中,而要采取分摊计算的方法,分摊在单位产品的时间定额里。

如果在计时观察资料中不能取得足够的准备与结束时间的资料,也可以根据工时规范或经验数据来确定。

2. 确定不可避免的中断时间

在确定不可避免中断时间的定额时,必须注意由工艺特点所引起的不可避免中断才可列入工作过程的时间定额。

不可避免中断时间也需要根据测时资料通过整理分析获得,也可以根据经验数据或工时规范,以占工作日的百分比表示此项工时消耗的时间定额。

3. 拟定休息时间

休息时间应根据工作班作息制度、经验资料、计时观察资料,以及对工作的疲劳程度作全面分析来确定。同时,应考虑尽可能利用不可避免中断时间作为休息时间。

规范时间均可利用工时规范或经验数据确定,常用的参数数据可如表 2-5 所示。

表 2-5　准备与结束、休息、不可避免中断时间占工作班时间的百分率参考

序号	时间分类 工种	准备与结束时间占工作时间(%)	休息时间占工作时间(%)	不可避免中断时间占工作时间(%)
1	材料运输及材料加工	2	13~16	2
2	人力土方工程	3	13~16	2
3	架子工程	4	12~15	2
4	砖石工程	6	10~13	4
5	抹灰工程	6	10~13	3
6	手工木作工程	4	7~10	3

序号	时间分类 工种	准备与结束时间 占工作时间（%）	休息时间占 工作时间（%）	不可避免中断时间 占工作时间（%）
7	机械木作工程	3	4～7	3
8	模板工程	5	7～10	3
9	钢筋工程	4	7～10	4
10	现浇混凝土工程	6	10～13	3
11	预制混凝土工程	4	10～13	2
12	防水工程	5	25	3
13	油漆玻璃工程	3	4～7	2
14	钢制品制作及安装工程	4	4～7	2
15	机械土方工程	2	4～7	2
16	石方工程	4	13～16	2
17	机械打桩工程	6	10～13	3
18	构件运输及吊装工程	6	10～13	3
19	水暖电气工程	5	7～10	3

（三）拟定定额时间

确定的基本工作时间、辅助工作时间、准备与结束工作时间、不可避免中断时间与休息时间之和，就是劳动定额的时间定额。根据实际定额可计算出产量定额，时间定额和产量定额互成倒数。

利用工时规范，可以计算劳动定额的时间定额。计算公式是：

$$工序作业时间 = 基本工作时间 + 辅助工作时间 \tag{2-11}$$

$$规范时间 = 准备与结束工作时间 + 不可避免的中断时间 + $$

$$休息时间 \tag{2-12}$$

$$工序作业时间 = 基本工作时间 + 辅助工作时间$$

$$= 基本工作时间/(1 - 辅助时间\%) \tag{2-13}$$

$$定额时间 = \frac{工序作业时间}{1 - 规则时间\%} \tag{2-14}$$

【实践训练】

（一）背景材料

通过计时观察资料得知：人工挖二类土 1m³ 的基本工作时间为 6h，辅助工作时间为工序作业时间的 2％。准备与结束工作时间、不可避免的中断时间、休息时间分别占工作日的 3％、2％、18％。

(二)问题

则该人工挖二类土的时间定额是多少？

(三)分析与解答

基本工作时间＝6h＝0.75 工日/m³

工序作业时间＝0.75/(1−2％)≈0.765(工日/m³)

时间定额＝0.765/(1−3％−2％−18％)≈0.994(工日/m³)

第三节　预算定额

一、预算定额的用途及种类

(一)预算定额用途

1. 预算定额的概念

预算定额,是指在合理的施工组织设计、正常施工条件下,生产一个规定计量单位合格结构件、分项工程所需的人工、材料和机械台班的社会平均消耗量标准。预算定额是工程建设中的一项重要的技术经济文件,是编制施工图预算的主要依据,是确定和控制工程造价的基础。

2. 预算定额的用途和作用

(1)预算定额是编制施工图预算、确定建筑安装工程造价的基础。施工图设计一经确定,工程预算造价就取决于预算定额水平和人工、材料及机械台班的价格。预算定额起着控制劳动消耗、材料消耗和机械台班使用的作用,进而起着控制建筑产品价格的作用。

(2)预算定额是编制施工组织设计的依据。施工组织设计的重要任务之一,是确定施工中所需人工、物力的供求量,并做出最佳安排。施工单位在缺乏本企业的施工定额的情况下,根据预算定额,亦能够比较精确地计算出施工各项资源的需要量,为有计划地组织材料采购和预制件加工、劳动力和施工机械的调配,提供了可靠的计算依据。

(3)预算定额是工程结算的依据。工程结算是建设单位和施工单位按照工程进度对已完成的分部分项工程实现货币支付的行为。按进度支付工程款,需要根据预算定额将已完分项工程的造价算出。单位工程验收后,再按竣工工程量、预算定额和施工合同规定进行结算,以保证建设单位建设资金的合理使用和施工单价的经济收入。

(4)预算定额是施工单位进行经济活动分析的依据。预算定额规定的物化劳动和劳动消耗指标,是施工单位在生产经营中允许消耗的最高标准。施工单位必须以预算定额作为评价企业工作的重要标准,作为努力实现的目标。施工单位可根据预算定额对施工中的劳动、材料、机械的消耗情况进行具体的分析,以便找出并克服低功效、高消耗的薄弱环节,提高竞争能力。只有在施工中尽量降低劳动消耗,采用新技术,提高劳动者素质,提高劳动生产率,才能取得较好的经济效益。

(5)预算定额是编制概算定额的基础。概算定额是在预算定额基础上综合扩大编制的。利用预算定额作为编制依据,不但可以节省编制工作的大量人力、物力和时间,收到事半功倍的效果,还可以使预算定额在水平上与概算定额保持一致,以免造成执行中的不一致。

(6)预算定额是合理编制招标控制价、投标报价的基础。在深化改革中,预算定额的指令性作用将日益削弱,而对施工单位按照工程个别成本报价的指导性作用仍然存在,因此预算定额作为编制招标控制价的依据和施工企业报价的基础性作用仍将存在,这也是由于预算定额本身的科学性和指导性决定的。

(二)预算定额的种类

(1)按专业性质分,预算定额有建筑工程定额和安装工程定额两大类。

建筑工程定额按专业对象分为建筑工程预算定额、市政工程预算定额、铁路工程预算定额、公路工程预算定额、房屋修缮工程预算定额、矿山井巷预算定额等。

安装工程预算定额按专业对象分为电气设备安装工程预算定额、机械设备安装工程预算定额、通信设备安装工程预算定额、化学工业设备安装工程预算定额、工业管道安装工程预算定额、工艺金属结构安装工程预算定额、热力设备安装工程预算定额等。

(2)从管理权限和执行范围划分,预算定额可以分为全国统一预算定额、行业统一预算定额和地区统一预算定额等。

(3)预算定额按生产要素分为劳动定额、机械定额和材料消耗定额,它们相互依存形成一个整体,作为编制预算定额依据,各自不具有独立性。

二、预算定额的编制原则、依据和步骤

1. 预算定额的编制原则

为保证预算定额的质量,充分发挥预算定额的作用,实际使用简便,在编制工作中应遵循以下原则:

(1)按社会平均水平确定预算定额的原则。预算定额是确定和控制建筑安装工程造价的主要依据。因此,它必须遵照价值规律的客观要求,即按生产过程中所消耗的社会必要劳动时间确定定额水平。所以预算定额的平均水平,是在正常的施工条件下,合理的施工组织和工艺条件、平均劳动熟练程度和劳动强度下,完成单位分项工程基本构造要素所需要的劳动时间。

[想一想]
预算定额是按哪几种原则编制的?

(2)简明适用的原则。简明适用一是指在编制预算定额时,对于那些主要的、常用的、价值量大的项目,分项工程划分宜细;次要的、不常用的、价值量相对较小的项目则可以粗一些。二是指预算定额要项目齐全。要注意补充那些因采

用新技术、新结构、新材料而出现的新的定额项目。如果项目不全,缺项多,就会使计价工作缺少充足可靠的依据。三是要求合理确定预算定额的计算单位,简化工程量的计算,尽可能地避免同一种材料用不同的计量单位和一量多用,尽量减少定额附注和换算系数。

(3)坚持统一性和差别性相结合原则。所谓统一性,就是从培育全国统一市场规范计价行为出发,计价定额的制订规划和组织实施由国务院建设行政主管部门归口管理,由其负责全国统一定额制定或修订,颁发有关工程造价管理的规章制度办法等。所谓差别性,就是在统一性的基础上,各部门和省、自治区、直辖市主管部门可以在自己的管辖范围内,根据本部门和地区的具体情况,制定部门和地区性定额、补充性制度和管理办法,以适应我国幅员辽阔、地区间部门发展不平衡和差异大的实际情况。

2. 预算定额的编制依据

(1)现行劳动定额和施工定额。预算定额是在现行劳动定额和施工定额的基础上编制的。预算定额中人工、材料、机械台班消耗水平,需要根据劳动定额或施工定额取定预算定额的计量单位的选择,也要以施工定额为参考,从而保证两者的协调和可比性,减轻预算定额的编制工作量,缩短编制时间。

(2)现行设计规范、施工及验收规范。质量评定标准和安全操作规程。

(3)具有代表性的典型工程施工图及有关标准图。对这些图纸进行仔细分析研究,并计算出工程数量,作为编制定额时选择施工方法确定定额含量的依据。

(4)新技术、新结构、新材料和先进的施工方法等。这类资料是调整定额水平和增加新的定额项目所必须有的依据。

(5)有关科学实验、技术测定和统计、经验资料。这类文件是确定定额水平的重要依据。

(6)现行的预算定额、材料预算价格及有关文件规定等。包括过去定额编制过程中积累的基础资料,也是编制预算定额的依据和参考。

3. 预算定额的编制程序及要求

预算定额的编制,大致可以分为准备工作、收集资料、编制定额、报批和修改定稿五个阶段。各阶段工作有交叉,有些工作还有多次反复。其中,预算定额编制阶段的主要工作如下:

(1)确定编制细则。主要包括:统一编制表格及编制方法;统一计算口径、计算单位和小数点位数的要求;有关统一性规定,名称统一,用字统一,专业用语统一,符号代码统一,简化字要规范,文字要简练明确。

预算定额与施工定额计量单位往往不同。施工定额的计量单位一般按照工序或施工过程确定;而预算定额的计量单位主要是根据分部分项工程和结构构件的形体特征及其变化确定。由于工作内容综合,预算定额的计量单位亦具有综合的性质。工程量计算规则的规定应确切反映定额项目所包含的工作内容。预算定额的计量单位关系到预算工作的繁简和准确性。因此,要正确地确定各分部分项工程的计量单位。一般依据建筑结构构件形状的特点确定。

（2）确定定额的项目划分和工程量计算规则。计算工程数量，是为了通过计算出典型设计图纸所包括的施工过程的工程量，以便在编制预算定额时，有可能利用施工定额的人工、机械台班和材料消耗指标确定预算定额所含工序的消耗量。

（3）定额人工、材料、机械台班耗用量的计算、复核和测算。

三、预算定额消耗量的编制方法

确定预算定额人工、材料、机械台班消耗指标时，必须先按施工定额的分项逐项计算出消耗指标，然后，再按预算定额的项目加以综合。但是，这种综合不是简单的合并和相加，而需要在综合过程中增加两种定额之间的适当的水平。预算定额的水平，首先取决于这些消耗量的合理确定。

人工、材料和机械台班消耗量指标，应根据定额编制原则和要求，采用理论与实际相结合、图纸计算与施工现场测算相结合、编制人员与现场工作人员相结合等方法进行计算和确定，使定额既符合政策要求，又与客观情况一致，便于贯彻执行。

1. 预算定额中人工工日消耗量的计算

人工的工日数可以有两种确定方法。一种是以劳动定额为基础确定；另一种是以现场观察测定资料为基础计算，主要用于遇到劳动定额缺项时，采用现场工作日写实等测时方法查定和计算定额的人工耗用量。

预算定额中人工工日消耗量是指在正常施工条件下，生产单位合格产品所必需消耗的人工工日数量，是由分项工程综合的各个工序劳动定额包括的基本用工、其他用工两部分组成的。

（1）基本用工

基本用工指完成一定计量单位的分项工程或结构构件的各项工作过程的施工任务所必需消耗的技术工种用工。按技术工种相应劳动定额工时定额计算，以不同工种列出定额工日。基本用工包括：

① 完成定额计量单位的主要用工。按综合取定的工程量和相应劳动定额进行计算。

$$计算公式：基本用工 = \sum（综合取定的工程量 \times 劳动定额） \qquad (2-15)$$

例如工程实际中的砖基础，有一砖厚、一砖半厚、二砖厚等之分，用工各不相同，在预算定额中由于不区分厚度，需要按照统计的比例，加权平均得出综合的人工消耗。

② 按劳动定额规定应增（减）计算的用工量。由于预算定额是在施工定额子目的基础上综合扩大的，包括的工作内容较多，施工的工效视具体部位而不一样，所以需要另外增加人工消耗，而这种人工消耗也可以列入基本用工内。

（2）其他用工

其他用工是辅助基本用工消耗的工日，包括超运距用工、辅助用工和人工幅度差用工。

① 超运距用工　超运距是指劳动定额中包括的材料、半成品场内水平搬运

距离与预算定额所考虑的现场材料、半成品堆放地点到操作地点的水平运输距离之差。

$$超运距＝预算定额取定运距－劳动定额已包括的运距 \qquad (2-16)$$

$$超运距用工＝\sum（超运距材料数量×时间定额） \qquad (2-17)$$

需要指出,实际工程现场运距超过预算定额取定运距时,可另行计算现场二次搬运费。

② 辅助用工　指技术工种劳动定额内不包括而在预算定额内又必须考虑的用工。例如机械土方工程配合用工、材料加工(筛砂、洗石、淋化石膏),电焊点火用工等。计算公式如下:

$$辅助用工＝\sum（材料加工数量×相应的加工劳动定额） \qquad (2-18)$$

③ 人工幅度差　即预算定额与劳动定额的差额,主要是指在劳动定额中未包括而在正常施工情况下不可避免但又很难准确计量的用工和各种工时损失。内容包括:

a. 各工种间的工序搭接及交叉作业相互配合或影响所发生的停歇用工。

b. 施工机械在单位工程之间转移及临时水电线路移动所造成的停工。

c. 质量检查和隐蔽工程验收工作的影响。

d. 班组操作地点转移用工。

e. 工序交接时对前一工序不可避免的修整用工。

f. 施工中不可避免的其他零星用工。

人工幅度差计算公式如下:

$$人工幅度差＝(基本用工＋辅助用工＋超运距用工)×$$

$$人工幅度差系数 \qquad (2-19)$$

人工幅度差系数一般为 $10\%\sim15\%$。在预算定额中,人工幅度差的用工量列入其他用工量中。

2. 预算定额中材料消耗量的计算

材料消耗量计算方法主要有:

(1)凡有标准规定的材料,按规范要求计算定额计量单位的耗用量,如砖、防水卷材、块料面层等。

(2)凡设计图纸标注尺寸及下料要求的按设计图纸尺寸计算材料净用量,如门窗制作用材料、方、板料等。

(3)换算法。各种胶结、涂料等材料的配合比用料,可以根据要求条件换算,得出材料用量。

(4)测定法。包括实验室实验法和现场观察法。各种强度等级的混凝土及砌筑砂浆配合比的耗用原材料数量的计算,须按照规范要求试配,经试压合格并经过必要的调整后得出水泥、砂子、石子、水的用量。对新材料、新结构又不能用其他方法计算定额消耗用量时,须用现场测定方法确定,根据不同条件可以采用写实记录法和观察法,得出定额的消耗量。

材料损耗量,指在正常条件下不可避免的材料损耗,如现场内材料运输及施工操作过程中的损耗等。其关系式如下:

$$材料损耗率＝损耗量/净用量×100\% \tag{2-20}$$

$$材料损耗量＝材料净用量×损耗率(\%) \tag{2-21}$$

$$材料消耗量＝材料净用量＋损耗量 \tag{2-22}$$

$$材料消耗量＝材料净用量×[1＋损耗率(\%)] \tag{2-23}$$

3. 预算定额中机械台班消耗量的计算

预算定额中的机械台班消耗量是指在正常施工条件下,生产单位合格产品(分部分项工程或结构构件)必需消耗的某种型号施工机械的台班数量。

(1)根据施工定额确定机械台班消耗量的计算。这种方法是指用施工定额中机械台班产量加机械幅度差计算预算定额的机械台班消耗量。

机械台班幅度差是指施工定额中所规定的范围内没有包括,而在实际施工中又不可避免产生的影响机械或使机械停歇的时间。其内容包括:

① 施工机械转移工作面及配套机械相互影响损失的时间。

② 在正常施工条件下,机械在施工中不可避免的工序间歇。

③ 工程开工或收尾时工作量不饱满所损失的时间。

④ 检查工程质量影响机械操作的时间。

⑤ 临时停机、停电影响机械操作的时间。

⑥ 机械维修引起的停歇时间。

大型机械幅度差系数为:土方机械25%,打桩机械33%,吊装机械30%。砂浆、混凝土搅拌机由于按小组配用,以小组产量计算机械台班产量,不另增加机械幅度差。其他分部工程如钢筋加工、木材、水磨石等各项专用机械的幅度差为10%。

综上所述,预算定额的机械台班消耗量按下式计算:

$$预算定额机械耗用台班＝施工定额机械耗用台班×$$
$$(1＋机械幅度差系数) \tag{2-24}$$

(2)以现场测定资料为基础确定机械台班消耗量。如遇到施工定额缺项者,则需要依据单位时间完成的产量测定。具体方法可参见本章第二节。

【实践训练】

课目:计算机械耗用台班量

(一)背景资料

已知某挖土机挖土,一次正常循环工作时间是40s,维持循环平均挖土量

$0.3m^3$,机械正常利用系数为 0.8,机械幅度差为 25%。

（二）问题

求该继续挖土方 $1000m^3$ 的预算定额机械耗用台班量。

（三）分析与解答

解:机械纯工作 1h 循环次数 $=3600/40=90$(次/台班)

机械纯工作 1h 正常生产率 $=30\times0.3=27(m^3)$

施工机械台班产量定额 $=27\times8\times0.8=172.8(m^3/$台班$)$

施工机械台班时间定额 $=1/172.8\approx0.00579($台班$/m^3)$

预算定额机械耗用台班量 $=0.00579\times(1+25\%)\approx0.00723($台班$/m^3)$

挖土方 $1000m^3$ 的预算定额机械耗用台班量 $=1000\times0.00723=7.23($台班$)$

第四节　建筑安装工程人工、材料、机械台班单价的确定方法

一、人工单价的组成和确定方法

（一）人工单价及其组成内容

人工单价是指一个建筑安装生产工人一个工作日在计价时应计入的全部人工费用。它基本上反映了建筑安装水平和一个工人在一个工作日中可以得到的报酬。合理确定人工工日单位是正确计算人工费和工程造价的前提和基础。

按照现行规定,生产工人的人工工日单价组成内容见表 2-6。

表 2-6　人工单价组成内容

基本工资	岗位工资
	技能工资
	工龄工资
工资性补贴	物价补贴
	煤、燃气补贴
	交通补贴
	住房补贴
	流动施工津贴
	地区津贴
辅助工资	非作业工日发放的工资和工资性补贴

职业福利费	书报费
	洗理费
	取暖费
劳动保护费	劳动用品购置及修理费
	徒工服装补贴
	防暑降温费
	保健费用

（二）人工单价确定的依据和方法

1. 基本工资

根据建设部建人〔1992〕680 号"关于印发《全民所有制大中型建筑安装企业岗位技能工资制试行方案》和《全民所有制建筑安装企业试行岗位技能工资制有关问题的意见》的通知"，生产工人的基本工资应执行岗位工资和技能工资制度。基本工资是按岗位工资、技能工资和工龄工资（按职工工作年限确定的工资）计算的。

岗位工资是根据劳动岗位的劳动责任轻重、劳动强度大小和劳动条件好差、兼顾劳动技能要求的高低确定的。工人岗位工资标准设 8 个岗次。技能工资是根据不同岗位、职位、职务对劳动技能的要求，同时兼顾职工所具备的劳动技能水平而确定的工资。技术工人技能工资分初级工、中级工、高级工、技师和高级技师五类工资标准，分 26 档。

$$基本工资(G_1) = \frac{生产工人平均月工资}{年平均每月法定工作日} \qquad (2-25)$$

其中，年平均每月法定工作日＝（全年日历日－法定假日）/12，法定假日指双休日和法定节日。

2. 工资性补贴

是指按规定标准发放的物价补贴，煤、燃气补贴，交通费补贴、住房补贴，流动施工津贴及地区津贴等。

$$工资性补贴(G_2) = \frac{\sum 年发放标准}{全年日历日 - 法定假日} + \frac{\sum 月发放标准}{年平均每月法定工作日} +$$

$$每工作日发放标准 \qquad (2-26)$$

3. 生产工人辅助工资

是指生产工人年有效施工天数以外无效工作日的工资，包括职工学习、培训期间的工资，调动工作、探亲、休假期间的工资，因气候影响的停工工资，女工哺乳时间的工资，病假在 6 个月以内的工资及产、婚、丧假期的工资。

$$生产工人辅助工资(G_3)=\frac{全年无效工作日×(G_1+G_2)}{全年日历日-法定假日} \qquad (2-27)$$

4. 职工福利费

是指按规定标准计提的职工福利费。

$$职工福利费(G_4)=(G_1+G_2+G_3)×福利费计提比例(\%) \qquad (2-28)$$

5. 生产工人劳动保护费

是指按规定标准发放的劳动保护用品等的购置费及修理费,徒工服装补贴,防暑降温费,在有碍身体健康环境中的施工保健费用等。

$$生产工人劳动保护费(G_5)=\frac{生产工人年平均出劳动保护费}{全年日历日-法定假日} \qquad (2-29)$$

(三)影响人工单价的因素

影响建筑安装工人人工单价的因素很多,归纳起来有以下方面:

(1)社会平均工资水平。建筑安装工人人工单价必然和社会平均工资水平趋同。社会平均工资水平取决于经济发展水平。由于我国改革开放以来经济迅速增长,社会平均工资也有大幅增长,从而使人工单价大幅提高。

(2)生活消费指数。生活消费指数的提高会促使人工单价提高,以减少生活水平的下降,或维持原来的生活水平。生活消费指数的变动决定于物价的变动,尤其决定于生活消费品物价的变动。

(3)人工单价的组成内容。例如,住房消费、养老保险、医疗保险、失业保险等若列入人工单价,会使人工单价提高。

(4)劳动力市场供需变化。在劳动力市场如果需求大于供给,人工单价就会提高;供给大于需求,市场竞争激烈,人工单价就会下降。

(5)政府推行的社会保障和福利政策也会影响人工单价的变动。

二、材料价格的组成和确定方法

在建筑工程中,材料费约占总造价的60%~70%,在金属结构工程中所占比重还要大,是直接工程费的主要组成部分。因此,合理确定材料价格构成,正确计算材料价格,有利于合理确定和有效控制工程造价。

(一)材料价格的构成和分类

1. 材料价格的构成

材料价格是指材料(包括构件、成品及半成品等)从其来源地(或交货地点、供应者仓库提货地点)到达施工工地仓库(施工地点内存放材料的地点)后出库的综合平均价格。材料价格一般由材料原价(或供应价格)、材料运杂费、运输损耗费、采购及保管费组成。上述四项构成材料基价,此外在计价时,材料费还应包括单独列项计算的检验试验费。

$$材料费=\sum(材料消耗量×材料基价)+检验试验费 \qquad (2-30)$$

2. 材料价格分类

材料价格按适用范围划分,有地区材料价格和某项工程使用的材料价格。地区材料价格是按地区(城市或建设区域)编制,供该地区所有工程使用;某项工程(一般指大中型重点工程)使用的材料价格,是以一个工程为编制对象,专供工程项目使用。

地区材料价格与某工程使用价格的编制原理和方法是一致的,只是在材料来源地、运输数量权数等具体数据上有所不同。

(二)材料价格的编制依据和确定方法

1. 材料基价

材料基价是由材料原价(或供应价格)、材料运杂费、运输损耗费以及采购保管费合计而成的。

(1)材料原价(或供应价格)

材料原价是指材料的出厂价格,进口材料抵岸价或销售部门的批发牌价和市场采购价格(或信息价)。

在确定原价时,凡同一种材料因来源地、交货地、供货单位、生产厂家不同,而有几种价格(原价)时,根据不同来源地供货数量比例,采取加权平均的方法确定其综合原价。计算公式如下:

$$加权平均原价 = \frac{(K_1 C_1 + K_2 C_2 + \cdots K_n C_n)}{(K_1 + K_2 + \cdots K_n)} \qquad (2-31)$$

式中　$K_1, K_2, \cdots, K_n$——各不同供应地点的供应量或各不同使用地点的需要量;
　　　$C, C_2, \cdots, C_n$——各不同供应地点的原价。

(2)材料运杂费

材料运杂费是指材料自来源地运至工地仓库或指定堆放地点所发生的全部费用,含外埠中转运输过程中所发生的一切费用和过境过桥费用,包括调车和驳船费、装卸费、运输费及附加工作费等。

同一品种的材料有若干个来源地,应采用加权平均的方法计算材料运输费。计算公式如下:

$$加权平均运杂费 = \frac{(K_1 T_1 + K_2 T_2 + \cdots + K_n T_n)}{(K_1 + K_2 + \cdots + K_n T_n)} \qquad (2-32)$$

式中　$K_1, K_2, \cdots, K_n$——各不同供应地点的供应量或各不同使用地点的需求量;
　　　$T_1, T_2, \cdots, T_n$——各不同运距的距离。

(3)运输损耗费

材料的运输中考虑一定的场外运输损耗费用。这是指材料在运输装卸过程中不可避免的损耗。运输损耗费的计算公式是:

$$运输损耗费 = (材料原价 + 运杂费) \times 相应材料损耗率 \qquad (2-33)$$

(4)采购及保管费

采购及保管费是指材料供应部门(包括工地仓库及其以上各级材料主管部门)在组织采购、供应和保管材料过程中所需的各项费用,包括:采购费、仓储费、工地管理费和仓储损耗。

采购及保管费一般按照材料到库价格以费率取定。材料采购及保管费计算公式如下:

$$采购及保管费=材料运到工地仓库价格×$$

$$采购及保管费率(\%) \tag{2-34}$$

或

$$采购及保管费=(材料原价+运杂费+运输损耗费)×$$

$$采购及保管费率(\%) \tag{2-35}$$

综上所述,材料基价的一般计算公式为:

$$材料基价=[(供应价格+运杂费)×(1+运输损耗率(\%))]×$$

$$[1+采购及保管费率(\%)] \tag{2-36}$$

【例2-2】 某工地水泥从两个地方采购(见表2-7),其采购量及有关费用如下表所示,求该工地水泥的基价。

表2-7 采购费用

采购处	采购量(t)	原价(元/t)	运输费(元/t)	运输损耗率(元/t)	采购及保管费费率(%)
来源一	300	240	20	0.5	3
来源二	200	250	15	0.4	

解:加权平均原价=(300×240+200×250)/(300+200)=244(元/t)

加权平均运杂费=(300×20+200×15)/(300+200)=18(元/t)

来源一的运输损耗费=(240+20)×0.5%=1.3(元/t)

来源二的运输损耗费=(250+15)×0.4%=1.06(元/t)

加权平均运杂费=(300×1.3+200×1.06)/(300+200)=1.204(元/t)

水泥基价=(244+15+1.204)×(1+3%)≈271.1(元/t)

2. 检验试验费

检验试验费是指对建筑材料、构件和建筑安装物进行一般鉴定、检查所发生的费用,包括自设试验室进行试验所耗用的材料和化学药品费用;不包括新结构、新材料的试验费和建设单位对具有出厂合格证明的材料进行检验,对构件做破坏性试验及其他特殊要求检验试验的费用。其计算公式如下:

$$检验试验费=\sum(单位材料量检验试验费×材料消耗量) \tag{2-37}$$

由于我国幅员广大,建筑材料产地与使用地点的距离,各地差异很大,且采购、保管、运输方式也不尽相同,因此材料价格原则上按地区范围编制。

(三)影响材料价格变动的因素

(1)市场供需变化。材料原价是材料价格中最基本的组成。市场供大于求价格就会下降;反之,价格就会上升。从而也就会影响材料价格的涨落。

(2)材料生产成本的变动直接带动材料价格的波动。

(3)流通环节的多少和材料供应体制也会影响材料价格。

(4)运输距离和运输方法的改变会影响材料运输费用的增减,从而也会影响材料价格。

(5)国际市场行情会对进口材料价格产生影响。

三、施工机械台班单价的组成和确定方法

施工机械使用费是根据施工中耗用的机械台班数量和机械台班单价确定的。施工机械台班耗用量按有关定额规定计算;施工机械台班单价是指一台施工机械,在正常运转条件下一个工作班中所发生的全部费用,每台班按 8h 工作制计算。正确制定施工机械台班单价是合理控制工程造价的重要方面。

根据《2001 年全国统一施工机械台班费用编制规则》的规定,施工机械台班单价由七项费用组成,包括折旧费、大修理费、经常修理费、安拆费及场外运费、人工费、燃料动力费、其他费用等。

(一)折旧费的组成及确定

折旧费是指施工机械在规定使用期限内,陆续收回其原值及购置资金的时间价值。计算公式如下:

台班折旧费＝机械预算价格×(1—残值率)×时间价值系数/耐用总台班

$$(2-38)$$

1. 机械预算价格

(1)国产机械的预算价格

国产机械预算价格按照机械原值、销售部门手续费和一次运杂费以及车辆购置税之和计算。

① 机械原值。国产机械原值应按下列途径询价、采集:

a. 编制期施工企业已购进施工机械的成交价格。

b. 编制期国内施工机械展销会发布的参考价格。

c. 编制期施工机械生产厂、经销商的销售价格。

② 销售部门手续费和一次运杂费可按机械原值的 5% 计算。

③ 车辆购置税的计算。车辆购置税应按下列公式计算:

车辆购置税＝计税价格×车辆购置税率(%)　　　　(2-39)

其中,计税价格＝机械原值＋供销部分手续费和一次运杂费—增值税。

车辆购置税应执行编制期间国家有关规定。

(2)进口机械的预算价格

进口机械的预算价格按照机械原值、关税、增值税、消费税、外贸手续费和国内运杂费、财务费、车辆购置税之和计算。

① 进口机械手续费的机械原值按其到岸价格取定。

② 关税、增值税、消费税及财务费应执行编制期国家有关规定,并参照实际发生的费用计算。

③ 外贸部门手续费和国内一次运杂费应按到岸价的 6.5% 计算。

④ 车辆购置税的计税价格是到岸价、关税和消费税之和。

2. 残值率

残值率是指机械报废时回收的残值占机械原值的百分比。残值率按目前有关规定执行:运输机械 2%,掘进机械 5%,特大型机械 3%,中小型机械 4%。

3. 时间价值系数

时间价值系数是指购置施工机械的资金在施工生产过程中随着时间的推移而生产的单位增值。其公式如下:

$$时间价值系数＝1＋0.5(折旧年限＋1)×年折现率(\%) \qquad (2-40)$$

其中,年折现率应按编制期银行年贷款利率确定。

4. 耐用总台班

耐用总台班是指施工机械从开始投入使用至报废前使用的总台班数,应按施工机械的技术指标及寿命期等相关参数确定。

机械耐用总台班的计算公式为:

$$耐用总台班＝折旧年限×年工作台班＝大修间隔台班×大修周期$$

$$(2-41)$$

年工作台班是根据有关部门对各类主要机械最近三年的统计资料分析确定。

大修间隔台班是指机械自投入使用第一次大修止或自上一次大修后投入使用起至下一次大修止,应达到的使用台班数。

大修周期是指机械在正常的施工作业条件下,将其寿命期(即耐用总台班)按规定的大修次数划分为若干个周期。其计算公式:

$$大修周期＝寿命期大修次数＋1 \qquad (2-42)$$

(二)大修理费的组成及确定

大修理费是指机械设备按规定的大修间隔台班进行必要的大修理,以恢复机械正常功能所需要的费用。台班大修理费是机械使用期限内全部大修理费之和在台班费用中的分摊额,它取决于一次大修理费用、大修理次数和耐用总台班的数量。其计算公式为:

$$台班大修理费 = \frac{一次大修理费 \times 寿命期内大修理次数}{耐用总台班} \qquad (2-43)$$

(1)一次大修理费是指施工机械一次大修理发生的工时费、配件费、辅料费、油燃料费及送修运杂费。

一次大修费应以《全国统一机械保养修理技术经济定额》为基础，结合编制期市场价格综合确定。

(2)寿命期大修理次数是指施工机械在其寿命期（耐用总台班）内规定的大修理次数，应参照《全国统一机械保养修理技术经济定额》确定。

(三)经常修理费的组成及确定

指施工机械大修理以外的各级保养和临时故障排除所需的费用。包括为保障机械正常运转所需要替换与随机配备工具的附具的摊销和维护费用，机械运转及日常保养所需润滑与擦拭的材料费用及机械停滞期间的维护和保养费用等。各项费用分摊到台班中，即为台班经修费。其计算公式为：

$$台班经修费 = \frac{\sum(各级保养一次费用 \times 寿命期各级保养总次数)+临时故障排除费}{耐用总台班}$$

$$+替换设备和工具附具台班摊销售 + 例保辅料费 \qquad (2-44)$$

当台班经常修理费计算公式中各项数值难以确定时，也可按下列公式计算：

$$台班经修费 = 台班大修费 \times K \qquad (2-45)$$

其中 K 为台班经常修理费系数。

(1)各级保养一次费用。分别指机械在各个使用周期内为保证机械处于完好状况，必须按规定的各级保养间隔周期、保养范围和内容进行的一、二、三级保养或定期保养所消耗的工时、配件、油燃料等费用。应以《全国统一施工机械保养修理技术经济定额》为基础，结合编制期市场价格综合确定。

(2)寿命期各级保养总次数。分别指一、二、三级保养或定期保养在寿命周期内各个使用周期中保养次数之和，应按照《全国统一施工机械保养修理技术经济定额》确定。

(3)临时故障排除费。指机械除规定的大修理及各级保养以外，排除临时故障所需要费用以及机械在工作日以外的保养维护所需润滑擦拭材料费，可按各级保养(不包括例保辅料费)费用之和的3%计算。

(4)替换设备及工具附具台班摊销费。指轮胎、电缆、蓄电池、运输皮带、钢丝绳、胶皮管、履带板等消耗性设备和按规定随机配备的全套工具附具的台班摊销费用。

(5)例保辅料费。即机械日常保养所需要润滑擦拭材料的费用。替换设备及工具附具台班消费、例保辅料费的计算应以《全国统一机械保养修理技术经济定额》为基础，结合编制期市场价格综合确定。

（四）安拆费及场外运费的组成和确定

安拆费指施工机械在现场进行安装与拆卸所需的人工、材料、机械和试运转费以及机械辅助设施的拆旧、搭设、拆除等费用；场外运费指施工机械整体或分体自停放地点运至施工现场或由一施工地点运至另一施工地点的运输、装卸、辅助材料及架线等费用。

安拆费及场外运费根据施工机械不同分为计入台班单位、单独计算和不计算三种类型。

（1）工地间移动较为频繁的小型机械及部分中型机械，其安拆费及场外运费应计入台班单价。台班安拆费及场外运费应按下列公式计算：

$$台班安拆费及场外运费=\frac{一次安拆费及场外运费×年平均安拆次数}{年工作台班}$$

$$(2-46)$$

① 一次安拆费应包括施工现场机械和拆卸一次所需的人工费、材料、机械费及试运转费。

② 一次场外运费应包括运输、装卸、辅助材料和架线等费用。

③ 年平均安拆次数应以《全国统一施工机械保养修理技术经济定额》为基础，由各地区（部门）结合具体情况确定。

④ 运输距离均应按 25km 计算。

（2）移动有一定难度的特、大型（包括少数中型）机械，其安拆费及场外运费应单独计算。

单独计算的安拆费及场外运费除应计算安拆费、场外运费外，还应计算辅助设施（包括基础、底座、固定锚桩、行走轨道枕木等）的折旧、搭设和拆除等费用。

（3）不需安装、拆卸且自身又能开行的机械和固定在车间不需安装、拆卸及运输的机械，其安拆费及场外运费不计算。

（4）自升式塔式起重安装、拆卸费用的超高起点及其增加费，各地区（部门）可根据具体情况确定。

（五）人工费的组成和确定

人工费指机上司机（司炉）和其他操作人员的工作日人工费及上述人员在施工机械规定的年工作台班以外的人工费。按下列公式计算：

$$台班人工费=人工消耗量×\left(1+\frac{年制度工作日-年工作台班}{年工作台班}\right)×$$

$$人工日工资单价 \qquad (2-47)$$

（1）人工消耗量指机上司机（司炉）和其他操作人员工日消耗量。

（2）年制度工作日应执行编制期国家有关规定。

（3）人工日工资单价应执行编制期工程造价管理部门的有关规定。

(六)燃料动力费的组成和确定

燃料动力费是指施工机械在运转作业中所耗用的固体燃料(煤、木柴)、液体燃料(汽油、柴油)及水、电等费用。计算公式如下：

$$台班燃料动力费＝台班燃料动力消耗量×相应单价 \qquad (2-48)$$

(1)燃料动力消耗量应根据施工机械技术指标及实测资料综合确定。例如可采用下列公式：

$$台班燃料动力消耗量＝(实测数×4＋定额平均值＋调查平均值)/6$$

$$(2-49)$$

(2)燃料动力单价应执行编制期工程造价管理部门的有关规定。

(七)其他费用的组成和确定

其他费用是指按照国家和有关部门规定应交纳的养路费、车船使用税、保险费及年检费用等。其计算公式为：

(1)年养路费、年车船使用税、年检费用应执行编制期有关部门的规定。

(2)年保险费执行编制期有关部门强制性保险的规定,非强制性保险不应计算在内。

第五节 概算定额与概算指标

一、概算定额

(一)概算定额的概念

概算定额,是在预算定额基础上,确定完成合格的单位扩大分项工程或单位扩大结构构件所消耗的人工、材料和机械台班的数量标准,所以概算定额又称作扩大结构定额。

[想一想]
概算定额是在什么定额基础上编制的?

概算定额是预算定额的综合与扩大。它将预算定额中有联系的若干个分项工程项目综合为一个概算定额项目。如砖基础概算定额项目,就是以砖基础为主,综合了平整场地、挖地槽、铺设垫层、砌筑基础、铺设防潮层、回填土及运土等预算定额中的分项工程项目。

概算定额与预算定额的相同之处在于,它们都是以建(构)筑物各个结构部分和分部分项为单位表示的,内容也包括人工、材料和机械台班使用量定额三个基本部分,并列有基准价。概算定额表达的主要内容、主要方式及基本使用方法都与预算定额相近。

概算定额与预算定额的不同之处,在于项目划分和综合扩大程度上的差异,同时,概算定额主要用于设计概算的编制。由于概算定额综合了若干分项工程的预算定额,因此使预算工程量计算和概算表的编制,都比编制施工图预算简化一些。

(二)概算定额的作用

从 1957 年我国开始在全国试行统一的《建筑工程扩大结构定额》之后,各省、自治区、直辖市根据本地区的特点,相继编制了本地区的概算定额。为了适应建筑业的改革,原国家计委、建设银行总行在计标[1985]352 号文件中指出,概算定额和概算指标由省、自治区、直辖市在预算定额基础上组织编写,分别由主管部门审批,报国家计委备案。概算定额主要作用如下:

(1)是初步设计阶段编制概算,扩大初步设计阶段编制修正概算的主要依据。

(2)是对设计项目进行技术经济分析比较的基础资料之一。

(3)是建设工程主要材料计划编制的依据。

(4)是控制施工图预算的依据。

(5)是施工企业在准备施工期间,编制施工组织总设计或总规划时,对生产要素提出需要量计划的依据。

(6)是工程结束后,进行竣工决算和评价的依据。

(7)是编制概算指标的依据。

(三)概算定额的编制原则和编制依据

1. 概算定额编制原则

概算定额应该贯彻社会平均水平和简明适用的原则。由于概算定额和预算定额都是工程计价的依据,所以应符合价值规律和反映现阶段大多数企业的设计、生产及施工管理水平。但在概预算定额水平之间应保留必要的幅度差。概算定额的内容和深度是以预算定额为基础的综合和扩大。在合并中不得遗漏或增加项目,以保证其严密和正确性。概算定额务必做到简化、准确和适用。

2. 概算定额的编制依据

由于概算定额的使用范围不同,其编制依据也略有不同。其编制依据一般有以下几种:

(1)现行的设计规范、施工验收技术规范和各类工程预算定额。

(2)具有代表性的标准设计图纸和其他设计资料。

(3)现行的人工工资标准、材料价格、机械台班单价及其他的价格资料。

(四)概算定额的编制步骤

概算定额的编制一般分三阶段进行,即准备阶段、编制初稿阶段和审查定稿阶段。

1. 准备阶段

该阶段主要是确定编制机构和人员组成,进行调查研究,了解现行概算定额执行情况和存在问题,明确编制的目的,制定概算定额的编制方案和确定概算定额的项目。

2. 编制初稿阶段

该阶段是根据已经确定的编制方案和概算定额项目,收集和调整各种编制依据,对各种资料进行深入细致的测算和分析,确定人工、材料和机械台班的消耗量指标,最后编制概算定额初稿。概算定额水平与预算水平之间应有一定的幅度差,幅度差一般在5%以内。

3. 审查定稿阶段

该阶段主要工作是测算概算定额水平,即测算新编制概算定额与原概算定额及现行预算定额之间的水平。既要分项进行测算,又要通过编制单位工程概算以单位工程为对象进行综合测算。

概算定额经测算比较后,可报送国家授权机关审批。

(五)概算定额手册的内容

按专业特点和地区特点编制的概算定额手册,内容基本上是由文字说明、定额项目表和附录三个部分组成。

1. 概算定额的内容与形式

(1)文字说明部分。文字说明部分有总说明和分部工程说明。在说明中,主要阐述概算定额的编制依据、使用范围、包括的内容及作用、应遵守的规则及建筑面积计算规则等。分部工程说明主要阐述本分部工程包括的综合工作内容及分部分项工程计算量规则等。

(2)定额项目表。主要包括以下内容:

① 定额项目的划分。概算定额项目一般按以下两种方法划分:一是按工程结构划分:一般是按土石方、基础、墙、梁板柱、门窗、楼地面、屋面、装饰、构筑物等工程结构划分。二是按工程部位(分部)划分:一般是按基础、墙体、梁柱、楼地面、屋盖、其他工程部位等划分,如基础工程中包括了砖、石、混凝土基础等项目。

② 定额项目表。定额项目表是概算定额手册的主要内容,由若干分节定额组成。各节定额由工程内容、定额表及附注说明组成。定额表中列有定额编号、计量单位、概算价格、人工、材料、机械台班消耗量指标,综合了预算定额的若干项目与数量。以建筑工程概算定额为例说明,见表2-8。

表2-8 现浇钢筋混凝土柱概算定额　　　　计量单位:10m³

概算定额编号			4—3		4—4	
项目	单位	单价(元)	矩形柱			
			周长1.8m以内		周长1.8m以外	
			数量	合价	数量	合价
基准价	元		13428.76		12947.26	
其中 人工费	元		2116.40		1728.76	
其中 材料费	元		10272.03		10361.83	
其中 机械费	元		1040.33		856.67	
合计工	工日	22.00	96.20	2116.40	78.58	1728.76

概算定额编号				4—3		4—4	
材料	中(粗)砂(天然)	t	35.81	9.494	339.98	8.817	315.74
	碎石 5~20mm	t	36.18	12.207	441.65	12.207	441.65
	石灰膏	m³	98.89	0.221	20.75	0.155	14.55
	普通木成材	m³	1000.00	0.302	302.00	0.187	187.00
	圆钢(钢筋)	t	3000.00	2.188	6564.00	2.407	7221.00
	组合钢模板	kg	4.00	64.416	257.66	39.848	159.39
	钢支撑(钢管)	kg	4.85	34.165	165.70	21.134	102.50
	零星卡具	kg	4.00	33.954	135.82	21.004	84.02
	铁钉	kg	5.96	3.091	18.42	1.912	11.40
	镀锌铁丝 22#	kg	8.07	8.368	67.53	9.206	74.29
	电焊条	kg	7.84	15.644	122.65	17.212	134.94
	803 涂料	kg	1.45	22.901	33.21	16.038	23.26
	水	m³	0.99	12.700	12.57	12.300	12.21
	水泥 425#	kg	025	664.459	166.11	517.117	129.28
	水泥 525#	kg	0.30	4141.200	1242.36	4141.200	1242.36
	脚手架	元			196.00		90.60
	其他材料费	元			185.62		117.64
机械	垂直运输费	元			628.00		510.00
	其他机械费	元			412.33		346.67

[注] 工程内容包括:模板制作、安装、拆除,钢筋制作、安装,混凝土浇捣、抹灰、刷浆。

2. 概算定额应用规则

(1)符合概算定额规定的应用范围。

(2)工程内容、计量单位及综合程度应与概算定额一致。

(3)必要的调整和换算应严格按定额的文字说明和附录进行。

(4)避免重复计算和漏项。

(5)参考预算定额的应用规则。

二、概算指标

(一)概算指标的概念及作用

建筑安装工程概算指标通常是以整个建筑物和构筑物为对象,以建筑面积、体积或成套设备装置的台或组为计量单位而规定的人工、材料、机械台班的消耗量标准和造价指标。

从上述概念中可以看出,建筑安装工程概算定额和概算指标的主要区别如下:

1. 确定各种消耗量指标的对象不同

概算定额是以单位扩大分项工程或单位扩大结构构件为对象,而概算指标则是以整个建筑物(如 100m² 或 1000m³ 建筑物)和构筑物为对象。因此,概算指标比概算定额更加综合与扩大。

2. 确定各种消耗量指标的依据不同

概算定额是以现行预算定额为基础,通过计算之后才综合确定出各种消耗量指标;而概算指标中各种消耗量指标的确定,则主要来自各种预算或结算资料。

概算指标和概算定额、预算定额一样,都是与各个设计阶段相适应的多次性计价的产物,它主要用于投资估价、初步设计阶段,其作用主要有:

(1)概算指标可以作为编制投资估算的参考。

(2)概算指标中的主要材料指标可以作为匡算主要材料用量的依据。

(3)概算指标是设计单位进行设计方案比较、建设单位选址的一种依据。

(4)概算指标是编制固定资产投资计划,确定投资额和主要材料计划的主要依据。

[想一想]

概算定额和概算指标主要区别有哪些?

(二)概算指标的分类和表现形式

1. 概算指标的分类

概算指标可分两大类,一类是建筑工程概算指标,另一类是安装工程概算指标,如图2-5所示。

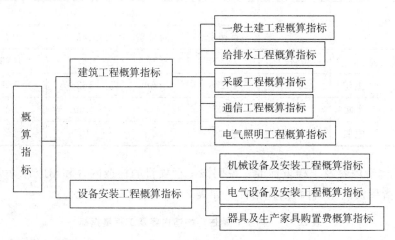

图2-5 概算指标分类

2. 概算指标的组成内容及表现形式

(1)概算指标的组成内容一般分为文字说明和列表两部分,以及必要的附录。

① 总说明和分册说明。其内容一般包括:概算指标的编制范围、编制依据、分册情况、指标包括的内容、指标未包括的内容、指标的使用方法、指标允许调整的范围及调整方法等。

② 列表。建筑工程的列表形式,房屋建筑、构筑物的列表一般是以建筑面积、建筑体积、"座"、"个"等为计算单位,附以必要的示意图,示意图画出建筑物的轮廓示意或单线平面图,列出综合指标:元/100m² 或元/1000m³,自然条件(如地耐力、地震烈度等),建筑物的类型、结构形式及各部位中结构主要特点,主要工程量。安装工程的列表形式,设备以"t"或"台"为计算单位,也可以设备购置费或设备原价的百分比(%)表示;工艺管道一般以"t"为计算单位;通信电话站安装以"站"为计算单价。列出指标编号、项目名称、规格、综合指标(元/计算单位)之

后一般还要列出其中的人工费,必要时还要列出主要材料费、辅材费。

总体来讲建筑工程列表形式分为以下几个部分:

a. 示意图。表明工程的结构、工业项目,还表示出吊车及起重能力等。

b. 工程特征。对采暖工程特征应列出采暖热媒及采暖形式;对电气照明工程特征可列出建筑层数、结构类型、配线方式、灯具名称等;对房屋建筑工程特征,主要对工程的结构形式、层高、层数和建筑面积进行说明。如表2-9所示。

表2-9 内浇外砌住宅结构特征

结构类型	层数	层高	檐高	建筑面积
内浇外砌	六层	2.8m	17.7m	4206m²

c. 经济指标。说明该项目每100m²,每座的造价指标及其中土建、水暖和电照等单位工程的相应造价。如表2-10所示。

表2-10 内浇外砌住宅经济指标　　　　　　　　　　　100m²

项目		合计(元)	其中(元)			
			直接费	间接费	利润	税金
单方造价		304422	21860	5576	1893	1093
其中	土建	26133	18778	4790	1626	939
	水暖	2565	1843	470	160	92
	电照	614	1239	316	107	62

d. 构造内容及工程量标准。说明该工程项目的构造内容和相应计算单位的工程量指标及人工、材料消耗指标。如表2-11、表2-12所示。

表2-11 内浇外砌住宅构造内容及工程量指标

(100m² 建筑面积)

序号		构造特征	工程量	
			单位	数量
一、土建				
1	基础	灌注桩	m³	14.64
2	外墙	二砖墙、清水墙勾缝、内墙抹灰刷白	m³	24.32
3	内墙	混凝土墙、一砖墙、抹灰刷白	m³	22.70
4	柱	混凝土柱	m³	0.70
5	地面	碎石垫层、水泥砂浆面层	m²	13
6	楼面	120mm 预制空心板、水泥砂浆面层	m² m²	65
7	门窗	木门窗	m²	62
8	屋面	预制空心板、水泥珍珠保温、三毡四油卷材防水	m²	21.7
9	脚手架	综合脚手架	m²	100

序号	构造特征		工程量	
			单位	数量
	二、水暖			
1	采暖方式	集中采暖		
2	给水性质	生活给水明设		
3	排水性质	生活排水		
4	通风方式	自然通风		
	三、电照			
1	配电方式	塑料管暗配电线		
2	灯具种类			
3	用电量	日光灯		

表 2-12　内浇外砌住宅人工及主要材料消耗指标

（100m² 建筑面积）

序号	名称及规格	单位	数量	序号	名称及数量	单位	数量
	一、土建				二、水暖		
1	人工	工日	506	1	人工	工日	39
2	钢筋	t	3.25	2	钢管	t	0.18
3	型钢	t	0.13	3	暖气片	m²	20
4	水泥	t	18.10	4	卫生器具	套	2.35
5	白灰	t	2.10	5	水表	个	1.84
6	沥青	t	0.29		三、电照		
7	红砖	千块	15.10	1	人工	工日	20
8	木材	m³	4.10	2	电线	m	283
9	砂	m³	41	3	钢管	t	0.04
10	混凝土	m³	30.5	4	灯具	套	8.43
11	玻璃	m²	29.2	5	电表	个	1.84
12	卷材	m²	80.8	6	配电箱	套	6.1
				四、机械使用费		%	7.5
				五、其他材料费		%	19.57

（2）概算指标的表现形式。概算指标在具体内容的表示方法上，分综合指标和单项指标两种形式。

① 综合概算指标。综合概算指标是按照工业或民用建筑及其结构类型而制定的概算指标。综合概算指标的概括性较大,准确性、针对性不如单项指标。

② 单项概算指标。单项概算指标是指为某种建筑物或构筑物而编制的概算指标。单项概算指标的针对性较强,故指标中对工程结构形式要作介绍。只要工程项目的结构形式及工程内容与单项指标中的工程概况相吻合,编制出的设计概算就比较准确。

(三)概算指标的编制

1. 概算指标的编制依据

(1)标准设计图纸和各类工程典型设计。

(2)国家颁发的建筑标准、设计规范、施工规范等。

(3)各类工程造价资料。

(4)现行的概算定额和预算定额及补充定额。

(5)人工工资标准、材料预算价格、机械台班预算价格及其他价格资料。

2. 概算指标的编制步骤

以房屋建筑工程为例,概算指标可按以下步骤进行编制:

(1)首先成立编制小组,拟订工作方案,明确编制原则和方法,确定指标的内容及表现形式,确定基价所依据的人工工资单位、材料预算价格、机械台班单价。

(2)收集整理编制指标所必需的标准设计、典型设计以及有代表性的工程设计图纸,设计预算等资料,充分利用有使用价值的已经积累的工程造价资料。

(3)编制阶段。主要是选定图纸,并根据图纸资料计算工程量和编制单位工程预算书,以及按编制方案确定的指标项目对照人工及主要材料消耗指标,填写概算指标的表格。

每平方米建筑面积造价指标方法如下:

① 编写资料审查意见及填写设计资料名称、设计单位、设计日期、建筑面积及构造情况,提出审查和修改意见。

② 在计算工程量的基础上,编制单位工程预算书,据以确定一定构造情况下每百平方米建筑面积的人工、材料、机械消耗指标和单位造价等经济指标。

a. 计算工程量,就是根据审定的图纸和预算定额计算出建筑面积及各分部分项工程量,然后按编制方案规定的项目进行归并,并以每百平方米建筑面积为计算单位,换算出所对应的工程量的指标。

b. 根据计算出的工程量和预算定额等资料,编出预算书,求出每百平方米建筑面积的预算造价及人工、材料施工机械费用和材料消耗量指标。

构筑物是以座为单位编制概算指标,因此,在计算完工程量,编出预算书后,不必进行换算,预算书确定的价值就是每座构筑物概算指标的经济指标。

(4)最后经过核对审核、平衡分析、水平测算、审查定稿。

第六节　投资估算指标

一、投资估算指标的作用

　　工程建设投资估算指标是编制建设项目建议书、可行性研究报告等前期工作阶段投资估算的依据，也可以作为编制固定资产长远规划投资额的参考。投资估算指标为完成项目建设提供依据和手段，它在固定资产的形成过程中起着投资预测、投资控制、投资效益分析的作用，是合理确定项目投资的基础。投资估算指标中的主要材料消耗量也是一种扩大材料消耗量指标，可以作为计算建设项目主要材料消耗量的基础。估算指标的正确制定对于提高投资估算的准确度，对建设项目的合理评估、正确决策具有重要意义。

[想一想]
　投资估算指标有哪些主要的作用?

二、投资估算指标的编制原则

　　由于投资估算指标属于项目建设前期进行估算投资的技术经济指标，它不但要反映实施阶段的静态投资，还必须反映项目建设前期和交付使用期内发生的动态投资，也即以投资估算指标为依据编制的投资估算，包含项目建设的全部投资额。这就要求投资估算指标比其他各种计价定额具有更大的综合性和概括性。因此，投资估算指标的编制工作，除应遵循一般定额的编制原则外，还必须坚持以下原则：

　　(1)投资估算指标项目的确定，应考虑以后几年编制建设项目建议书和可行性研究报告投资估算的需要。

　　(2)投资估算指标的分类、项目划分、项目内容、表现形式等要结合各专业的特点并且要与项目建议书、可行性研究报告的编制深度相适应。

　　(3)投资估算指标的编制内容、典型工程的选择，必须遵循国家的有关建设方针政策，符合国家技术发展方向，贯彻国家高科技政策和发展方向原则，使指标的编制既能反映现实的高科技成果，反映正常建设条件下的造价水平，也能适应今后若干年的科技发展水平。坚持技术上先进、可行和经济上的合理，力争以较少的投入取得最大的投资效益。

　　(4)投资估算指标的编制要反映不同行业、不同项目和不同工程的特点，投资估算指标要适应项目前期工作深度的需要，而且具有更大的综合。投资估算指标要密切结合行业特点、项目建设的特定条件，在内容上既要贯彻指导性、准确性和可调性原则，又要有一定的深度和广度。

　　(5)投资估算指标的编制要贯彻静态和动态相结合的原则。要充分考虑到在市场经济条件下建设条件、实施时间、建设期限等因素的不同，考虑到建设期的动态因素，即价格、建设期利息、固定资产投资方向调节税及涉及工程的汇率等因素的变动导致指标的量差、价差、利息差、费用差等"动态"因素对投资估算的影响，对上述动态因素给予必要的调整方法和调整参数，尽可能减少这些动态因素对投资估算准确度的影响,使指标具有较强的实用性和可操作性。

三、投资估算指标的内容

投资估算指标是确定和控制建设项目全过程各项投资支出的技术经济指标,其范围涉及建设前期、建设实施期和竣工验收交付使用期各个阶段的费用支出,内容因行业不同而各异,一般可分为建设项目综合指标、单项工程指标和单位工程指标三个层次。

1. 建设项目综合指标

指按规定应列入建设项目总投资的从立项筹建开始至竣工验收交付使用的全部投资额,包括单项工程投资、工程建设其他费用和预备费等。

建设项目综合指标一般以项目的综合生产能力单位投资表示,如元/t、元/kw;或以使用功能表示,如医院床位:元/床。

2. 单项工程指标

指按规定应列入能独立发挥生产能力或使用效益的单项工程内的全部投资额,包括建筑工程费、安装工程费、设备、工器具及生产家具购置费和可能包含的其他费用。单项工程一般划分原则如下:

(1)主要生产设施

指直接参加生产产品的工程项目,包括生产车间或生产装置。

(2)辅助生产设施

指为主要生产车间服务的工程项目。包括集中控制室、中央实验室、机修、电修、仪器仪表修理及木工(模)等车间,原材料、半成品、成品及危险品等仓库。

(3)公用工程

包括给排水系统(给排水泵房、水塔、水池及全厂给排水管网)、供热系统(锅炉房及水处理设施、全厂热力管网)、供电及通信系统(变配电所、开关所及全厂输电、电信线路)以及热电站、热力站、煤气站、空压站、冷冻站、冷却塔和全厂管网等。

(4)环境保护工程

包括废气、废渣、废水等处理和综合利用设施及全厂性绿化。

(5)总体运输工程

包括厂区防洪、围墙大门、传达及收发室、汽车库、消防车库、厂区道路、桥涵、厂区码头及厂区大型土石方工程。

(6)厂区服务设施

包括厂部办公室、厂区食堂、医务室、浴室、哺乳室、自行车棚等。

(7)生活福利设施

包括职工医院、住宅、生活区食堂、俱乐部、托儿所、幼儿园、子弟学校、商业服务点以及与之配套的设施。

(8)厂外工程

如水源工程,厂外输电、输水、排水、通信、输油等管线以及公路、铁路专用线等。

单项工程指标一般以单项工程生产能力单位投资，如"元/t"或其他单位表示。如：变配电站："元/(kV·A)"；锅炉房："元/蒸汽吨"；供水站："元/m³"；办公室、仓库、宿舍、住宅等房屋则区别不同结构形式以"元/m²"表示。

3. 单位工程指标

单位工程指标按规定应列入能独立设计、施工的工程项目的费用，即建筑安装工程费用。

单位工程指标一般以如下方式表示：房屋区别不同结构形式以"元/m²"表示；道路区别不同结构层、面层以"元/m²"表示；水塔区别不同结构层、容积以"元/座"表示；管道区别不同材质、管径以"元/m"表示。

四、投标估算指标的编制方法

投资估算指标的编制工作，涉及建设项目的产品规模、产品方案、工艺流程、设备选型、工程设计和技术经济等各个方面。既要考虑到现阶段技术状况，又要展望近期技术发展趋势和设计动向，从而可以指导以后建设项目的实践。投资估算指标的编制应当成立专业齐全的编制小组，编制人员应具备较高的专业素质。投资估算的编制应当制定一个从编制原则、编制内容、指标的层次相互衔接、项目划分、表现形式、计量单位、计算、复核、审查程序到相互应有的责任制等内容的编制方案或编制细则，以便编制工作有章可循。投资估算指标的编制一般分为三个阶段进行。

1. 收集整理资料阶段

收集整理已建成或正在建设的、符合现行技术政策和技术发展方向、有可能重复采用的、有代表性的工程设计施工图、标准设计以及相应的竣工决算或施工图预算资料等，这些资料是编制工作的基础。资料收集越广泛，反映出的问题越多，编制工作考虑越全面，就越有利于提高投资估算指标的实用性和覆盖面。同时，对调查收集到的资料要选择占投资比重大、相互关联多的项目进行认真地分析整理。由于已建成或正在建设的工程的设计意图、建设时间和地点、资料的基础等不同，相互之间的差异很大，需要去粗取精、去伪存真地加以整理，才能重复利用。将整理后的数据资料按项目划分栏目加以归类，按照编制年度的现行定额、费用标准和价格，调整成编制年度的造价水平及相互比例。

2. 平衡调整阶段

由于调查收集的资料来源不同，虽然经过一定的分析整理，但难免会由于设计方案、建设条件和建设时间上的差异带来的某些影响，使数据失准或漏项等，必须对有关资料进行综合平衡调整。

3. 测算审查阶段

测算是将新编的指标和选定工程的概预算在同一价格条件下进行比较，检验其"量差"的偏离程度是否在允许偏差的范围之内，如偏差过大，则要查找原因，进行修正，以保证指标的确切、实用。测算同时也是对指标编制质量进行一次系统检查,应由专人进行,以保证测算口径的统一,在此基础上组织有关专业人员全面审查定稿。

由于投资估算指标的编制计算工作量非常大,在现阶段计算机已经广泛普及的条件下,应尽可能应用电子计算机进行投资估算指标的编制工作。

【实践训练】

课目:指标的编制方法

(一)背景资料

拟建砖混结构教学楼建筑面积 701.71m^2,外墙为二砖外墙,M7.5 混合砂浆砌筑,其结构形式与已建成的某工程相同,只有外墙厚度不同,其他部分均较为接近。类似工程外墙为一砖半厚,M5.0 混合砂浆砌筑,每平方米建筑面积消耗量分别为:普通粘土砖 0.535 千块,砂浆 0.24m^3;普通粘土砖 134.38 元/千块,M5.0 砂浆 148.92 元/m^3;拟建工程外墙为二砖外墙;每平方米建筑面积消耗量分别为:普通粘土砖 0.531 千块,砂浆 0.245m^3,M7.5 砂浆 165.67 元/m^3。类似工程单方造价为 583 元/m^2,其中,人工费、材料费、机械费、间接费和其他取费占单方造价比例,分别为:18%、55%、6%、3%、18%,拟建工程与类似工程预算造价在这几方面的差异系数分别为:1.91、1.03、1.79、1.02 和 0.88。

(二)问题

1. 应用类似工程预算法确定拟建工程的单位工程概算造价。

2. 若类似工程预算中,每平方米建筑面积主要资源消耗为:

人工消耗 4.8 工日,水泥 225kg,钢材 15.8kg,木材 0.05m^3,铝合金门窗 0.2m^2,其他材料费为主材费 41%,机械费占定额直接费 8%,拟建工程主要资源的现行预算价格分别为:人工 22.88 元/工日,钢材 3.2 元/kg,水泥 0.39 元/kg,木材 1700 元/m^3,铝合金门窗平均 350 元/m^2,拟建工程综合费率 24%,应用概算指标法,确定拟建工程的单位工程概算造价。

(三)分析与解答

解题思路:本案例主要考核利用类似工程预算法和概算指标法编制拟建工程概算的方法。

解:1.

问题 1:

(1)K = 18% × 1.91 + 55% × 1.03 + 6% × 1.79 + 3% × 1.02 + 18% × 0.88 = 1.21

拟建工程概算指标 = 583 × 1.21 = 703.51 元/m^2

(2)结构差异额 = 0.531 × 134.38 + 0.245 × 165.67 − (0.535 × 134.38 + 0.24 × 148.92) = 4.31 元/m^2

(3)修正概算指标＝703.51＋4.31＝707.82 元/m²

(4)拟建工程概算造价＝拟建工程建筑面积×修正概算指标＝701.71×707.82＝496684.37 元

问题 2：

(1)计算拟建工程单位建筑面积的人工费、材料费、机械费。

人工费＝4.8×22.88＝109.82 元

材料费＝(225×0.39＋15.8×3.2＋0.05×1700＋0.2×350)×(1＋41%)＝413.57 元

机械费＝直接工程费×8%直接工程费

＝109.82＋413.57＋直接工程费×8%直接工程费

＝(109.82＋413.57)/(1－8%)＝568.90 元/m²

2. 计算拟建工程概算指标、修正概算指标和概算造价

概算指标＝568.90×(1＋24%)＝705.44 元/m²

修正概算指标＝705.44＋4.31＝709.75 元/m²

拟建工程概算造价＝701.71×709.75＝498028.67 元

本章思考与实训

1. 试述工程定额体系的组成。

2. 工程定额一般有哪几种划分方法，各方法是如何划分的？

3. 工程定额中工人工作时间是如何划分的？

4. 工程定额中机械工作时间是如何划分的？

5. 试述劳动定额的组成，各定额的原理和表达方法。

6. 试述预算定额的编制原理。

7. 试述预算定额中人、材、机消耗量的确定方法。

8. 试述预算定额中人、材、机价格的确定方法。

9. 什么是综合预算定额，简述其编制的原理和方法。

10. 简述概算定额和概算指标及其作用。

第三章 工程造价工程量清单计价方法

【内容要点】

1. 工程量清单的概念和内容；
2. 工程量清单的基本原理和特点；
3. 工程造价信息管理。

【知识链接】

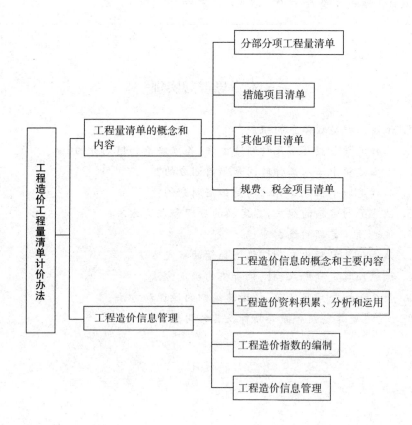

第一节　工程量清单的概念和内容

工程量清单是指建设工程的分部分项工程量清单、措施项目清单和其他项目清单等组成。工程量清单应由具有编制能力的招标人或受其委托，具有相应资质的工程造价咨询机构、招标代理机构依据有关计价办法、招标文件的有关要求、设计文件和施工现场实际情况进行编制。采用工程量清单招标方式招标，工程量清单必须作为招标文件的组成部分，其准确性和完整性由招标人负责。工程量清单是工程量清单计价的基础，应作为编制招标控制价、投标报价、计算工程量、支付工程款、调整合同价款、办理竣工结算以及工程索赔等的依据之一。

一、分部分项工程量清单

(一)分部分项工程量清单包括的内容

分部分项工程量清单应包括项目编码、项目名称、项目特征、计量单位和工程量。

1. 项目编码

项目编码以五级编码设置，用十二位阿拉伯数字表示。一、二、三、四级编码统一；第五级编码由工程量清单编制人区分具体工程的清单项目特征而分别编码。各级编码代表的含义如下：

(1)第一级表示分类码(分二位)：建筑工程为01、装饰装修工程为02、安装工程为03、市政工程为04、园林绿化工程为05；

(2)第二级表示章顺序码(分二位)；

(3)第三级表示节顺序码(分二位)；

(4)第四级表示清单项目码(分三位)；

(5)第五级表示具体清单项目码(分三位)。

例如：

$$03—02—08—004—XXX$$

03：第一级为分类码，03表示安装工程

02：第二为章顺序码，02表示第二章电气设备安装工程

08：第三级为节顺序码，08表示第八节电缆安装

004：第四级为清单项目名称码，004表示电缆桥架

XXX：第五级为具体项目清单项目编码(由工程量清单编制人编制，从001开始)

当同一标段(或合同段)的一份工程量清单中含有多个单位工程量清单是以单位工程为编制对象时，应特别注意对项目编码十至十二位的设置不得有重号的规定。例如一个标段(或合同段)的工程量清单中含有三个单位工程，每一个工程中都有项目特征相同的实心砖墙体，在工程量清单中又需要反映三个不同单位工程的实心砖墙体工程量时，则第一个单位工程的实心砖墙的项目编码应为010302001001，第二个单位工程的实心砖墙的项目编码应为010302001002，

第三个单位工程的实心砖墙的项目编码应为010302001003,并分别列出各单位工程实心砖墙的工程量。

2. 项目名称

分部分项工程量清单的项目名称应按计价规范附录的项目名称结合拟建工程的实际确定。计价规范附录表中的"项目名称"为分项工程项目名称,是形成分部分项工程量清单项目名称的基础,在编制分部分项工程量清单时可予以适当调整或细化,例如"墙面一般抹灰"这一分项工程在形成工程量清单项目名称时可以细化为"外墙面抹灰"、"内墙面抹灰"等。清单项目名称应表达详细、准确。计价规范中的分项工程项目名称如有缺陷,招标人可作补充,并报当地工程造价管理机构(省级)备案。

3. 项目特征

项目特征是对项目的准确描述,是确定一个清单项目综合单价不可缺少的重要依据,是区分清单项目的依据,是履行合同义务的基础。分部分项工程量清单的项目特征应按照"清单计价规范"附录中规定的项目特征,结合技术规范、标准图集、施工图纸,按照工程结构、使用材质及规格或安装位置等,由清单编制人视项目具体情况确定,以准确描述清单项目为准。

在计价规范附录中还有关于各清单项目"工程内容"的描述。工程内容是指完成清单项目可能发生的具体工作和操作程序。但应注意的是,在编制分部分项工程量清单时,工程内容通常无需描述,因为在计价规范中,工程量清单项目与工程量计算规则、工程内容有一一对应关系,但用计价规范这一标准时,工程内容均有规定。例如,计价规范在"实心砖墙"的"项目特征"及"工程内容"栏内均包含有"勾缝",但两者的性质完全不同。"项目特征"栏内的勾缝体现的是实心砖墙的实体特征,是个名词,体现的是用什么材料勾缝。而"工程内容"栏内的勾缝表述的是操作工序或操作行为,在此处是个动词,体现的是怎么做。因此,如果要勾缝,就必须在项目特征中描述,而不能以工程内容中有而不描述,否则,将视为清单项目漏项,而可能在施工中引起索赔。

4. 计量单位

计量单位应采用基本单位,除各专业另有特殊规定外均按以下单位计量:

(1)以重量计算的项目——吨或千克(t 或 kg);

(2)以体积计算的项目——立方米(m^3);

(3)以面积计算的项目——平方米(m^2);

(4)以长度计算的项目——米(m);

(5)以自然计量单位计算的项目——个、套、块、樘、组、台……

(6)没有具体数量的项目——系统、项……

各专业有特殊计量单位的,另外加以说明。

5. 工程数量的计算

工程数量的计算主要通过工程量计算规则计算得到。工程量计算规则是指对清单项目工程量的计算规定。除另有说明外,所有清单项目的工程量应以实

[问一问]
在分部分项工程量清单的项目设置中,除明确说明项目的名称外,还应阐释什么?

体工程量为准,并以完成后的净值计算;投标人投标报价时,应在单价中考虑施工中的各种损耗和需要增加的工程量。

工程量的计算规则按主要专业划分,包括建筑工程、装饰装修工程、安装工程、市政工程和园林绿化工程、矿山工程等六个专业部分。

(1)建筑工程包括土石方工程,地基与桩基础工程,砌筑工程,混凝土及钢筋混凝土工程,厂库房大门、特种门、木结构工程,金属结构工程,屋面及防水工程,防腐、隔热、保温工程。

(2)装饰装修工程包括楼地面工程,墙柱面工程,天棚工程,门窗工程,油漆、涂料、裱糊工程,其他装饰工程。

(3)安装工程包括机械设备安装工程,电气设备安装工程,热力设备安装工程,炉窑砌筑工程,静置设备与工艺金属结构制作安装工程,工业管道工程,消防工程,给排水、采暖、燃气工程,通风空调工程,自动化控制仪表安装工程,通信设备及线路工程,建筑智能化系统设备安装工程,长距离输送管道工程。

(4)市政工程包括土石方工程,道路工程,桥涵护岸工程,隧道工程,市政管网工程,地铁工程,钢筋工程,拆除工程,厂区、小区道路工程。

(5)园林绿化工程包括绿化工程,园路、园桥、假山工程,园林景观工程。

(6)矿山工程量清单项目及计算规则,矿山工程的实体项目包括露天工程和井巷工程。

(二)分部分项工程量清单的标准格式

(1)分部分项工程量清单包括的内容见表3-1。

表3-1 分部分项工程量清单包括的内容

项目编码	五级十二位编码,分别为工程分类顺序码,专业工程顺序码,分部工程顺序码,分项工程顺序码,以阿拉伯数字表示。一、二、三、四级编码统一;其中,第五级编码由工程量清单编制人编制。
项目名称	应按计价规范附录的项目名称结合拟建工程的实际确定。计价规范中的分项工程项目名称如有缺陷,招标人可作补充,并报当地工程造价管理机构(省级)备案。
项目特征描述	项目特征是对项目的准确描述,是确定一个清单项目综合单价不可缺少的重要依据,是区分清单项目的依据,是履行合同义务的基础。分部分项工程量清单的项目特征应按照"清单计价规范"附录中规定的项目特征,结合技术规范、标准图集、施工图纸,按照工程结构、使用材质及规格或安装位置等,予以准确描述。
计量单位	除各专业另有特殊规定外应采用基本单位
工程量	工程数量的计算主要通过工程量计算规则计算得到。工程量计算规则是指对清单项目工程量的计算规定。除另有说明外,所有清单项目的工程量应以实体工程量为准,并以完成后的净值计算;投标人投标报价时,应在单价中考虑施工中的各种损耗和需要增加的工程量。

[想一想]

除另有说明外,分部分项工程量清单表中的工程量应等于什么?

[问一问]

例如某分部分项工程的清单编码为060301001xxx,请问该分部分项工程所属工程类别为何?

(2)分部分项工程量清单的编制应注意以下问题：

① 分部分项工程量清单应根据附录规定的项目编码、项目名称、项目特征、计量单位和工程量计算规则进行编制(见表3-2、3-3)。

② 分部分项工程量清单的项目编码，应采用十二位阿拉伯数字表示，第一级编码新增了矿山工程06。

③ 分部分项工程量清单的项目名称应按附录的项目名称结合拟建工程的项目实际确定。

④ 分部分项工程量清单中所列工程量应按附录中规定的工程量计算规则计算。

⑤ 分部分项工程量清单的计量单位的有效位数应遵守下列规定：以"吨"为单位，应保留三位小数，第四位小数四舍五入；以"立方米"、"平方米"、"米"、"千克"为单位，应保留两位小数，第三位小数四舍五入；以"个"、"项"等为单位，应取整数。

⑥ 分部分项工程量清单项目特征应按附录中规定的项目特征，结合拟建工程项目的实际予以描述，满足确定综合单价的需要。

⑦ 编制工程量清单出现附录中未包括的项目，编制人应作补充，并报省级或行业工程造价管理机构备案，省级或行业工程造价管理机构应汇总报住房和城乡建设部标准定额研究所。

表3-2　分部分项工程量清单与计价表

工程名称：　　　　　　　　标段：　　　　　　　第　页共　页

序号	项目编码	项目名称	项目特征描述	计量单位	工程量	金额(元)		
						综合单价	合价	其中：暂估价

序号	项目编码	项目名称	项目特征描述	计量单位	工程量	金额（元）		
						综合单价	合价	其中：暂估价
本页小计								
合　计								

　　［注］　根据建设部、财政部发布的《建筑安装工程费用组成》（建标［2003］206号）的规定，为计取规费等的使用，可在表中增设："直接费"、"人工费"或"人工费＋机械费"。

表3-3　工程量清单综合单价分析表

工程名称：　　　　　　　　　　　标段：　　　　　　　　　第　页共　页

项目编码		项目名称		计量单位	
清单综合单价组成明细					
定额编号	定额名称	定额单位	数量	单　价				合　价			
				人工费	材料费	机械费	管理费和利润	人工费	材料费	机械费	管理费和利润
人工单价			小　计								
元/工日			未计价材料费								
清单项目综合单价											

	主要材料名称、规格、型号	单位	数量	单价（元）	合价（元）	暂估单价（元）	暂估合价（元）
材料费明细							
	其他材料费			—		—	
	材料费小计			—		—	

[注]　（1）如不使用省级或行业建设主管部门发布的计价依据，可不填定额项目、编号等。（2）招标文件提供了暂估单价的材料，按暂估的单价填入表内"暂估单价"栏及"暂估合价"栏。

二、措施项目清单

（一）措施项目清单列项

1. 项目列项

措施项目清单指为完成工程项目施工，发生于该工程施工前和施工过程中技术、生活、文明、安全等方面的非工程实体项目清单。措施项目清单包括通用措施项目和专业措施项目，专业措施项目分为建筑工程、装饰装修工程、安装工程、市政工程、矿山工程。措施项目清单应根据拟建工程的具体情况列项。

2. 措施项目清单的类别

措施项目中可以计算工程量的项目清单宜采用分部分项工程量清单的方式编制，列出项目编码、项目名称、项目特征、计量单位和工程量计算规则；

不能计算工程量的项目清单，以"项"为计量单位进行编制。

3. 措施项目清单的编制

(1)措施项目清单的编制依据

拟建工程的施工组织设计；

拟建工程的施工技术方案；

与拟建工程相关的工程施工规范与工程验收规范；

招标文件；

设计文件。

(2)措施项目清单设置时应注意的问题

① 参考拟建工程的施工组织设计，以确定环境保护、安全文明施工、材料的二次搬运等项目。

② 参阅施工技术方案，以确定夜间施工、大型机械设备进出场及安拆、混凝

土模板与支架、脚手架、垂直运输机械、施工排水、施工降水、垂直运输机械等项目。

③ 参阅相关的施工规范与工程验收规范,以确定施工技术方案没有表述的,但是为了实现施工规范与工程验收规范要求而必须发生的技术措施。

④ 确定招标文件中提出的某些必须通过一定的技术措施才能实现的要求。

⑤ 确定设计文件中一些不足以写进技术方案的,但是要通过一定的技术措施才能实现的内容。

(二)措施项目清单的标准格式

[问一问]

措施项目清单的编制依据有哪些?

措施项目清单应根据拟建工程的实际情况列项。通用措施项目可按表3-4选择列项,专业工程的措施项目可按附录中规定的项目选择列项。若出现本规范未列的项目,可根据工程实际情况补充。

表3-4 通用措施项目一览表

序号	项目名称
1	安全文明施工(含环境保护、文明施工、安全施工、临时设施)
2	夜间施工
3	二次搬运
4	冬雨季施工
5	大型机械设备进出场及安拆
6	施工排水
7	施工降水
8	地上、地下设施。建筑物的临时保护设施
9	已完工程及设备保护

表3-5、3-6中可以计算工程量的项目清单宜采用分部分项工程量清单的方式编制,列出项目编码、项目名称、项目特征、计量单位和工程量计算规则;不能计算工程量的项目清单,以"项"为计量单位。

表3-5 措施项目清单与计价表(一)

工程名称: 标段: 第 页共 页

序号	项目名称	计算基础	费率(%)	金额(元)
1	安全文明施工费			
2	夜间施工费			
3	二次搬运费			
4	冬雨季施工			
5	大型机械设备进出场及安拆费			

序号	项目名称	计算基础	费率(%)	金额(元)
6	施工排水			
7	施工降水			
8	地上、地下设施、建筑物的临时保护设施			
9	已完工程及设备保护			
10	各专业工程的措施项目			
11				
12				
合　计				

[注] (1)本表适用于以"项"计价的措施项目。

(2)根据建设部、财政部发布的《建筑安装工程费用组成》(建标[2003]206号)的规定,"计算基础"可为"直接费"、"人工费"或"人工费＋机械费"。

表 3-6　措施项目清单与计价表(二)

工程名称：　　　　　　　　　标段：　　　　　　　第 页共 页

序号	项目编码	项目名称	项目特征描述	计量单位	工程量	金额(元)	
						综合单价	合价
本页小计							
合　计							

[注] 本表适用于以综合单价形式计价的措施项目。

三、其他项目清单

其他项目清单包括:1. 暂列金额;2. 暂估价;3. 计日工;4. 总承包服务费。

其他项目清单是指分部分项工程量清单、措施项目清单所包含的内容以外,因招标人的特殊要求而发生的与拟建工程有关的其他费用项目和相应数量的清单。工程建设标准的高低、工程的复杂程度、工程的工期长短、工程的组成内容、发包人对工程管理要求等都直接影响其他项目清单的具体内容,其他项目清单应按照表3-7的格式编制,出现未包含在表格中内容的项目,可根据工程实际情况补充。

表3-7 其他项目清单与计价汇总表

工程名称: 标段: 第 页共 页

序号	项目名称	计量单位	金 额(元)	备注
1	暂列金额			
2	暂估价			
2.1	材料暂估价			
2.2	专业工程暂估价			
3	计日工			
4	总承包服务费			
5				
	合 计			

[注] 材料暂估单价进入清单项目综合单价,此处不汇总。

1. 暂列金额

见表 3-8。

表 3-8　暂列金额明细表

工程名称：　　　　　　　　　　　标段：　　　　　　　　　第　页共　页

序号	项目名称	计量单位	暂定金额(元)	备注
1				
2				
3				
4				
5				
6				
7				
8				
9				
10				
11				
合　　计				—

[注]　此表由招标人填写,也可只列暂定金额总额,投标人应将上述暂列金额计入投标总价中。

2. 暂估价

见表 3-9、3-10。

表 3-9　材料暂估单价表

工程名称：　　　　　　　　　　　标段：　　　　　　　　　第　页共　页

序号	材料名称、规格、型号	计量单位	单价(元)	备注

[注]　(1)此表由招标人填写,并在备注栏说明暂估价的材料拟用在哪些清单项目上,投标人应将上述材料暂估单价计入工程量清单综合单价报价中。

(2)材料包括原材料、燃料、构配件以及按规定应计入建筑安装工程造价的设备。

表3-10　专业工程暂估价表

工程名称：　　　　　　　　　　标段：　　　　　　　　第　页共　页

序号	工程名称	工程内容	金额(元)	备注
合　计			—	

[注]　此表由招标人填写,投标人应将上述专业工程暂估价计入投标总价中。

3. 计日工

见表3-11。

表3-11　计日工表

工程名称：　　　　　　　　　　标段：　　　　　　　　第　页共　页

编号	项目名称	单位	暂定数量	综合单价	合价
一	人　工				
1					
2					
3					
4					
人工小计					
二	材　料				
1					
2					
3					
4					
5					
6					

编号	项目名称	单位	暂定数量	综合单价	合价
材料 小 计					
三	施工机械				
1					
2					
3					
4					
施工机械小计					
合　计					

[注] 此表项目名称、数量由招标人填写，编制招标控制价时，单价由招标人按有关计价规定确定；投标时，单价由投标人自助报价，计入投标总价中。

4. 总承包服务费

见表 3－12。

表 3－12　总承包服务费计价表

工程名称：　　　　　　　　　　标段：　　　　　　　第　页共　页

序号	工程名称	项目价值(元)	服务内容	费率(%)	金额(元)
1	发包人发包专业工程				
2	发包人供应材料				
合　计					

[注] 此表由招标人填写，投标人应将上述专业工程暂估价计入投标总价中。

四、规费、税金项目清单

规费项目清单一般包括：工程排污费；工程定额测定费（已取消）；社会保障费；包括养老保险费、失业保险金、医疗保险费；住房公积金；危险作业意外伤害保险（见表3-13）。出现未包含在上述规范中的项目，应根据省级政府或省级有关权力部门的规定列项。计算基础可为：直接费、人工费或人工费＋机械费，按一定费率记取。

税金项目清单一般包括：营业税，城市建设维护税，教育费附加。其计算基础为：（分部分项工程费＋措施项目费＋其他项目费＋规费）×费率。

[问一问]

影响其他项目清单的具体内容的因素有哪些？

表3-13 规费、税金项目清单与计价表

工程名称：　　　　　　　标段：　　　　　　　　第　页共　页

序号	项目名称	计算基础	费　率(%)	金　额(元)
1	规费			
1.1	工程排污费			
1.2	社会保障费			
(1)	养老保险费			
(2)	失业保险费			
(3)	医疗保险费			
1.3	住房公积金			
1.4	危险作业意外伤害保险			
1.5	工程定额测定费			
2	税金	分部分项工程费＋措施项目费＋其他项目费＋规费		
		合　　计		

[注] 根据建设部、财政部发布的《建筑安装工程费用组成》（建标[2003]206号）的规定，"计算基础"可为"直接费""人工费"或"人工费＋机械费"。

第二节　工程造价信息的管理

一、工程造价信息的概念和主要内容

（一）工程造价信息的概念、特点和分类

1. 工程造价信息

工程造价信息是一切有关工程造价的特征、状态及其变动的消息的组合。

第三章　工程造价工程量清单计价方法　　　　　　　　　　　　　　　• 101 •

在工程承发包市场和工程建设过程中,工程造价总是在不停地运动着、变化着,并呈现出种种不同特征。人们是通过工程造价信息来认识和掌握工程承发包市场和工程建设过程中工程造价运动的变化的。

2. 工程造价信息的特点

(1)区域性

建筑材料大多重量大、体积大、产地远离消费地点,因而运输量大,费用也较高。不少建筑材料本身的价值或生产价格并不高,但所需的运输费用却很高,这都在客观上要求尽可能就近使用建筑材料。因此,这类建筑信息的交换和流通往往限制在一定区域内。

(2)多样性

我国社会主义市场经济体制正处于探索发展阶段,各种市场均未达到规范化要求,要使工程造价管理的信息资料满足这一发展阶段的需求,在信息的内容和形式上应具有多样化的特点。

(3)专业性

工程造价信息的专业性集中反映在建设工程的专业化上,例如水利、电力、铁道、邮电、建安工程等,所需的信息各有它的专业特殊性。

(4)系统性

工程造价信息是由若干具有特定内容和同类性质的、在一定时间和空间内形成的一连串信息组成的。一切工程造价的管理活动和变化总是在一定条件下受各种因素的制约和影响。工程造价管理工作也同样是多种因素相互作用的结果,并且从多方面反映出来,因而从工程造价信息源发出来的信息都不是孤立、紊乱的,而是大量的、有系统的。

(5)动态性

工程造价信息也和其他信息一样要保持新鲜度。为此需要经常不断地收集和补充新的工程造价信息,进行信息更新,真正反映工程造价的动态变化。

(6)季节性

由于建筑生产受自然条件影响大,施工内容的安排必须充分考虑季节因素,使得工程造价的信息也不能完全避免季节性的影响。

3. 工程造价信息的分类

为便于对信息的管理,有必要将各种信息按一定的原则和方法进行区分和归集,并建立一定的分类系统和排列顺序。因此,在工程造价管理领域,也应该按照不同的标准对信息进行分类。

(1)工程造价信息分类的原则

对工程造价信息进行分类必须遵循以下基本原则:

① 稳定性。信息分类应选择分类对象最稳定的本质属性或特性作为信息分类的基础和标准。信息分类体系应建立在对基本概念和划分对象的透彻理解基础上。

② 兼容性。信息分类体系必须考虑到项目各参与方所应用的编码体系的情

况,项目信息的分类体系应能满足不同项目参与方高效信息交换的需要。同时,与有关国际、国内标准的一致性也是兼容性应考虑的内容。

③ 可扩展性。信息分类体系应具备较强的灵活性,可以在使用过程中进行方便的扩展,以保证增加新的信息类型时,不至于打乱已建立的分类体系;同时,一个通用的信息分类体系还应为具体环境中信息分类体系的拓展和细化创造条件。

④ 综合实用性。信息分类应从系统工程的角度出发,放在具体的应用环境中进行整体考虑。这体现在信息分类的标准与方法的选择上,应综合考虑项目的实施环境和信息技术工具。

(2)工程造价信息的具体分类

① 按管理组织的角度来划分,可以分为系统化工程造价信息和非系统化工程造价信息;

② 按形式上来划分,可以分为文件式工程造价信息和非文件式工程造价信息;

③ 按传递方向来划分,可以分为横向传递的工程造价信息和纵向传递的工程造价信息;

④ 按反映面来划分,分为宏观工程造价信息和微观工程造价信息;

⑤ 按时态上来划分,可分为过去的工程造价信息,现在的工程造价信息和未来工程造价信息;

⑥ 按稳定程度来划分,可以分为固定工程造价信息和流动工程造价信息。

(二)工程造价信息的主要内容

从广义上说,所有对工程造价的确定和控制过程起作用的资料都可以称为是工程造价信息。但最能体现信息动态性变化特征,并且在工程价格的市场机制中起重要作用的工程造价信息主要包括以下三类:

1. 价格信息

包括各种建筑材料、装修材料、安装材料、人工工资、施工机械等的最新市场价格。没经过系统处理,也可以称其为数据。

(1)人工价格信息

根据《关于开展建筑工程实物工程量与建筑工种人工成本信息测算和发布工作的通知》,我国自从 2007 年起开展建筑工程实物工程量与建筑工种人工成本信息(也即人工价格信息)的测算和发布工作。其目的是引导建筑劳务合同双方合理确定建筑工人工资水平的基础,为建筑业企业合理支付工人劳动报酬,调解、处理建筑工人劳动工资纠纷提供依据,也为工程招标投标中评定成本提供依据。

① 建筑工程实物工程量人工价格信息。这种信息是以建筑工程的不同划分标准为对象,反映了单位实物工程量的人工信息。根据不同部位、作业难易并结合不同工种作业情况将建筑工程划分为:土石方工程、架子工程、砌筑工程、模板工程、钢筋工程、混凝土工程、防水工程、抹灰工程、木作与木装饰工程、油漆工

程、玻璃工程、金属制品工程制作及安装、其他工程等三十项。

② 建筑工种人工成本信息。它是按照建筑工人的工种分类,反映不同工种的单位人工日工资单价。建筑工种是依据《劳动法》和《职业教育法》的有关规定,对从事技术复杂、通用性广、涉及国家财产、人民生命安全和消费者利益的职业(工种)的劳动者实行就业准入的规定,结合建筑行业实际情况确定的。

(2)材料价格信息

在材料价格信息的发布中,应披露材料类别、规格、单价、供货地区、供货单位以及发布日期等信息。

(3)机械价格信息

机械价格信息包括设备市场价格信息和设备租赁市场价格信息两部分。相对而言,后者对于工程计价更为重要,发布机械价格信息应包括机械种类、规格型号、供货厂商名称、租赁单价、发布日期等内容。

2. 指数

主要指根据原始价格信息加工整理得到的各种工程造价指数。

3. 已完工程信息

已完或在建工程的各种造价信息,可以为拟建工程或在建工程造价提供依据。这种信息也可称为是工程造价资料。

二、工程造价资料积累、分析和运用

(一)工程造价资料及其分类

工程造价资料是指已建成竣工和在建的有关可行性研究、估算、概算、施工预算、招投标价格、工程竣工结算、竣工决算、单位工程施工成本以及新材料、新结构、新设备、新施工工艺等建筑安装工程分部分项的单价分析等资料。

工程造价资料可以分为以下几种类别:

(1)按照其不同工程类型进行划分,并分别列出其包含的单项工程和单位工程。

(2)按照其不同阶段,一般分为项目可行性研究、投资估算、设计概算、施工图预算、竣工结算、竣工决算等。

(3)按照其组成特点,一般分为建设项目、单项工程和单位工程造价资料,同时也包括有关新材料、新工艺、新设备、新技术的分部分项工程造价资料。

(二)工程造价资料积累的内容

工程造价资料积累的内容应包括"量"和"价",还要包括对造价确定有重要影响的技术经济条件。

1. 建设项目和单项工程造价资料

主要包括:

① 对造价有主要影响的技术经济条件。

② 主要的工程量、主要的材料量和主要设备的名称、型号、规格、数量等。

③ 投资估算、概算、预算、竣工决算及造价指数等。

2. 单位工程造价资料

单位工程造价资料包括工程的内容、建筑结构特征、主要工程量、主要材料的用量和单价、人工工日和人工费以及相应的造价。

3. 其他

主要包括有关新材料、新工艺、新设备、新技术分部分项工程的人工工日,主要材料用量,机械台班用量。

(三)工程造价资料的管理

1. 建立造价资料积累制度

1991 年 11 月,建设部印发了关于《建立工程造价资料积累制度的几点意见》的文件,标志着我国的工程造价资料积累制度正式建立起来,工程造价资料积累工作正式开展。建立工程造价资料积累制度是工程造价计价依据极其重要的基础性工作。

2. 资料数据库的建立和网络化管理

积极推广使用计算机建立工程造价资料的资料数据库,开发通用的工程造价资料管理程序,可以提高工程造价资料的适用性和可靠性。要建立造价资料数据库,首要的问题是工程的分类与编码。由于不同的工程在技术参数和工程造价组成方面有较大的差异,必须把同类型工程合并在一个数据库文件中,而把另一类型工程合并到另一数据库文件中去。为了便于进行数据的统一管理和信息交流,必须设计出一套科学、系统的编码体系。

对工程造价资料数据库的网络化管理有以下明显的优越性:

(1)便于对价格进行宏观上的科学管理,减少各地重复搜集同样的造价资料的工作;

(2)便于对不同地区的造价水平进行比较,从而为投资决策提供必要的信息;

(3)便于各地定额站的相互协作,信息资料的相互交流;

(4)便于原始价格数据的搜集。这项工作涉及许多部门、单位,建立一个可行的造价资料信息网,则可以大大减少工作量;

(5)便于对价格的变化进行预测,使建设、设计、施工单位都可以通过网络尽早了解工程造价的变化趋势。

(四)工程造价资料的运用

1. 作为编制固定资产投资计划的参考,用作建设成本分析

由于基建支出不是一次性投入,而是分年逐次投入,因此可以采用下面的公式把各年发生的建设成本折合为现值:

$$Z = \sum_{k=1}^{n} T_k (1+i)^{-k} \tag{3-1}$$

式中　Z——建设成本现值;

　　　T_k——建设期间第 k 年投入的建设成本;

k——实际建设工期年限；

i——社会折现率。

在这个基础上，还可以用以下公式计算出建设成本节约额和建设成本降低率：

$$建设成本节约额＝批准概算现值—建设成本现值 \qquad (3-2)$$

$$建设成本降低率＝建设成本节约额/批准概算×100\% \qquad (3-3)$$

2. 进行单位生产能力投资分析

单位生产能力投资的计算公式是：

$$单位生产能力投资＝全部投资完成额（现值）/$$

$$全部新增生产能力（使用能力） \qquad (3-4)$$

在其他条件相同的情况下，单位生产能力投资越小则投资效益越好。计算的结果可与类似的工程进行比较，从而评价该建设工程的效益。

3. 用作编制投资估算的重要依据

设计单位的设计人员在编制估算时一般采用类比的方法，因此需要选择若干各类别的典型工程加以分解、换算、合并，并考虑到当前的设备与材料价格情况，最后得出工程的投资估算额。有了工程造价资料数据库，设计人员就可以从中挑选出所需要的典型工程，运用计算机进行适当的分解与换算，加上设计人员的经验和判断，最后得出较为可靠的工程投资估算额。

4. 用作编制初步设计概算和审查施工图预算的重要依据

在编制初步实际概算时，有时要用类比的方式进行编制。这种类比法比估算要细致深入，可以具体到单位工程甚至分部工程的水平上。在限额设计和优化设计方案的过程中，设计人员可能要反复修改设计方案，每次修改都希望能得到相应的概算。较多的典型工程资料是十分有益的，因为多种工程组合的比较不仅有助于设计人员探索造价分配的合理方式，还为设计人员指出修改设计方案的可行途径。

施工图预算编制完成后，需要有经验的造价管理人员来审查，以确定其正确性，这一过程可以借助与有关造价资料——从造价资料中选取类似资料，将其造价与施工图预算进行比较，从中发现施工图预算是否有偏差和遗漏。由于设计变更、材料调价等因素所带来的造价变化，在施工图预算阶段往往无法事先估计到，此时参考以往类似工程的数据，有助于预见到这些因素发生的可能性。

5. 用作确定标底和投标报价的参考资料

在为设计单位制定招标控制价或施工单位投标报价的工作中，无论是用工程量清单计价还是用定额计价法，工程造价资料都可以发挥重要作用。它可以向甲、乙双方指名类似工程的实际造价及其变化规律，使得甲、乙双方都可以对未来将发生的造价进行预测和准备，从而避免招标控制价和报价的盲目性，尤其是在工程量清单计价方式下，投标人自主报价，没有统一的参考标准，除了根据有关政府机构的人工、材料、机械价格指数外，更大程度上依赖于企业已完成的历史经验。这就对工程造价资料的积累分析提出了很高的要求，不仅需要总造价及专业工程的造价分析资料，还需要更加具体的、与工程量清单计价规范相适应的各项工程的综合单价资料。此外，还需要从企业历年来完成的类似工程的综合单价的发展趋势获取企业技术能力和发展能力水平变化的信息。

6. 用作技术经济分析的基础资料

由于不断地搜集和积累工程在建期间的造价资料，到结算和决算时就能简单容易地得到结果。造价信息的及时反馈，使得建设单位和施工单位都可以尽早地发现问题，并及时予以解决。这也正是把对造价的控制由静态转入动态的关键所在。

7. 用作编制各类定额的基础资料

通过分析不同种类分部分项工程造价，了解各分部分项工程中各类实物量消耗，掌握各分部分项工程预算结果的对比结果，定额管理部门就可以发现原有定额是否符合实际情况，从而提出修改的方案。对于新工艺和新材料，也可以从积累的资料中获得编制新增定额的信息。概算定额和估算指标的编制与修订，也可以从积累的资料中获得参考依据。

8. 用以测定调价系数、编制造价指数

为了计算各种工程造价指数（如材料费价格指数、人工费指数、直接工程费指数、建筑安装工程价格指数、设备及工器具价格指数、工程造价指数、投资总量指数等），必须选取若干个典型工程的数据进行分析与综合，在此过程中，已经积累起来的造价资料可以充分发挥作用。

9. 用以研究同类工程造价的变化规律

定额管理部门可以在拥有较多的同类工程造价资料的基础上，研究出各类工程造价的变化规律。

三、工程造价指数的编制

（一）指数的概念和分类

1. 指数

是用来统计研究社会经济现象数量变化幅度和趋势的一种特有的分析方法和手段。指数有广义和狭义之分。广义的指数指反映社会经济现象变动与差异程度的相对数。而从狭义上说，统计指数是用来综合反映社会经济现象复杂总体数量变动状况的相对数。所谓复杂总体，是指数量上不能直接加总的总体。

2. 指数的分类

（1）指数按其所反映的现象范围的不同，分为个体指数、总指数。个体指数是反映个别现象变动情况的指数，如个别产品的产量指数、个别商品的价格指数等。总指数是综合反映不能同度量的现象动态变化的指数，如工业总产量指数、社会商品零售价格总指数等。

（2）指数按其所反映的现象的性质不同，分为数量指标指数和质量指标指

数。数量指标指数是综合反映现象总的规模和水平变动情况的指数,如工业品销售指数、工业产品产量指数、产品成本指数、价格指数、平均工资水平指数等。

(3)指数按照采用的基期不同,可分为定基指数和环比指数。当对一个时间数列进行分析时,计算动态分析指标通常用不同时间的指标值作对比。在动态对比时作为对比基础时期的水平,叫基期水平;所要分析的时期(与基期相比较的时期)的水平,叫报告期水平或计算期水平。定基指数是指各个时期指数都是采用同一固定时期为基期计算的,表明社会经济现象对某一固定基期的综合变动程度的指数。环比指数是以前一时期为基期计算额度指数,表明社会经济现象对上一期或前一期的综合变动的指数。定基或环比指数可以连续将许多时间的指数按时间顺序加以排列,形成指数数列。

(4)指数按其所编制的方法不同,分为综合指数和平均指数。综合指数是通过确定同度量因素,把不能同度量的现象过渡为可以同度量的现象,采用科学方法计算出两个时期的总量指标并进行对比而形成的指数。平均数指数是从个体指数出发,通过对个体指数加权平均计算而形成的指数。

① 综合指数是总指数的基本形式;计算总指数的目的,在于综合测定由不同度量单位的许多商品或产品所组成的复杂现象总体数量方面的总动态。综合指数的编制方法是先综合后对比。因此,综合指数主要解决不同度量单位的问题,使不能直接加总的不同使用数可以把各种不能直接相加的现象还原为价值形态,先综合(相加),然后再进行对比(相除),从而反映观测对象的变化趋势。

② 平均数指数是综合指数的变形。综合指数虽然能最完整地反映所研究现象的经济内容,但其编制是需要全面资料,即对应的两个时期的数量指标和质量指标的资料。但在实践中,要取得这样全面的资料往往是困难的。因此,实践中可用平均指数的形式来编制总指数。

(二)工程造价指数及其特性分析

1. 工程造价指数的概念及其编制的意义

以合理方法编制的工程造价指数,不仅能够较好地反映工程造价的变动趋势和变化幅度,而且可剔除价格水平变化对造价的影响,正确反映建筑市场的供求关系和生产力发展水平。

工程造价指数是反映一定时期由于价格变化对工程造价影响程度的一种指标,它是调整工程造价价差的依据。工程造价指数反映了报告期与基期相比的价格变动趋势,利用它来研究实际工作中的下列问题很有意义:

(1)可以利用工程造价指数分析价格变动趋势及其原因。

(2)可以利用工程造价指数估计工程造价变化对宏观经济的影响。

(3)工程造价指数是工程承发包双方进行工程估价和结算的重要依据。

2. 工程造价指数包括的内容及其特性分析

工程造价指数的内容应该包括以下几种:

(1)各种单项价格指数

这其中包括了反应各类工程的人工费、材料费、施工机械使用费报告期价格对基期价格的变化程度的指标。可利用它研究主要单项价格变化的情况及其发展变化的趋势。其计算过程可以简单表示为报告期价格与基期价格之比。以此类推,可以把各种费率指数也归入其中,例如措施费指数、间接费指数,甚至工程建设其他费用指数等。这些费率指数的编制可以直接用报告期费率与基期费率之比求得。很明显,这些单项价格指数都属于个体指数。其编制过程相对比较简单。

(2)设备、工器具价格指数

设备、工器具的种类、品种和规格很多。设备、工器具费用的变动通常是由两个因素引起的,即设备、工器具单件采购价格的变化和采购数量的变化,同时工程所采购的设备、工器具是由不同规格、不同品种组成的,设备、工器具价格指数属于总指数。由于采购价格与采购数量的数据无论是基期还是报告期都比较容易获得,因此设备、工器具价格指数可以用综合指数的形式来表示。

(3)建筑安装工程造价指数

建筑安装工程造价指数也是一种综合指数,其中包括了人工费指数、材料费指数、施工机械使用费指数以及措施费、间接费等各项个体指数的综合影响。由于建筑安装工程造价指数比较复杂,涉及的方面较广,利用综合指数来进行计算分析难度较大。因此,可以通过对各项个体指数的加权平均数,用平均数指数形式来表示。

(4)建设项目或单项工程造价指数

该指数是由设备、工器具指数、建筑安装工程造价指数、工程建设其他费用指数综合得到的。它也属于总指数,并且与建筑安装工程造价指数类似,一般也用平均数指数的形式来表示。

当然,根据造价资料的期限长短来分类,也可以把工程造价指数分为时点造价指数、月指数、季指数和年指数等。

(三)工程造价指数的编制

1. 各种单项价格指数的编制

(1)人工费、材料费、施工机械使用费等价格指数的编制。这种价格指数的编制可以直接用报告期价格与基期价格相比后得到。其计算公式如下:

$$人工费(材料费、施工机械使用费)价格指数 = P_n/P_o \qquad (3-5)$$

式中　P_o——基期人工日工资单价(材料预算价格、机械台班单价);

　　　P_n——报告期人工日工资单价(材料预算价格、机械台班单价)。

(2)措施费、间接费及工程建设其他费等费率指数的编制。其计算公式如下:

$$措施费(间接费、工程建设其他费)费率指数 = P_n/P_o \qquad (3-6)$$

式中　P_o——基期措施费(间接费、工程建设其他费)费率;

　　　P_n——报告期措施费(间接费、工程建设其他费)费率。

2. 设备、工器具价格指数的编制

如前所述,设备、工器具价格指数是用综合指数形式表示的总指数。运用综合指数计算总指数时,一般要涉及两个因素,一个是指数所要研究的对象,叫指数化因素;另一个是将不能同度量现象过渡为可以同度量现象的因素,叫同度量因素。当指数化因素是数量指标时,这时计算的指数称为数量指标指数;当指数化因素是质量指标时,这时的指数称为质量指标指数。很明显,在设备、工器具价格指数中,指数化因素是设备、工器具的采购价格,同度量因素是设备、工器具的采购数量。因此设备、工器具价格指数是一种质量指标指数。

(1)同度量因素的选择

既然已经明确了设备、工器具价格指数是一种质量指标指数,那么同度量因素应该是数量指标,即设备、工器具的采购数量。那么就会面临一个新的问题,就是应该选择基期计划采购数量为同度量因素,还是选择报告期实际采购数量为同度量因素。根据统计学的一般原理,此处可分为拉斯贝尔体系和派许体系。

① 拉斯贝尔体系。按照拉斯贝尔的主张,以基期销售量为同度量因素,此时计算公式可以表示为

$$K_p = \frac{\sum q_1 p_1}{\sum q_1 p_0}$$

② 派许体系。按照派许的主张,以报告期销售量为同度量因素,此时计算公式可以表示为

$$设备、工器具价格指数 = \frac{\sum(报告期设备、工器具单价 \times 报告期购置数量)}{\sum(基期设备、工器具单价 \times 报告期购置数量)}$$

(2)设备、工器具价格指数的编制

考虑到设备、工器具的采购品种很多,为简化起见,计算价格指数时可选择其中用量大、价格高、变动多的主要设备、工器具的购置数量和单价进行计算,按照派氏公式进行计算如下:

$$设备工器具价格指数 = \frac{\sum(报告期设备工器具单价 \times 报告期购置数量)}{\sum(基期设备工器具单价 \times 报告期购置数量)}$$

$$(3-7)$$

3. 建筑安装工程价格指数

建筑安装工程价格指数与设备、工器具价格指数类似,也属于质量指标指数,所以也应用派氏公式计算。但考虑到建筑安装工程价格指数的特点,所以用综合指数的变形即平均数指数的形式表示。

(1)平均数指数

从理论上说,综合指数是计算总指数比较理想的形式,因为它不仅可以反映事物变动的方向与程度,而且可以用分子与分母的差额直接反映事物变动的实际经济效果。然而,在利用派氏公式计算质量指标指数时,需要掌握 $q_1 P_o$(基期价格乘报告期数量之积的和),这是比较困难的。而相比而言,基期和报告期的费用总值($\sum P_o q_o, \sum P_l q_l$)却是比较容易获得的资料。因此,我们就可以在不违反综合指数的一般原则的前提下,改变公式的形式而不改变公式的实质,利用容易掌握的资料来推算不容易掌握的资料,进而再计算指数,在这种背景下所计算的指数即为平均数指数。利用派氏综合指数进行变形后计算得出的平均数指数称为加权调和平均数指数。其计算过程如下:

设 $K_P = P_1/P_o$ 表示个体价格指数,则派氏综合指数可以表示为:

$$派氏价格指数 = \frac{\sum q_1 p_1}{\sum q_1 p_0} = \frac{\sum q_1 p_1}{\sum \frac{1}{k_p} q_1 p_1} \tag{3-8}$$

式中 $\dfrac{\sum q_1 p_1}{\sum \frac{1}{k_p} q_1 p_1}$ 即为派氏综合指数变形后的加权调和平均数指数。

(2)建筑安装工程造价指数的编制

根据加权调和平均数指数的推导公式,可得建筑安装工程造价指数,具体的计算过程如下(由于计划利润率不会变化,可以认为其单项价格指数为1):

建筑安装工程造价指数=(报告期建筑安装工程费)/(报告期人工费/人工费指数＋报告期材料费/材料费指数＋报告期施工机械使用费/施工机械使用费指数＋报告期建筑安装工程其他费用/建筑安装工程其他费用综合指数)(3-9)

4. 建设项目或单项工程造价指数的编制

建设项目或单项工程造价指数是由建筑安装工程造价指数,设备、工器具价格指数和工程建设其他费用指数综合而成的。与建筑安装工程造价指数相类似,其计算也应采用加权调和平均数指数的推导公式,具体的计算过程如下:

建设项目或单项工程指数=(报告期建设项目或单项工程造价)/(报告期建筑安装工程费/建筑安装工程造价指数＋报告期设备、工器具费用/设备、工器具价格指数＋报告期工程建设其他费/工程建设其他费指数)   (3-10)

编制完成的工程造价指数有很多用途,比如作为政府对建设市场宏观调控的依据,也可以作为工程估算以及概预算的基本依据。当然,其最重要的作用是在建设市场的交易过程中,为承包商提出合理的投标报价提供依据,此时的工程造价指数也可称为是投标价格指数。

四、工程造价信息的管理

(一)我国目前工程造价信息管理的现状

1. 工程造价信息管理的基本原则

工程造价的信息管理是指对信息的收集、加工整理、储存、传递与应用等一系列工作的总称。其目的就是通过有组织的信息流通,使决策者能及时、准确地获得相应的信息。为了达到工程造价信息管理的目的,在工程造价信息管理中应遵循以下基本原则。

(1)标准化原则

要求在项目的实施过程中对有关信息的分类进行统一,对信息流程进行规范,力求做到格式化和标准化,从组织上保证信息生产工程的效率。

(2)有效性原则

工程造价信息应针对不同层次管理者的要求进行适当加工,针对不同管理层提供不同要求和浓缩程度的信息。这一原则是为了保证信息产品对于决策支持的有效性。

(3)定量化原则

工程造价信息不应是项目实施过程中所产生数据的简单记录,而应经过信息处理人员的比较与分析。采用定量工具对有关数据进行分析和比较是十分必要的。

(4)时效性原则

考虑到工程造价计价与控制过程的时效性,工程造价信息也应具有相应的时效性,以保证信息产品能够及时服务于决策。

(5)高效处理原则

通过采用高性能的信息处理工具(如工程造价信息管理系统),尽量缩短信息在处理过程中的延迟。

2. 我国工程造价信息管理的现状

在市场经济中,由于市场机制的作用和多方面的影响,工程造价的运动变化更快、更复杂。在这种情况下,工程承发包者单独、分散地进行工程造价信息的收集、加工,不但工作复杂,而且成本很高。工程造价信息是一种具有共享性的社会资源。因此,政府工程造价主管部门利用自己信息系统的优势,对工程造价提供信息服务,其社会和经济效益是显而易见的。我国目前的工程造价管理主要以国家和地方政府主管部门为主,通过各种渠道进行工程造价信息的搜集、处理和发布。随着我国的建设市场越来越成熟,企业规模不断扩大,一些工程咨询公司和工程造价软件公司也加入了工程造价信息管理的行列。

(1)全国工程造价信息系统的逐步完善

实行工程造价体制改革后,国家对工程造价的管理逐渐由直接管理转变为间接管理。国家制定统一的工程量计算规则,编制全国统一工程项目编码和定期公布人工、材料、机械等价格的信息。随着计算机网络技术及 Internet 的广泛应用,国家也开始建立工程造价信息网,定期发布价格信息及其产业政策,为各地方主管部门、各咨询机构、其他造价编制和审定等单位提供基础数据。同时,通过工程造价信息网,采集各地、各企业的工程实际数据和价格信息。主管部门及时依据实际情况,制定新的政策法规,颁布新的价格指数等。各企业、地方主管部门可以通过该造价信息网,及时获得相关的信息。

(2)地区工程造价信息系统的建立和完善

由于各个地区的生产力发展水平不一致,经济发展不平衡,各地价格差异较大。因此,各地区造价管理部门通过建立地区性造价信息系统,定期发布反映市场价格水平的价格信息和调整指数;依据本地区的经济、行业发展情况制定相应的政策措施。通过造价信息系统,地区主管部门可以及时发布价格信息、政策规定等。同时,通过选择本地区多个具有代表性的固定信息采集点或通过吸收各企业作为基本信息网员,搜集本地区的价格信息,作为本地区造价政策制定价格信息的数据和依据,使地区主管部门发布的信息更具有实用性、市场性、指导性。目前,全国有很多地区建立了造价价格信息网。

[想一想]

工程造价信息管理人员为什么要及时更新造价信息库中的有关资料?这体现了工程造价管理中的哪些原则?

(3)企业自己的造价资料数据库

随着工程量清单计价方式的应用,施工企业迫切需要建立自己的造价资料数据库。但由于大多数施工企业在规模和能力上都达不到这一要求,因此这些工作在很大程度上委托给工程造价咨询公司或工程造价软件公司去完成。这是我国《建设工程工程量清单计价规范》颁布实施后工程造价信息管理出现的新的趋势。

3. 工程造价信息管理目前存在的问题

(1)信息的采集、加工和传播缺乏统一规划、统一编码、系统分类,信息系统开发与资源拥有之间处于相互封闭、各自为战状态。其结果是无法达到信息资源共享的优势,更多的管理者满足于目前的表面信息,忽略信息深加工。

(2)采集技术落后,信息分类标准不统一,数据格式和存取方式不一致,使得对信息资源的远程传递、加工处理变得非常困难,信息资源的内在质量很难提高,信息维护更新速度慢,不能满足信息市场的需要。

(3)信息网建设有待完善。现有工程造价网多为定额站或咨询公司所建,网站内容主要为定额颁布,价格信息,相关文件转发,招投标信息发布,企业或公司介绍等;网站只是将已有的造价信息在网站上显示出来,缺乏对这些信息的整理与分析。

(二)工程造价信息化的发展趋势

(1)适应建设市场的新形势,着眼于为建设市场服务,为工程造价管理服务。工程建设在国民经济中占有较大的份额,但存在着科技水平不高,现代化管理滞后,竞争能力较弱的问题。信息技术的运用,可以促进管理部门依法行政,提高管理工作的公开、公平、公正和透明度。可以促进企业提高产品质量、服务水平和企业效率,达到提高企业自身竞争能力的目的。针对我国目前正在大力推广的工程量清单计价制度,工程造价信息化应该围绕为工程建设市场服务、为工程造价信息管理改革服务这条主线,组织技术攻关,加快信息化建设。

(2)我国有关工程造价的软件和网络发展很快。为加大信息化建设的力度,全国工程造价信息网联网,这样全国造价信息网联成一体,用户可以很容易地查阅到全国、各省、各市的数据,从而大大提高各地造价信息网的使用效率。同时把与工程造价信息化有关的企业组织起来,加强交流、协作,避免低层次、低水平的重复开发,鼓励技术创新,淘汰落后,不断提高信息化技术在工程造价中的应用水平。

(3)发展工程造价信息化,要建立有关的规章制度,促进工程技术健康有序地向前发展。为了加强建设信息标准化、规范化,建立系统信息标准体系,制定信息通用标准和专用标准,制定建设信息安全保障技术规范和网络技术规范已提上日程。加强全国建设工程造价信息系统的信息标准化工作,包括组织编制建设工程人工、材料、机械、设备的分类及标准代码,工程项目分类标准代码,各类信息采集及传输标准格式等工作,将为全国工程造价信息化的发展提供基础。

【实践训练】

课目一:编制工程量清单

(一)背景资料

新《计价规范》下工程量清单编制举例(见表 3-14 至 3-19)。

(二)问题

工程量清单编制。

(三)分析与解答

表 3-14　分部分项工程量清单与计价

工程名称:某宿舍楼工程建筑工程

序号	项目编码	项目名称	项目特征描述	计量单位	工程量	金　额(元)	
						综合单价	合价
1	010101003001	土石方工程	挖带形基础,二类土,槽宽 0.60m;深 0.80m,弃土运距 150.00m	m³	300.00	30.00	9000.00
2 3	010101003002	土石方工程	挖带形基础,二类土,槽宽 1.00m,宽 2.10m,弃土运距 150.00m(以下略)	m³	500.00	70.00	35000.00
本页小计							44000.00
合　计							

表 3-15 措施项目清单与计价表（一）

（本表适用于以"项"计价的措施项目）

序号	项目名称	计算基础	费率（%）	金额（元）
1	安全文明施工费	直接费		42000.00
2	大型机械设备进出场及安拆费	直接费		3800.00
3	施工排水	直接费		4000.00
合　计				49800.00

表 3-16 措施项目清单与计价表（二）

（本表适用于以综合单价形式计价的措施项目）

序号	项目编码	项目名称	项目特征描述	计量单位	工程量	金额（元）综合单价	合价
1		垂直运输机械		100m²	2500.00	40	100000.00
本页小计							100000.00
合　计							

表 3-17 其他项目清单与计价汇总表

序号	项目名称	计量单位	金额（元）	备注
1	暂列金额	项	20000.00	
2	暂估价	项	100000.00	
2.1	材料暂估价			
2.2	专业工程暂估价	项	100000.00	
3	计日工	工日	8250.00	
4	总承包服务费			
合　计			128250.00	一

表 3-18 规费、税金项目清单与计价表

序号	项目名称	计算基础	费率（%）	金额（元）
1	规费	直接费	0.1%	90000.00
1.1	工程排污费			
1.2	社会保障费			
（1）	养老保险费			

序号	项目名称	计算基础	费率(%)	金额(元)
(2)	失业保险费			
(3)	医疗保险费			
1.3	住房公积金			
1.4	危险作业意外伤害保险			
1.5	工程定额测定费			
2	税金	分部分项工程费＋措施项目费＋其他项目费＋规费	3.41%	20000.00

表 3-19　投标报价汇总表

序号	汇总内容	金额(元)	其中:暂估价(元)
1	分部分项工程	167440.00	
2	措施项目	149800.00	—
2.1	其中:安全文明施工费	42000.00	—
3	其他项目	128250.00	—
3.1	其中:暂列金额	20000.00	—
3.2	其中:专业工程暂估价	100000.00	—
3.3	其中:计日工	8250.00	—
3.4	其中:总承包服务费		—
4	规费	90000.00	—
5	税金	20000.00	—
	投标报价合计＝1＋2＋3＋4＋5	555490.00	—

课目二:计算工程造价

(一)背景资料

某宿舍楼土建工程,建筑面积为 15548m²,全现浇钢筋混凝土结构,地下 1 层,地上 14 层。业主要求承包单位按工料单价法中的以直接工程费为计算基础的程序进行计算。计算结果如下:按工程量和工、料、机单价计算,其合价为 2274.93 万元;各类措施费的合计费率为 7.9%,间接费费率为 7.0%,利润率为

5.0%,税金按国家规定取3.4%。

（二）问题

（1）简述直接费、间接费、规费和税金的构成。

（2）简述直接工程费、措施费的概念和构成。

（3）工程造价计算有哪两类计价程序？

（4）请用工料单价法（以直接费为基础）计算本例的工程造价。

（三）分析与解答

（1）直接费由直接工程费和措施费构成。

间接费由企业管理费和规费构成。企业管理费包括：管理人员工资、办公费、差旅交通费、固定资产使用费、工具用具使用费、劳动保护费、工会经费、职工教育经费、财产保险费、财务费、税金、其他。规费由工程排污费、工程定额测定费、社会保障费（包括养老保险费、失业保险费和医疗保险费）、住房公积金和危险作业意外伤害保险费构成。

税金包括营业税、城市维护建设税和教育费附加。

（2）直接工程费是指施工过程中耗费的构成工程实体的各项费用。直接工程费由人工费、材料费和机械使用费构成，它们分别由工程量与相应的单价相乘得到。

措施费是指为完成工程项目施工发生于该工程施工前和施工过程中非工程实体项目的费用。措施费由下列11种费用构成，包括：环境保护费、文明施工费、安全施工费、临时设施费、夜间施工增加费、二次搬运费、大型机械设备进出场及安拆费、混凝土钢筋混凝土模板及支架费、脚手架费、已完工程及设备保护费、施工排水降水费。

（3）两类计价程序分别是工料单价法计价程序和综合单价法计价程序。

（4）本例的工程造价计算见表3-20。

表3-20 以直接费为计算基础的工料单价法计价程序

序号	费用项目	计算方法	计算过程	费用（万元）
（1）	直接工程费	按预算表	2274.93	2274.93
（2）	措施费	按规定标准计算	（1）×7.9%	179.72
（3）	直接费小计	（1）+（2）	（1）+（2）	2454.65
（4）	直接费	（3）×相应费率	（3）×7.0%	171.83
（5）	利润	[（3）+（4）]×相应利润率	[（3）+（4）]×5.0%	131.32
（6）	合计	（3）+（4）+（5）	（3）+（4）+（5）	2757.80
（7）	含税造价	（6）×(1+相应税率)	（6）×(1+3.4%)	2851.57

课目三：计算单位工程费

(一)背景资料

某企业总承包的某公寓楼工程的投标文件中,土建工程的分部分项工程量清单计价合价为11810814.96元,措施项目清单计价合价为710609.49元,其他项目清单计价合价为223212.33元,规费费率为清单价的6%,税率为不含税造价的3.41%。有部分任务由业主自行分包,并由承包企业管理,业主还自购部分材料,在招标文件中列出了预留金。

(二)问题

(1)按工程量清单计价时,要计算哪几类清单价。

(2)按工程量清单计价使用的分部分项工程的综合单价中包含哪些费用?

(3)按工程量清单计价时,房屋建筑工程的措施项目中,通用项目和专业项目各有哪些?

(4)本工程应计算哪些其他项目的费用? 为什么?

(5)按表3-21计算单位工程费。

表3-21　单位工程费汇总表

序号	项目名称	金额(元)
1		
2		
3		

(三)分析与解答

(1)按工程量清单计价时,要计算分部分项工程量清单费、措施项目清单费、其他项目清单费。

(2)分部分项工程的综合单价包含人工费、材料费、机械使用费、管理费和利润,并考虑风险因素。由于这种单价中不包含规费和税金两类规定的费用,故更能满足企业自主报价的需要和体现自身的报价水平。

(3)按工程量清单计价时,房屋建筑工程的措施项目中,通用项目包括环境保护、文明施工、安全施工、临时设施、夜间施工、二次搬运、大型机械设备进出场及安拆、混凝土钢筋混凝土模板及支架、脚手架、已完工程及设备保护、施工排水及降水,专业项目指垂直运输机械(指施工方案中有垂直运输机械的内容、施工高度超过5m的工程)。

(4)本工程应计算的其他项目清单费用有:预留金、材料购置费、总承包服务费和零星工作项目费。因为业主自购部分材料,所以要计算材料购置费;因为有部分任务由业主自行分包,并由承包企业管理,所以要计算总承包服务费;业主计算了预留金;承包人还要按人工消耗总量的1%计算零星工作项目费。

(5)单位工程费汇总表见表3-22。

表3-22 单位工程费汇总表

序号	项目名称	金额(元)
1	分部分项工程量清单计价合计	11810814.96
2	措施项目清单计价合计	710609.49
3	其他项目清单计价合计	223212.33
4	规费=[(1)+(2)+(3)]×6%	764678.21
5	不含税工程造价	13509314.99
6	税金=(5)×3.41%	460667.64
7	含税工程总造价	13969982.63
	合计造价	13969982.63

本章思考与实训

1. 简述工程量清单的编制原则。
2. 简述工程量清单计价的特点。
3. 我国工程量清单计价综合单价的构成与国际惯例有什么区别?
4. 工程量清单计价与定额计价有什么不同?
5. 定额工程量计算规则与工程量清单计算规则有哪些区别?

 **建设项目决策阶段工程造价的计价与控制**

【内容要点】

1. 建设项目投资估算；
2. 财务基础数据测算；
3. 建设项目财务评价。

【知识链接】

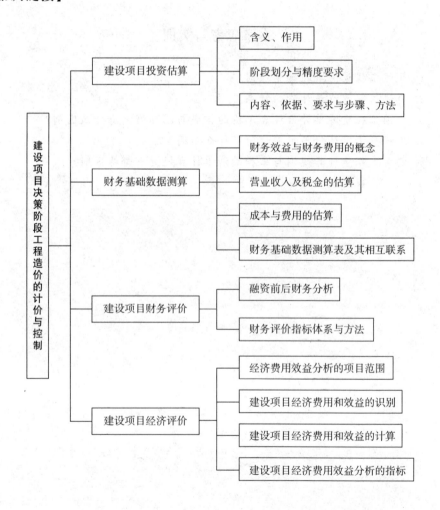

第一节 概 述

一、建设项目决策的含义

项目投资决策是选择和决定投资行动方案的过程,是对拟建项目的必要性和可行性进行技术经济论证,对不同建设方案进行技术经济比较及做出判断和决定的过程。正确的项目投资行动来源于正确的项目投资抉择。项目决策正确与否,直接关系到项目建设的成败,关系到工程造价的高低、投资效果的好坏。正确决策是合理确定与控制工程造价的前提。

二、建设项目决策与工程造价的关系

1. 项目决策的正确性是工程造价合理性的前提

项目决策正确,意味着对项目建设做出科学的决断,优选出最佳投资行动方案,达到资源的合理配置。这样才能合理地估计和计算工程造价,并且在实施最优投资方案过程中,有效地控制工程造价。

项目决策失误,主要体现在对不该建设的项目进行投资建设,或者项目建设地点的选择错误,或者投资方案的确定不合理等。诸如此类的决策失误,会直接带来不必要的资金投入和人力、物力及财力的浪费,甚至造成不可弥补的损失。在这种情况下,合理地进行工程造价的计价与控制已经毫无意义了。因此,要达到工程造价的合理性,事先就要保证项目决策的正确性,避免决策失误。

2. 项目决策的内容是决定工程造价的基础

工程造价的计价与控制贯穿于项目建设全过程,但决策阶段各项技术经济决策,对该项目的工程造价有重大影响,特别是建设标准的确定、建设地点的选择、工艺的评选、设备选用等,直接关系到工程造价的高低。据有关资料统计,在项目建设各阶段中,投资决策阶段影响工程造价的程度高低,达到 $70\% \sim 90\%$。因此,决策阶段是决定工程造价的基础阶段,直接影响着决策阶段之后的各个建设阶段工程造价的计价与控制是否科学、合理。

3. 造价高低,投资多少也影响项目决策

决策阶段的投资估算是进行投资方案选择的重要依据之一,同时也是决定项目是否可行及主管部门进行项目审批的参考依据。

4. 项目决策的深度影响投资估算的精确度,也影响工程造价的控制效果

投资决策过程,是一个由浅入深、不断深化的过程,依次分为若干工作阶段,不同阶段的深度不同,投资估算的精确度也不同。如投资机会及项目建议书阶段,是初步决策的阶段,投资估算的误差率在 $\pm 30\%$ 左右;而详细可行性研究阶段是最终决策阶段,投资估算误差率在 $\pm 10\%$ 以内。另外,由于在项目建设各阶段中,即决策阶段、初步设计阶段、技术设计阶段、施工图设计阶段、工程招标投

标及承包发包阶段、施工阶段以及竣工验收阶段，通过工程造价的确定与控制，相应形成投资估算、设计概算、修正概算、施工图预算、承包合同价、结算价及竣工决算。

这些造价形式之间存在着前者控制后者，后者补充前者这样的相互关系。按照"前者控制后者"的制约关系，意味着投资估算对其后面的各种形式的造价起着制约作用，作为其限额目标。由此可见，只有加强项目决策的深度，采用科学的估算方法和可靠的数据资料，合理地计算投资估算，保证投资估算打足，才能保证其他阶段的造价被控制在合理范围，使投资目标能够得以实现，避免"三超"现象的发生。

三、项目决策阶段影响工程造价的主要因素

工程造价的多少主要取决于项目的建设标准。建设标准是工程项目前期工作中，对项目决策中有关建设的原则、等级、规模、建筑面积、工艺设备配置、建设用地和主要技术经济指标等方面进行的规定。制定建设标准的目的在于建立工程项目的建设活动秩序，适应社会主义经济体制要求，加强固定资产与建设的宏观调控，指导建设项目科学决策和管理，合理确定项目建设水平，充分利用资源，推动技术进步，不断提高投资效益。

建设标准的内容包括影响工程项目投资效益的主要方面，其具体内容应根据各类工程项目的不同情况来确定。工业项目一般包括：建设条件、建设规模、项目构成、工艺与装备、配套工程、建筑标准、建筑用地、环境保护、劳动定员、建设工期、投资估算指标和建设用地、建设工期、投资估算指标和主要技术经济指标等。能否起到控制工程造价、指导建设投资的作用，关键在于标准水平定得合理与否。

标准水平定得过高，会脱离我国的实际情况和财力、物力的承受能力，增加造价；标准水平定得过低，将会妨碍技术进步，影响国民经济的发展和人民生活的改善。大多数工业交通项目应采用中等适用的标准，对少数引进外国先进技术和设备的项目或少数有特殊要求的项目，标准可适当高些。在建筑方面，应坚持经济、适用、安全、朴实的原则。建设项目标准的各项规定，能定量的应尽量给出指标，不能定量的要有定性的原则要求。

(一)项目建设规模

项目建设规模也称项目生产规模，是指项目设定的正常生产营运年份可能达到的生产能力或者使用效益。建设规模的确定，就是要合理选择拟建项目生产规模，解决"生产多少"的问题。每一个建设项目都存在着一个合理选择问题。生产规模过小，使得资源得不到有效配置，单位产品成本高，经济效益低下；生产规模过大，超过了项目产品市场的需求量，则会导致开工不足、产品积压或降价销售，致使项目经济效益也会低下。因此，项目规模的合理选择关系着项目的成败，决定着工程造价合理与否。

合理经济规模是指在一定技术条件下，项目投入产出比处于较优状态，资源

和资金可以得到充分利用,并可获得较优经济效益的规模。因此。在确定项目规模时,不仅要考虑项目内部各因素之间的数量匹配、能力协调,还要使所有生产力因素共同形成的经济实体(如项目)在规模上大小适应。这样可以合理确定和有效控制工程造价,提高项目的经济效益。但同时也须注意,规模扩大所产生效益不是无限的,它受到技术进步、管理水平、项目经济技术环境等多种因素的制约。项目规模合理化的制约因素有:

[问一问]
在确定项目合理规模时,需考虑的首要因素是什么?

1. 市场因素

(1)项目产品的市场需求状况是确定项目生产规模的前提。通过市场分析与预测,确定市场需求量、了解竞争对手情况,最终确定项目建成时的最佳生产规模,使所建项目在未来能够保持合理的盈利水平和持续的发展能力。

(2)原材料市场、资金市场、劳动力市场等对项目规模的选择起着程度不同的制约作用。如项目规模过大可能导致材料供应紧张和价格上涨,造成项目所需投资的筹集困难和资金成本上升等,制约项目的规模。

(3)市场价格分析是制定营销策略和影响竞争力的主要因素。市场价格预测应考虑影响价格变动的各种因素,根据项目具体情况选择采用回归法和比价法进行预测。

(4)市场风险分析也是确定建设规模的重要依据。

在可行性研究中,市场风险分析是在产品供需和价格走势常规分析已达到一定深度要求的情况下,对未来某些重大不确定因素发生的可能性及其对项目造成的损失程度进行的分析。有的可定性描述,估计风险程度;有的需要定量计算风险发生概率,分析对项目的影响程度,并提出风险规避措施。

市场风险主要包括技术进步加快,新产品和新替代品的出现,导致部分用户转向购买新产品和新替代品,减少了对项目产品的需求,影响项目产品的预期效益;竞争对手加入,市场趋于饱和,导致项目产品市场占有份额减少;市场竞争加剧,出现产品市场买方垄断,项目产出品的价格急剧下降;或者出现投入市场卖方垄断,项目所需的投入品价格大幅上涨。这种激烈价格竞争,导致项目产品的预期效益减少;国内外政治经济条件出现突发性变化,引起市场激烈震荡,导致项目产出品的预期效益减少和导致项目产出品销售锐减,或者项目主要投入品供应中断。

上述情况的出现,均影响项目的预期效益,制约项目规模合理化的制定。在项目分析与评价中,应根据项目的具体情况,确定项目可能面临的主要风险并分析风险程度,按风险因素对投资项目影响程度和风险发生的可能性大小进行划分,风险等级分为一般风险、较大风险、严重风险和灾难风险,然后通过专家估计法、风险因素取值评定法和概率分析法对市场风险予以定量。

2. 技术因素

先进的生产技术及技术装备是项目规模效益赖以存在的基础,而相应的管理技术水平则是实现规模效益的保证。若与经济规模生产相适应的先进技术及其装备的来源没有保障,或获取技术的成本过高,或管理水平跟不上,则不仅预期的规模效益难以实现,还会给项目的生存和发展带来危机,导致项目投资效益低下,工程支出浪费严重。

3. 环境因素

项目的建设、生产和经营离不开一定的社会经济环境,项目规模确定中需考虑的主要环境因素有:政策因素、燃料动力供应、协作及土地条件、运输及通信条件。其中,政策因素包括产业政策、投资政策、技术经济政策,国家、地区及行业经济发展规划等。特别是为了取得较好的规模效益,国家对部分行业的新建项目规模做了下限规定,选择项目规模时应遵照执行。

不同行业、不同类型项目确定建设规模,还应分别考虑以下因素:

(1)对于煤炭、金属与非金属矿山、石油、天然气等矿产资源开发项目,应根据资源合理开发利用要求和资源可采储量、贮存条件等确定建设规模。

(2)对于水利水电项目,应根据水的资源量、可开发利用量、地质条件、建设条件、库区生态影响、占用土地以及移民安置等确定建设规模。

(3)对于铁路、公路项目,应根据建设项目影响区域内一定时期运输量的需求预测,以及该项目在综合运输系统和本系统中的作用确定线路等级、线路长度和运输能力。

(4)对于技术改造项目,应充分研究建设项目生产规模与企业现有生产规模的关系;新建生产规模属于外延型还是外延内涵复合型,以及利用现有场地、公用工程和辅助设施可能性等因素,确定项目建设规模。

4. 建设规模方案比选

在对以上因素进行充分考核以后,应确定相应的产品方案、产品组合方案和项目建设规模。生产规模的变动会引起收益的变动。规模经济是指通过合理安排经济实体内各生产力要素的比例,寻求到适当的经营规模取得节约或经济效益。可行性研究报告应根据经济合理性、市场容量、环境容量以及资金、原材料和主要外部协作条件等方面的研究对项目建设规模进行充分论证,必要时进行多方案技术经济比较。大型、复杂项目建设规模论证应研究合理、优化的工程分期,明确初期规模和远景规模。不同行业、不同类型项目在研究确定其建设规模时还应充分考虑其自身特点。

项目合理建设规模的确定方法包括:

(1)盈亏平衡产量分析法

通过项目产量与项目费用和收入的变化关系,分析项目的盈亏平衡点,以探求项目合理建设规模。产量提高到一定程度,如果继续扩大规模,项目就会出现亏损,此点称为项目的最大规模盈亏平衡点。当规模处于这两点之间是合理建设规模的下限和上限,可作为确定合理经济规模的依据之一。

(2)平均成本法

最低出产成本和最大利润属"对偶现象"。成本最低,利润最大;成本最大,利润最低。因此,有人以争取项目达到最低平均成本为手段,来确定项目的合理建设规模。

（3）生产能力平衡法

在技改项目中，可采用生产能力平衡来确定合理生产规模。最大工序生产能力法是以现有最大生产能力的工序为标准，逐步填平补齐，成龙配套，使之满足最大生产能力的设备要求。最小公倍数法是以最小公倍数为准，通过填平补齐，成龙配套，形成最佳的生产规模。

（4）政府或行业规定

为了防止投资项目效率低下和浪费资源，国家对某些行业的建设项目规定了规模界限。投资项目的规模，必须满足这些规定。

经过多方案比较，在初步可行性研究（或项目建议书）阶段，应提出项目建设（或生产）规模的倾向性意见，报上级机构审批。

（二）建设地区及建设地点（厂址）的选择

一般情况下，确定某个建设项目的具体地址（或厂址），需要经过建设地区选择和建设地点选择（厂址选择）这样两个不同层次的、相互联系又相互区别的工作阶段。这两个阶段是一种递进关系。建设地点选择是指对项目具体坐落位置的选择。

1. 建设地区的选择

建设地区选择得合理与否，在很大程度上决定着拟建项目的命运，影响着工程造价的高低、建设工期的长短、建设质量的好坏，还影响到项目建成后的经营状况。因此，建设地区的选择要充分考虑各种因素的制约，具体要考虑以下因素：

（1）要符合国民经济发展战略规划、国家工业布局总体规划和地区经济发展规划的要求。

（2）要根据项目的特点和需要，充分考虑原材料条件、能源条件、水源条件、各地区对项目产品需求及运输条件等。

（3）要综合考虑气象、地质、水文等建厂的自然条件。

（4）要充分考虑劳动力来源、生活环境、协作、施工力量、风俗文化等社会环境因素的影响。

在综合考虑上述因素的基础上，建设地区的选择要遵循以下两个基本原则：

（1）技术方案选择的基本原则

靠近原料、燃料提供地和产品消费地的原则。满足这一要求，在项目建成投产后，可以避免原料、燃料和产品的长期远途运输，减少费用，降低产品的生产成本，并且缩短流通时间，加快流动资金的周转速度。但这一原则并不是意味着项目安排在距原料、燃料提供地和产品消费地的等距离范围内，而是根据项目的技术经济特点和要求具体对待。例如，对农产品、矿产品的初步加工项目，由于大量消耗原料，应尽可能靠近原料产地；对于能耗高的项目，如铝厂、电石厂等，宜靠近电厂，由此带来的减少电能输送损失所获得的利益，通常大大超过原料、半成品调运中的劳动耗费；而对于技术密集型的建设项目，由于大中城市工业和科学技术力量雄厚，协作配套条件完备、信息灵通，所以其选址宜在大中城市。

（2）工业项目适当聚集的原则

在工业布局中，通常是一系列相关的项目聚集成适当规模的工业基地和城镇，从而有利于发挥"聚集效益"。聚集效益形成的客观基础是：第一，现代化生产是一个复杂的分工合作体系，只有相关企业集中配置，才能对各种资源和生产要素充分利用，便于形成综合生产能力，尤其对那些具有密切投入产出链环关系的项目，集聚效益尤为明显；第二，现代产业需要有相应的生产性和社会性基础设施相配合，其能力和效率才能充分发挥，企业布点适当集中，才有可能统一建设比较健全的基础设施，避免重复建设，节约投资，提高这些设施的效益；第三，企业布点适当集中，才能为不同类型的劳动者提供多种就业机会。

但是，工业布局的集聚程度，并非愈高愈好。当工业集聚超越客观条件时，也会带来许多弊端，促使项目投资增加，经济效益下降。这主要是因为：第一，各种原料、燃料需要量增加，原料、燃料和产品的运输距离延长，流通过程中的劳动耗费增加；第二，城市人口相应集中，形成对各种农副产品的大量需求，势必增加城市农副产品供应的费用；第三，生产和生活用水量大增，在本地水源不足时，需要开辟新水源，远距离引水，耗资巨大；第四，大量生产和生活排泄物集中排放，势必造成环境污染、破坏生态平衡，利用自然界自净能力净化"三废"的可能性相对下降。为保持环境质量，不得不花巨资兴建各种人工净化处理设施，增加环境保护费用。当工业集聚带来的"外部不经济性"的总和超过生产集聚带来的利益时，综合经济效益反而下降，这就表明集聚程度已超过经济合理的界限。

2. 建设地点（厂址）的选择

建设地点的选择是一项极为复杂的技术经济综合性很强的系统工程，它不仅涉及项目建设条件、产品生产要素、生态环境和未来产品销售等重要问题，受社会、政治、经济、国防等多因素的制约；而且还直接影响到项目，建设投资、建设速度和施工条件，以及未来企业的经营管理及所在地点的城乡建设规划与发展。因此，必须从国民经济和社会发展的全局出发，运用系统观点和方法分析决策。

（1）选择建设地点的要求

① 节约土地，少占耕地。项目的建设应尽可能节约土地，尽量把厂址放在荒地山地和空地，尽可能不占或少占耕地，并力求节约用地。尽量节省土地的补偿费用，降低工程造价。

② 减少拆迁移民。工程选址、选线应着眼少拆迁、少移民，尽可能不靠近、不穿越人口密集的城镇或居民区，减少或不发生拆迁安置费，降低工程造价。若必须拆迁移民，应制定应征地拆迁移民安置方案，考虑移民数量、安置途径、补偿标准，拆迁安置工作量和所需资金等情况，作为前期费用计入项目投资成本。

③ 应尽量选在工程地质、水文地质条件较好的地段。土壤耐压力应满足拟

建厂的要求,严防选在断层、熔岩、流沙层与有用矿床上以及洪水淹没区、已采矿塌陷区、滑坡区。厂址的地下水位应尽可能低于地下建筑物的基准面。

④ 要有利于厂区合理布置和安全运行。厂区土地面积与外形能满足厂房与各种构筑物的需要,并适合于按科学的工艺流程布置厂房与构筑物,满足生产安全要求。厂区地形力求平坦而略有坡度(一般5%～10%为宜),以减少平整土地的土方工程量,节约投资,又便于地面排水。

⑤ 应靠近交通运输和水电供应等条件好的地方。厂址应靠近铁路、公路、水路,以缩短运输距离,减少建设投资。厂址设在供电、供热和其他协作条件便于取得的地方。有利于施工条件的满足和项目运营期间的正常运作。

⑥ 应尽量减少对环境的污染。对于排放大量有害气体和烟尘的项目,不能建在城市的上风向,以免对整个城市造成污染;对于噪声污染大的项目,厂址应选在距离居民集中区较远的地方;同时,要设置一定宽度的绿化带,以减弱噪声的干扰;对于生产或使用易燃、易爆、辐射产品的项目,厂址应远离城镇和居民区。

上述条件能否满足,不仅关系到建设工程造价的高低和建设期限,对项目投产后的运营状况也有很大影响。因此,在确定厂址时,也应进行方案的技术分析比较,选择最佳厂址。

(2)厂址选择时的费用分析

在进行厂址多方案技术经济分析时,除比较上述厂址条件外,还应从以下几方面进行分析:

① 项目投资费用。包括土地征购费、拆迁补偿费、土石方工程费、运输设施费、排水及污水处理设施费、动力设施费、生活设施费、临时设施费、建材运输费等。

② 项目投产后生产经营费用比较。包括原材料、燃料运入及产品运出费用,给水、排水、污水处理费用,动力供应费用等。

③ 项目选址方案的技术经济论证。选址方案的技术经济论证,是寻求合理的经济决策的必要手段,也是项目选址工作的重要组成部分。在项目选址工作中,通过实地调查和基础资料的搜集,拟定项目选址的备选方案,接下来就是对各种方案进行技术经济论证,选择最佳厂址方案。场址比较的主要内容有:建设条件比较、建设费用比较、经营费用比较、运输费用比较、环境影响比较和安全条件比较。

(三)工程技术方案

工程技术方案的确定主要包括生产工艺方案的确定和主要设备的选择两部分内容。

1. 生产工艺方案选择的基本原则

(1)先进适用

这是评定技术方案最基本的标准。先进与适用,是对立的统一。保证工艺技术的先进性是首先要满足的,它能够带来产品质量、生产成本的优势。但是不能单独强调先进而忽视适用，还要考察工艺技术是否符合我国国情和国力，是否符合我国的技术发展政策。有的引进项目，可以在主要工艺上采用先进技术，而其他部分则采用适用技术。总之，要根据国情和建设项目的经济效益，综合考虑先进与适用的关系。对于拟采用的工艺，除了必须保证能用指定的原材料按时生产出符合数量、质量要求的产品外，还要考虑与企业的生产和销售条件（包括原有设备能否配套，技术和管理水平、市场需求、原材料种类等）是否相适应，特别要考虑到原有设备能否利用、技术和管理水平能否跟上。

（2）安全可靠

项目所采用的技术或工艺，必须经过多次试验和实践证明是成熟的，技术过关，质量可靠，有详尽的技术分析数据和可靠性记录，并且生产工艺的危害程度控制在国家规定的标准之内。只有这样，才能保证安全生产运行，发挥项目的经济效益。对于核电站、产生有毒有害和易燃易爆物质的项目（比如油田、煤矿等）及水利水电枢纽等项目，更应重视技术的安全性和可靠性。

（3）经济合理

经济合理是指所用的技术或工艺应能以尽可能小的消耗获得最大的经济效果，要求综合考虑所用技术或工艺所能产生的经济效益和国家的经济承受能力。在可行性研究中可能提出几种不同的技术方案，各方案的劳动需要量、能源消耗量、投资数量等可能不同，在产品质量和产品成本等方面可能也有差异，因而应反复进行比较，从中挑选最经济合理的技术或工艺。

2. 技术方案选择内容

（1）生产方法选择

生产方法直接影响生产工艺流程的选择。一般在选择生产方法时，从以下几个方面着手：

① 研究与项目相关的国内外生产方法，分析比较优点和发展趋势，采用先进适用的生产方法。

② 研究拟采用的生产方法是否与采用的原材料相适应。

③ 研究拟采用生产方法的技术来源的可得性，若采用引进技术或专利，应比较所需费用。

④ 研究拟采用生产方法是否符合节能和清洁的要求。

（2）工艺流程方案选择

工艺流程是指投入物（原料或半成品）经过有次序的生产加工，成为产出物（产品或加工品）的过程。选择工艺流程方案的具体内容包括以下几个方面：

① 研究工艺流程方案对产品质量的保证程度。

② 研究工艺流程各工序间的合理衔接，工艺流程应通畅、简捷。

③ 研究选择先进合理的物料消耗定额，提高收效和效率。

④ 研究选择主要工艺参数。

⑤ 研究工艺流程的柔性安排，既能保证主要工序生产的稳定性，又能根据市场需求变化，使生产的产品在品种规格上保持一定的灵活性。

（3）工艺方案的比选

确定不同工艺方案以后，要在可选方案之间进行比选，内容包括技术的先进程度、可靠程度，技术对产品质量性能的保证程度，技术对原材料的适应性，工艺流程的合理性，自动化控制水平，估算本国及外国各种工艺方案的成本、成本耗费水平，对环境的影响程度等技术经济指标等。工艺改造项目工艺方案的比选论证，还应与原有的工艺方案进行比较。

比选论证后提出的推荐方案，应绘制主要的工艺流程图，编制主要物料平衡表，主要原材料、辅助材料以及水、电、气等的消耗量等图表。

（四）设备方案

在生产工艺流程和生产技术确定后，就要根据工厂生产规模和工艺过程的要求，选择设备的型号和数量。设备的选择与技术密切相关，二者必须匹配。没有先进的技术，再好的设备也没有用；没有先进的设备，技术的先进性无法体现。

1. 设备方案选择应符合的要求

（1）设备方案应与确定的建设规模、产品方案和技术方案相适应并满足项目投产后生产或适用的要求。

（2）主要设备之间、主要设备与辅助设备之间能力要相互匹配。

（3）设备质量可靠、性能成熟，保证生产和产品质量稳定。

（4）在保证设备性能前提下，力求经济合理。

（5）选择的设备应符合政府部门或专门机构发布的技术标准要求。

2. 在设备选用中，应注意处理好以下问题：

（1）要尽量选用国产设备

凡国内能够制造，并能保证质量、数量和按期供货的设备，或进口一些技术资料就能仿制的设备，原则上必须国内生产，不必从国外进口；凡只要引进关键设备就能由国内配套适用的，就不必成套引进。

（2）要注意进口设备之间以及国内外设备之间的衔接配套问题

有时一个项目从国外引进设备时，为了考虑各供应厂家的设备特长和价格等问题，可能分别向几家制造厂购买，这时，就必须注意各厂所供应设备之间技术、效率等方面的衔接配套问题。为了避免各厂所供设备不能配套衔接，引进时最好采用总承包的方式。还有一些项目，一部分为进口国外设备，另一部分则引进技术由国内制造。这时也必须注意国内外设备之间的衔接配套问题。

（3）要注意进口设备与原有国产设备、厂房之间的配套问题

主要应注意本厂原有国产设备的质量、性能与引进设备是否配套，以免因国内外设备能力不平衡而影响生产。有的项目利用原有厂房安装引进设备，就把原有厂房的结构、面积、高度以及原有设备的情况了解清楚，以免设备到厂后安装不下或互不适应而造成浪费。

（4）要注意进口设备与原材料、备品备件及维修能力之间的配套问题

应尽量避免引进的设备所用主要原料需要进口。如果必须从国外引进时，需要同时组织国内研制所需备品、备件，以保证设备长期发挥作用。另外，对于

进口的设备,还必须懂得如何操作和维修,否则不能发挥设备的先进性。在外商派人调试安装时,可培训国内技术人员及时学会操作,必要时也可派人出国培训。

(五)工程方案

工程方案构成项目的实体,工程方案选择是在已选定项目建设规模、技术方案和设备方案的基础上,研究论证主要建筑物、构筑物的建造方案,包括对于建筑标准的确定。一般工业项目的厂房、工业窑炉、生产装置等建筑物、构筑物的工程方案,主要研究其建筑特征(面积、层数、高度、跨度),建筑物构筑物的结构形式,以及特殊建筑要求(防火、防爆、防腐蚀、隔声、隔热等),基础工程方案,抗震设防等。

工程方案选择应满足的基本要求包括:

(1)满足生产使用功能要求

确定项目的工程内容、建筑面积和建筑结构时,满足生产和使用的要求。分期建设的项目,应留有适当的发展余地。

(2)适应已选定的厂址(路线向导)

在已选定的场址(路线走向)范围内,合理布置建筑物、构筑物,以及地上、地下管网的位置。

(3)符合工程标准规范要求

建筑物、构筑物的基础、结构和所采用的建筑材料,应符合政府部门或者专门机构发布的技术标准规范要求,确保工程质量。

(4)经济合理

工程方案在满足使用功能、确保质量的前提下,力求降低造价、节约资金。

(六)环境保护措施

工程建设项目一般会引起项目所在地自然环境、社会环境的变化,对环境状况、环境质量产生不同程度的影响。因此,需要在确定场址方案和技术方案中,调查研究环境条件,识别和分析拟建项目影响环境的因素,研究提出治理和保护环境的措施,比选和优化环境保护方案。

1. 环境保护的基本要求

工程建设项目应注意保护厂址及其周围地区的水土资源、海洋资源、矿产资源、森林植被、文物古迹、风景名胜等自然环境和社会环境。其环境保护措施应坚持以下原则:

(1)符合国家环境保护法律、法规和环境功能规划的要求。

(2)坚持污染物排放总量控制和达标排放的要求。

(3)坚持"三同时原则",即环境治理措施应与项目的主体工程同时设计、同时施工、同时投产使用。

(4)力求环境效益与经济效益相统一,在研究环境保护治理时,应从环境效益、经济效益相统一的角度进行分析论证,力求环境保护治理方案技术可行和经济合理。

(5)注重资源综合利用,对环境治理过程中项目产生的废气、废水、固体废弃物,应提出回水处理和再利用方案。

2. 环境治理措施方案

应根据项目的污染源和排放污染物的性质,采用不同的治理措施。

(1)废气污染治理,可采用冷凝、吸附、燃烧和催化转化等方法。

(2)废水污染治理,可采用物理法(如重力分离、离心分离、过滤、蒸发结晶、高磁分离等)、化学法(如中和、化学凝聚、氧化还原等)、物理化学法(如离子交换、电渗析、反渗透、气泡悬上分离、气提吹托吸附萃取等)、生物法(如自然氧池、生物滤化、活性污泥、厌氧发酵)等方法。

(3)固体废弃物污染治理。有毒废弃物可采取用防渗漏池堆存;放射性废弃物可采用封闭固化;无毒废弃物可采用露天堆存;生活垃圾可采用卫生填埋、堆肥、生物降解或者焚烧方式处理;利用无毒害固体废弃物加工制作建筑材料或者作为建材添加物,进行综合利用。

(4)粉尘污染治理,可采用过滤除尘、湿式除尘、电除尘等方法。

(5)噪声污染治理,可采用吸声、隔声、减震、隔振等措施。

(6)建设和生产运营引起环境破坏的治理。对岩体滑坡、植被破坏、地面塌陷、土壤劣化等,也应提出相应治理方案。

3. 环境治理方案比选

对环境治理的局部方案和总体方案进行技术经济比较,并作出综合评价。比较、评价的主要内容有:

(1)技术水平比较,分析对比不同环境保护治理方案所采取的技术和设备的先进性、适用性、可靠性和可得性。

(2)治理效果对比,分析对比不同环境保护治理方案在治理前及治理后环境指标的变化情况,以及能否满足环境保护法律法规的要求。

(3)管理及监测方式对比,分析对比各治理方案所采用的管理和监测方式的优缺点。

(4)环境效益对比,将环境治理保护所需投资和环保措施运行费用与所获得的收益相比较。效益费用比值较大的方案为优。

第二节　建设项目投资估算

一、建设项目投资估算的含义和作用

(一)建设项目投资估算的概念

投资估算是指在项目投资决策过程中,依据现有的资料和特定的方法,对建设项目的投资数额进行的估计。它是项目建设前期编制项目建议书和可行性研究报告的重要组成部分,是项目决策的重要依据之一。投资估算的准确与否不仅影响到可行性研究工作的质量和经济评价结果,而且也直接关系到下一阶段设计概算和施工图预算的编制,对建设项目资金筹措方案也有直接的影响。因此,全面准确地估计建设项目的工程造价,是可行性研究乃至整个决策阶段造价管理的重要任务。

(二)项目投资估算的作用

投资估算在项目开发建设过程中的作用有以下几点:

(1)项目建议书阶段的投资估算,是项目主管部门审批项目建议书的依据之一,并对项目的规划、规模起参考作用。

(2)项目可行性研究阶段的投资估算,是项目投资决策的重要依据,也是研究、分析、计算项目投资经济效果的重要条件。

(3)项目投资估算对工程设计概算起控制作用,设计概算不得突破批准的投资估算额,并应控制在投资估算额以内。

(4)项目投资估算可作为项目资金筹措及制订建设贷款计划的依据,建设单位可根据批准的项目投资估算额,进行资金筹措和向银行申请贷款。

(5)项目投资估算是核算建设项目固定资产投资需要额和编制固定资产投资计划的重要依据。

二、投资估算的阶段划分与精度要求

(一)我国项目投资估算的阶段划分与精度要求

我国建设项目的投资估算分为以下几个阶段:

1. 项目规划阶段的投资估算

建设项目规划阶段是指有关部门根据国民经济发展规划、地区发展规划和行业发展规划的要求,编制一个建设项目的建设规划。其对投资估算精度的要求为允许误差大于±30%。

2. 项目建议书阶段的投资估算

在项目建议书阶段,是按项目建议书中的产品方案、项目建设规模、产品主要生产工艺、企业车间组成、初选建厂地点等,估算建设项目所需要的投资额。其对投资估算精度的要求为误差控制在±30%以内。

3. 初步可行性研究阶段的投资估算

初步可行性研究阶段,是在掌握了更详细、更深入的资料条件下,估算建设项目所需的投资额。其对投资估算精度的要求为误差控制在±20%以内。

[问一问]
详细可行性研究阶段,投资估算精度的要求为误差控制在多少范围以内?

4. 详细可行性研究阶段的投资估算

详细可行性研究阶段的投资估算至关重要,因为这个阶段的投资估算经审查批准之后,便是工程设计任务书中规定的项目投资限额,并可据此列入项目年度基本建设计划。其对投资估算精度的要求为误差控制在±10%以内。

三、投资估算的内容

根据国家规定,从满足建设项目投资设计和投资规模的角度,建设项目投资的估算包括建设资产投资、建设期利息和流动资金估算。

建设资产投资估算的内容按照费用的性质划分，包括建筑安装工程费、设备及工器具购置费、工程建设其他费用(此时不含流动资金)、基本预备费、涨价预备费、建设期贷款利息、固定资产投资方向调节税等。其中，建筑安装工程费、设备及工器具购置费形成固定资产；工程建设其他费用可分别形成固定资产、无形资产及其他资产。基本预备费、涨价预备费、建设期利息，在可行性研究阶段为简化计算，一并计入固定资产。

固定资产投资可分为静态部分和动态部分。涨价预备费、建设期利息和固定资产投资方向调节税构成动态投资部分；其余部分为静态投资部分。

流动资金是指生产经营性项目投产后，用于购买原材料、燃料、支付工资及其他经营费用等所需的周转资金。它是伴随着固定资产投资而发生的长期占用的流动资产投资，流动资金＝流动资产—流动负债。其中，流动资产主要考虑现金、应收账款和存货；流动负债主要考虑应付账款。因此，流动资金的概念，实际上就是财务中的营运资金。

四、投资估算依据、要求与步骤

(一)投资估算依据

(1)专门机构发布的建设工程造价费用构成、估算指标、计算方法，以及其他有关计算工程造价的文件。

(2)专门机构发布的工程建设其他费用计算办法和费用标准，以及政府部门发布的物价指数。

(3)拟建项目各单项工程的建设内容及工程量。

(4)国家、行业和地方政府的有关规定。

(5)工程勘察与设计文件，图示计量或有关专业提供的主要工程量和主要设备清单。

(6)与项目建设相关的工程地质资料、设计文件、图纸等。

[想一想]

投资估算的编制依据主要有哪些?

(二)投资估算要求

(1)根据主体专业和深度，结合各自行业的特点，所采用生产工艺流程的成熟性，以及编制单位所掌握的国家及地区、行业或部门相关投资基础资料和数据的合理、可靠、完整程度，采用合适的方法进行建设项目投资估算。

(2)工程内容和费用构成齐全，计算合理，不重复计算，不提高或者降低估算标准，不漏项、不少算；

(3)应充分考虑到拟建项目设计的技术参数和投资估算所采用的估算系数、估算指标在质与量方面所综合的内容，应遵循口径一致的原则；

(4)应将所采用的估算系数和估算指标价格、费用水平调整到项目建设所在地及投资估算编制的实际水平。对于由建设项目的边界条件，如建设用地费和外部交通、水、电、通信条件，或市政工程基础设施等，选用指标与具体工程之间存在标准或者条件差异时，应进行必要的换算或调整；

(5)对影响造价变动的因素进行敏感性分析，注意分析市场的变动因素，充分估计物价上涨因素和市场供求情况对造价的影响；

（6）投资估算精度应能满足控制初步设计概算要求。

（三）估算步骤

（1）分别估算各单项工程所需的建筑工程费、设备及工器具购置费、安装工程费；

（2）在汇总各单项工程费用的基础上，估算工程建设其他费用和基本预备费；

（3）估算涨价预备费和建设期利息；

（4）估算流动资金。

五、投资估算方法

（一）建设静态投资部分的估算方法

[想一想]

建设投资估算有哪些方法？其适用条件各是什么？

不同阶段的投资估算，其方法和允许误差都是不同的。项目规划和项目建设书阶段投资的精确度低，可采用匡算法，如生产能力指数法、单位生产能力法、比例法、系数法等。在可行性研究阶段，投资估算精确度要求高，需采用相对详细的投资估算方法，即指标估算法。

1. 单位生产能力估算法

计算公式为：

$$C_2 = \left(\frac{C_1}{Q_1}\right) Q_2 f \qquad (4-1)$$

式中　C_1——已建类似项目的投资额；

C_2——拟建项目投资额；

Q_1——已建类似项目的生产能力；

Q_2——拟建项目的生产能力；

f——不同时期、不同地点的定额、单价、费用变更等的综合调整系数。

单位生产能力估算法估算误差较大，可达 ±30%。此法只能是粗略地快速估算，由于误差大，应用该估算法时需要小心，应注意以下几点：

（1）地方性

建设地点不同，地方性差异主要表现为：两地经济情况不同；土壤、地质、水文情况不同；气候、自然条件的差异；材料、设备的来源、运输状况不同等。

（2）配套性

一个工程项目或装置，均有许多配套装置和设施，也可能产生差异，如：公用工程、辅助工程、厂外工程和生活福利工程等，这些工程随地方差异和工程规模的变化均各不相同，它们并不与主体工程的变化呈线性关系。

（3）时间性

工程建设项目的兴建，不一定是在同一时间建设，时间差异或多或少存在，在这段时间内可能在技术、标准、价格等方面发生变化。

2. 生产能力指数法

生产能力指数法又称指数估算法,它是根据已建成的类似项目生产能力和投资额来粗略估算拟建项目投资额的方法。其计算公式为:

$$C_2 = C_1 \left(\frac{Q_2}{Q_1} \right)^X \cdot f \qquad (4-2)$$

式中　X——生产能力指数;

其他符号含义同前。

上式表明,造价与规模(或容量)呈非线性关系,且单位造价随工程规模(或容量)的增大而减小。在正常情况下,$0 \leqslant x \leqslant 1$。不同生产率水平的国家和不同性质的项目中,$x$ 的取值是不相同的。比如化工项目美国取 $x=0.6$,英国取 $x=0.66$,日本取 $x=0.7$。

若已建类似项目的生产规模与拟建项目生产规模相差不大,Q_1 与 Q_2 的比值在 $0.5 \sim 2$ 之间,则指数 x 的取值近似为 1。

若已建类似项目的生产规模与拟建项目生产规模相差不大于 50 倍,且拟建项目生产规模的扩大仅靠增大设备规模来达到时,则 x 的取值约在 $0.6 \sim 0.7$ 之间;若是靠增加相同规格设备的数量达到时,x 的取值约在 $0.8 \sim 0.9$ 之间。

指数法主要应用于拟建装置或项目与用来参考的已知装置或项目的规模不同的场合。

生产能力指数法与单位生产能力估算法相比精确度略高,其误差可控制在 $\pm 20\%$ 以内,尽管估价误差仍较大,但有它独特的好处:即这种估价方法不需要详细的工程设计资料,只知道工艺流程及规模就可以;其次对于总承包工程而言,可作为估价的旁证,在总承包工程报价时,承包商大都采用这种方法估价。

3. 系数估算法

系数估算法也称为因子估算法,它是以拟建项目的主体工程费或主要设备费为基数,以其他工程费占主体工程费的百分比为系数估算项目总投资的方法。这种方法简单易行,但是精度较低,一般用于项目建议书阶段。系数估算法的种类很多,下面介绍几种主要类型:

(1)设备系数法

以拟建项目的设备费为基数,根据已建成的同类项目的建筑安装费和其他工程费等占设备价值的百分比,求出拟建项目建筑安装工程费和其他工程费,进而求出建设项目总投资。其计算公式如下:

$$C = E(1 + f_1 P_1 + f_2 P_2 + f_3 P_3 + \cdots) + I \qquad (4-3)$$

式中　C——拟建项目投资额;

E——拟建项目设备费;

P_1、P_2、P_3、$\cdots$,——已建项目中建筑安装费及其他工程费等占设备费的比重;

f_1、f_2、f_3、$\cdots$,——由于时间因素引起的定额、价格、费用标准等变化的综合调整系数;

I——拟建项目的其他费用。

(2)主体专业系数法。以拟建项目中投资比重较大，并与生产能力直接相关的工艺设备投资为基数，根据已建同类项目的有关统计资料，计算出拟建项目各专业工程（总图、土建、采暖、给排水、管道、电气、自控等）占工艺设备投资的百分比，据以求出拟建项目各专业投资，然后加总即为项目总投资。其计算公式为：

$$C = E(1 + f_1 P_1' + f_2 P_2' + f_3 P_3' + \cdots) + I \tag{4-4}$$

式中 P_1'、P_2'、P_3'，$\cdots$，——已建项目中各专业工程费用占设备费的比重；

其他符号同前。

(3)朗格系数法。这种方法是以设备费为基数，乘以适当系数来推算项目的建设费用。其计算公式为：

$$C = E \cdot \left(1 + \sum K_i\right) \cdot K_c \tag{4-5}$$

式中 K_i——管线、仪表、建筑物等项费用的估算系数；

K_c——管理费、合同费、应急费等间接费用的总估算系数。

静态投资与设备购置费之比为朗格系数 KL。即：

$$K_l = \left(1 + \sum K_i\right) \cdot K_c \tag{4-6}$$

由于朗格系数法是以设备费为计算基础，而设备费用在一项工程中所占的比重对于石油、石化、化工工程而言占 $45\% \sim 55\%$，几乎占一半左右，同时一项工程中每台设备所含有的管道、电气、自控仪表、绝热、油漆、建筑等，都有一定的规律。所以，只要对各种不同类型工程的朗格系数掌握得准确，估算精度仍可较高。朗格系数法估算误差在 $10\% \sim 15\%$。

4. 比例估算法

根据统计资料，先求出已有同类企业主要设备投资占项目静态投资的比例，然后再估算出拟建项目的主要设备投资，即可按比例求出拟建项目的静态投资。其表达式为：

$$I = \frac{1}{K} \sum_{i=1}^{n} Q_i P_i \tag{4-7}$$

式中 I——拟建项目的建设投资；

K——主要设备投资占拟建项目投资的比例；

n——设备种类数；

Q_i——第 i 种设备的数量；

P_i——第 i 种设备的单价（到厂价格）。

5. 指标估算法

这种方法是把建设项目划分为建筑工程、设备安装工程、设备购置费及其他基本建设费等费用项目或单位工程，再根据各种具体的投资估算指标，进行各项费用项目或单位工程投资的估算，在此基础上，可汇总成每一单项工程的投资。

另外,再估算工程建设其他费用及预备费,即求得建设项目总投资。

(1)建筑工程费用估算

建筑工程费用是指为建造永久性建筑物和构筑物所需要的费用,一般采用单位建筑工程投资估算法、单位实物工程量投资估算法、概算指标投资估算法等进行估算。

① 单位建筑工程投资估算法,以单位建筑工程量投资乘以建筑工程总量计算,一般工业与民用建筑以单位建筑面积(平方米)的投资,工业窑炉砌筑以单位容积(立方米)的投资,水库以水坝单位长度(米)的投资,铁路路基以单位长度(公里)的投资,矿上掘进以单位长度(米)的投资,乘以相应的建筑工程量计算建筑工程费用。这种方法可以进一步分为单位功能价格法、单位面积价格法和单位容积价格法。

a. 单位功能价格法。此方法是利用每功能单位的成本价格进行估算。估算时先选出所有此类项目中共有的单位,然后计算每个项目中该单位的数量,两者的乘积即为其建筑工程费用。例如,可以用医院里的病床数量为功能单位,新建一所医院的成本被细分为其所提供的病床数量。这种计算方法首先给出每张床的单位,然后乘以该医院所有病床的数量,从而确定该医院项目的金额。

b. 单位面积价格法。此方法首先要用已知的项目建筑工程费用除以该项目的房屋总面积,即为单位面积价格法,然后将结果应用到未来的项目中,以估算拟建项目的建筑工程费。

c. 在一些项目中,楼层高度是影响成本的重要因素。例如,仓库、工业焦炉砌筑的高度根据需要会有很大的变化,显然这时不再适用单位面积价格,而单位容积价格则成为确定初步估算的好方法。将已完成工程总的建筑工程费用除以建筑容积,即可得到单位容积价格。

② 单位实物工程量投资估算法,以单位实物工程量的投资乘以实物工程总量计算。土石方工程按每立方米投资,矿井巷道衬砌工程按每延米投资,路面铺设工程按每平方米投资,乘以相应的实物工程总量计算建筑工程费。

③ 概算指标投资估算法。对于没有上述估算指标且建筑工程费占总投资比例较大的项目,可采用概算指标估算法。采用此种方法,应占有较为详细的工程资料、建筑材料价格和工程费用指标信息,投入的时间和工作量大。

(2)设备及工器具购置费估算

设备购置费根据项目主要设备表及价格、费用资料编制,工器具购置费按设备费的一定比例记取。对于价格高的设备应按单台(套)估算购置费,价值较小的设备可按类估算,国内设备和进口设备应分别估算。

(3)安装工程费用

安装工程费用通常按行业或专门机构发布的安装工程定额、取费标准和指标估算投资。具体可按安装费率、每吨设备安装实物工程量的费用估算,即:

$$安装工程费＝设备原价×安装费率(\%) \qquad (4-8)$$

$$安装工程费＝设备吨重×每吨安装费 \qquad (4-9)$$

$$\text{安装工程费} = \text{安装工程实物量} \times \text{安装费用指标} \qquad (4-10)$$

(4)工程建设其他费用估算

工程建设其他费用的估算应结合拟建项目的具体情况,有合同或协议明确的费用按合同或协议列入。合同或协议中没有明确的费用,根据国家和各行业部门、工程所在的地方政府的有关工程建设其他费用定额和计算办法估算。

(5)基本预备费估算

基本预备费的估算一般是以建设项目的工程费用和工程建设其他费用之和为基础,乘以基本预费率进行计算。基本预备费率的大小,应根据建设项目的设计阶段和具体的设计深度,以及在估算中所采用的各项估算指标与设计内容的贴近度、项目所属行业主管部门的具体规定确定。

估算指标是一种比概算指标更为扩大的单位工程指标或单项工程指标。

① 使用估算指标法应根据不同地区、年代进行调整。因为地区、年代不同,设备与材料的价格均有差异,调整方法可以按主要材料消耗量或"工程量"为计算依据;也可以按不同的工程项目的"万元工料消耗定额"而定不同的系数。如果有关部门已颁布了有关定额或材料价差系数(物价指数),也可以据其调整。

② 使用估算指标法进行投资估算决不能生搬硬套,必须对工艺流程、定额、价格及费用标准进行分析,经过实事求是的调整与换算后,才能提高其精确度。

(二)建设投资动态部分估算方法

建设投资动态部分主要包括价格变动可能增加的投资额、建设期利息两部分内容,如果是涉外项目,还应该计算汇率的影响。动态部分的估算应以基准年静态投资的资金使用计划为基础来计算,而不是以编制的年静态投资为基础计算。

1. 涨价预备费的估算

涨价预备费的估算可按国家或部门(行业)的具体规定执行,一般按下式计算:

$$PF = \sum_{t=1}^{n} I_t \left[(1+f)^t - 1 \right] \qquad (4-11)$$

PF——涨价预备费;

I_t——第 t 年投资计划额;

f——年均投资价格上涨率;

n——建设期年份数。

上式中的年度投资用计划额 K,可由建设项目资金使用计划表中得出,年价格变动率可根据工程造价指数信息的累积分析得出。

2. 汇率变化对涉外建设项目动态投资的影响及计算方法

(1)外币对人民币升值。项目从国外市场购买设备材料所支付的外币金额不变,但换算成人民币的金额增加;从国外借款,本息所支付的外币金额不变,但换算成人民币的金额增加。

（2）外币对人民币贬值。项目从国外市场购买设备材料所支付的外币金额不变，但换算成人民币的金额减少；从国外借款，本息所支付的外币金额不变，但换算成人民币的金额减少。

估计汇率变化对建设项目投资的影响，是通过预测汇率在项目建设期内的变动程度，以估算年份的投资额为基数，计算求得。

（三）建设投资估算表编制

建设投资是项目费用的重要组成，是项目财务分析的基础数据。根据项目前期研究各阶段对投资估算的要求、行业的特点和相关规定，可选用相应的投资估算方法。在估算出建筑投资后需要编制建设投资估算表，为后期的融资决策提供依据。

按照费用归集分类，建设投资可分为概算法和形成资产法：

（1）按概算法分类

建设投资由工程费用、工程建设其他费用和预备费三部分构成。其中工程费用又由建筑工程费、设备购置费（含工器具及生产家具购置费）和安装工程费构成；工程建设其他费用内容较多，且随行业和项目的不同而有所区别。预备费包括基本预备费和涨价预备费，按照概算法编制的建设投资估算表，如表 4-1 所示。

表 4-1　建设投资估算表（概算法）

人民币单位：万元　外币单位：____

序号	工程或费用名称	建筑工程费	设备购置费	安装工程费	其他费用	合计	其中外币	比例（%）
1	工程费用							
1.1	主体工程							
1.1.1	×××							
1.2	辅助工程							
1.2.1	×××							
1.3	公用工程							
1.3.1	×××							
1.4	服务性工程							
1.4.1	×××							
1.5	厂外工程							
1.5.1	×××							
1.6	×××							
2	工程建设其他费用							
2.1	×××							

序号	工程或费用名称	建筑工程费	设备购置费	安装工程费	其他费用	合计	其中外币	比例（％）
3	预备费							
3.1	基本预备费							
3.2	涨价预备费							
4	建设投资合计							
	比例（％）							

（2）按形成资产分类

建设投资由形成固定资产的费用、形成无形资产的费用、形成其他资产的费用和预备费四部分组成。固定资产费用系指项目将直接形成固定资产的建设投资，包括工程费用和工程建设其他费用中按规定将形成固定资产的费用，后者被称为固定资产其他费用，主要包括建设管理费、可行性研究费、研究试验费、勘察设计费、环境影响评价费、场地准备及临时设施费、引进技术和引进设备其他费、工程保险费、联合试运转费、特殊设备安全监督检验费和市政公用设施建设及绿化费等。无形资产费用是指将直接形成无形资产的建设投资，主要是专利权、非专利技术、商标权、土地使用权和商誉等。其他资产费用是指建设投资中除形成固定资产和无形资产以外的部分，如生产准备及开办费等。

对于土地使用权费用的特殊处理：按照有关规定，在尚未开发或建造自用项目前，土地使用权作为无形资产核算，房产开发企业开发商品房时，将其账面价值转入开发成本；企业建造自用项目时将其账面价值转入在建筑工程成本。因此，为了与以后的折旧和摊销计算相协调，在建设投资估算表中通常可将土地使用权直接列入固定资产其他费用中。形成资产编制的建设投资估算表如表4-2所示。

表4-2　建设投资估算表（形成资产法）

人民币单位：万元　外币单位：____

序号	工程或费用名称	建筑工程费	设备购置费	安装工程费	其他费用	合计	其中外币	比例（％）
1	固定资产费用							
1.1	工程费用							
1.1.1	×××							
1.1.2	×××							
1.1.3	×××							

序号	工程或费用名称	建筑工程费	设备购置费	安装工程费	其他费用	合计	其中外币	比例（%）
1.2	固定资产其他费用							
	×××							
2	无形资产费用							
2.1	×××							
3	其他资产费用							
3.1	×××							
4	预备费							
4.1	基本预备费							
4.2	涨价预备费							
5	建设投资合计							
	比例（%）							

（四）建设期利息的估算

建设期利息是指项目借款在建设期内发生并计入固定资产投资的利息。计算建设期利息时，为了简化计算，通常假定当年借款按半年计息、上年度借款按全年计息，计算公式为：

$$各年应计利息＝（年初借款本息累计＋本年借款额/2）×有效年利率$$

$$(4-12)$$

$$年初借款本息累计＝上一年年初借款本息累计＋上年借款＋上年应计利息$$

$$本年借款＝本年度固定资产投资－本年自有资金投入$$

对于有多种借款资金来源，每笔借款的年利率各不相同的项目，既可分别计算每笔借款的利息，也可先计算出各笔借款加权平均的年利率，并以此利率计算全部借款的利息。

建设期利息估算表如表4-3所示。

表 4-3 建设期利息估算表 单位:万元

序号	项 目	合计	建设期					
			1	2	3	4	…	N
1	借款							
1.1	建设期利息							
1.1	期初借款余额							
1.1.1	当期借款							
1.1.2	当期应计利息							
1.1.3	期末借款余额							
1.1.4	其他融资费用							
1.3	小计(1.1+1.2)							
2	债券							
2.1.1	期初借款余额							
2.1.2	当期债务金额							
2.1.3	当期应计利息							
2.1.4	期末债务余额							
2.2	其他融资费用							
2.3	小计(2.1+2.2)							
3	合计(1.3+2.3)							
3.1	建设期利息合计(1.2+2.1)							
3.2	其他融资费用合计(1.2+2.2)							

(五)流动资金估算方法

流动资金估算一般采用分项详细估算法。个别情况或者小型项目可采用扩大指标法。

1. 分项详细估算法

流动资金的显著特点是在生产过程中不断周转,其周转额的大小与生产规模及周转速度直接相关。分项详细估算法是根据周转额与周转速度之间的关系,对构成流动资金的各项流动资产和流动负债分别进行估算。在可行性研究中,为简化计算,仅对存货、现金、应收账款和应付账款四项内容进行估算,计算公式为:

$$流动资金 = 流动资产 + 流动负债 \qquad (4-13)$$

$$流动资产 = 应收账款 + 存货 + 现金 \qquad (4-14)$$

$$流动负债 = 应付账款 \qquad (4-15)$$

$$流动资金本年增加额＝本年流动资金－上年流动资金 \qquad (4-16)$$

估算的具体步骤,首先计算各类流动资产和流动负债的年周转次数,然后再分项估算占用资金额。

(1)周转次数计算

周转次数是指流动资金的各个构成项目在一年内完成多少个生产过程。

$$周转次数＝360d÷最低周转次数 \qquad (4-17)$$

存货、现金、应收账款和应付账款的最低周转天数,可参照同类企业的平均周转天数并结合项目特点确定。

(2)应收账款估算

应收账款是指企业对外赊销商品、劳务而占用的资金。应收账款的周转额应为全年赊销销售收入。在可行性研究时,用销售收入代替赊销收入。计算公式为:

$$应收账款＝年经营成本/应收账款周转次数 \qquad (4-18)$$

(3)存货估算

存货是企业为销售或者生产耗用而储备的各种物资,主要有原材料、辅助材料、燃料、低值易耗品、维修备件、包装物、在产品、自制半成品和产成品等。为简化计算,仅考虑外购原材料、外购燃料、在产品和产成品,并分项进行计算。计算公式为:

$$存货＝外购原材料、燃料＋其他材料＋在产品＋产成品 \qquad (4-19)$$

$$外购原材料、燃料＝年外购原材料、燃料费用/分项周转次数 \qquad (4-20)$$

$$其他材料＝年其他材料费用/其他材料周转次数 \qquad (4-21)$$

$$在产品＝\frac{年外购原材料燃料＋年工资及福利费＋年修理费＋年其他制造费用}{在产品周转次数}$$

$$(4-22)$$

$$产成品＝年经营成本－年其他营业费用/产成品周转次数 \qquad (4-23)$$

(4)现金需要量估算

项目流动资金中的现金是指货币资金,即企业生产运营活动中停留于货币形态的那部分资金,包括企业库存现金和银行存款。计算公式为:

$$现金需要量＝(年工资及福利费＋年其他费用)/现金周转次数 \qquad (4-24)$$

$$年其他费用＝制造费用＋管理费用＋销售费用$$

$$(以上三项费用中所含的工资及福利费、折旧费、摊销费、修理费) \qquad (4-25)$$

(5)流动负债估算

流动负债是指在一年或者超过一年的一个营业周期内,需要偿还的各种债务。在可行性研究中,流动负债的估算只考虑应付账款一项。计算公式为:

$$应付账款＝(年外购原材料＋年外购燃料)/应付账款周转次数 \quad (4-26)$$

$$预收账款＝预收的营业收入年金额/预收账款周转次数 \quad (4-27)$$

2. 扩大指标估算法

扩大指标估算法是根据现有同类企业的实际资料,求得各种流动资金率指标,亦可依据行业或部门给定的参考值或经验确定比率。公式为:

$$年流动资金额＝年费用基数×各类流动资金率 \quad (4-28)$$

$$年流动资金额＝年产量×单位产品产量占用流动资金额 \quad (4-29)$$

3. 估算流动资金应注意的问题

(1)在采用分项详细估算法时,应根据项目实际情况分别确定现金、应收账款、存货和应付账款的最低周转天数,并考虑一定的保险系数。

(2)在不同生产负荷下的流动资金,应按不同生产负荷所需的各项费用金额,分别按照上述的计算公式进行估算,而不能直接按照100%生产负荷下的流动资金乘以生产负荷百分比求得。

(3)流动资金属于长期性(永久性)流动资产,流动资金的筹措可通过长期负债和资本金(一般要求占30%)的方式解决。

4. 流动资金估算表的编制

根据流动资金各项估算的结果,编制流动资金估算表,如表4-4所示。

表4-4　流动资金估算表　　　　　单位:万元

序 号	项 目	最低周转天数	周转次数	计算期					
				1	2	3	4	…	N
1	流动资产								
1.1	应收账款								
1.2	存货								
1.2.1	原材料								
1.2.2	燃料								
1.2.3	在产品								
1.2.4	产成品								
1.3	现金								
1.4	预付账款								
2	流动负债								
2.1	应付账款								
2.2	预收账款								
3	流动资金								
4	流动资金当期增加额								

(六)项目总投资与分年投资计划

1. 项目总投资及其构成

按上述投资估算内容和估算方法估算各类投资进行汇总,编制项目总投资估算汇总表,如表4-5所示。

表4-5　项目总投资估算汇总表

人民币单位:万元　外币单位:____

序　号	费用名称	投资额		估算说明
		合　计	其中:外汇	
1	建设投资			
1.1	建设投资静态部分			
1.1.1	建筑工程费			
1.1.2	设备及工器具购置费			
1.1.3	安装工程费			
1.1.4	工程建设其他费用			
1.1.5	基本预备费			
1.2	建设投资动态部分			
1.2.1	涨价预备费			
2	建设期利息			
3	流动资金			
	项目总投资(1+2+3)			

2. 分年投资计划

估算出项目总投资后,应根据项目计划进度的安排,编制分年投资计划表,该表中的分年建设投资可以作为安排融资计划、估算建设利息的基础。如表4-6所示。

表4-6　分年投资计划表

人民币单位:万元　外币单位:____

序号	项　目	人民币			外　币		
		第1年	第2年	…	第1年	第2年	…
	分年计划(%)						
1	建设投资						
2	建设期利息						
3	流动资金						
4	项目投入总资金(1+2+3)						

第三节　财务基础数据测算

财务基础数据测算是在经过项目建设必要性审查、生产建设条件评估和技术可行性评估之后，并在市场需求调查、销售规划、技术方案和规模经济分析论证的基础上，从项目评价的要求出发，按照现行财务制度规定，对项目有关的成本和收益等财务基础数据进行收集、测算，并编制财务基础数据测算表等一系列工作。

一、财务效益与财务费用的概念

财务效益与财务费用是指项目运营内企业获得的收入和支出，主要包括营业收入、成本费用和有关税金等。某些项目可能得到的补贴收入也应计入财务效益。

财务效益与财务费用是财务分析的重要基础，其估算的准确性与可靠性程度对项目财务分析影响极大。财务效益和财务费用估算应遵循"有无对比"的原则，正确识别和估算"有项目"和"无项目"状态的财务效益与财务费用。财务效益与财务费用估算应反映行业特点，符合依据明确、价格合理、方法适宜和表格清晰的要求。

财务效益的估算应与项目性质和项目目标联系。项目的财务效益系指项目实施后所获得的营业收入。对于适用增值税的经营性项目，除营业收入外，其可能得到的增值税返还也应作为补贴收入计入财务效益；对于非经营性项目，财务效益应包括可能获得的各种补贴收入。项目所支出的费用主要包括投资、成本费用和税金等。

为与财务分析一般先进行融资前分析的做法相协调，在财务效益与财务费用估算中，通常可首先估算营业收入或建设投资，以下依次是经营成本和流动资金。当需要继续进行融资后分析时，可在初步融资方案的基础上再进行建设期利息估算，最后完成总成本费用的估算。

运营期间财务效益与财务费用估算采用的价格，应符合下列要求：

（1）效益与费用估算采用的价格体系应一致。

（2）应用预测价格，有要求时可考虑价格变动因素。

（3）对适用增值税的项目，运营期间内投入和产出的估算表格可采用不含增值税价格；若采用含增值税价格，应予以说明，并调整相关表格。

二、营业收入及税金的估算

项目经济评价中的营业收入包括销售产品或提供服务所获得的收入，其估算的基础数据，包括产品或服务的数量和价格。

营业收入估算应分析、确认产品或服务的市场预测分析数据，特别要注意目标市场有效需求的分析；说明项目建设规模、产品或服务方案；分析产品或服务的价格,采用的价格基点、价格体系、价格预测方法;论述采用价格的合理性。

在估算营业收入的同时,往往还要完成相关流转税金,主要指营业、增值税、消费税以及营业税金附加等的估计。

(一)营业收入的估算

(1)确定各年运营负荷

运营负荷是指项目运营过程中负荷达到设计能力的百分数,它的高低与项目复杂程度、产品生命周期、技术成熟程度、市场开发程度、原材料供应、配套条件、管理因素等都有关系。在市场经济条件下,如果其他方面没有大的问题,运营负荷的高低主要取决于市场。在项目评价阶段,通过对市场和营销策略所作研究,结合其他因素研究确定分年运营负荷,作为计算各年营业收入和成本费用的基础。常见的做法是:设定一段低负荷的投产期,以后各年平均达到设计生产能力计算。

运营负荷的确定一般有两种方式:一是经验设定法,即根据以往项目的经验,结合该项目的实际情况,粗估各年的运营负荷,以设计能力的百分数表示;二是营销计划法,通过制定详细的分年营销计划,确定各种产品各年的生产量和商品量。应提倡采用第二种方式。

(2)确定产品或服务的数量

明确产品销售或服务市场,根据项目的市场的调查和预测分析结果,分别测算出外销和内销的产品数量或服务数量。工业项目品评价中为计算简便,营业收入的估算基于一项重要假定,即年生产量即为年销售量,不考虑库存。主副产品(或不同等级产品)的销售收入应全部计入营业收入,其中某些行业的产品成品率按行业习惯或规定;其他行业提供的不同类型服务收入也应同时计入营业收入。对于生产出口产品的项目,应根据有利于提高外汇效果的原则合理确定内销与外销的比例。

(3)确定产品或服务的价格

产品或服务的价格取决于其去向和市场需求,并考虑国内外相应价格变化趋势,确定产品或服务的价格。产品销售价格一般采用出厂价。

(4)确定营业收入

销售收入是销售产品或提供服务取得的收入,为数量和相应价格的乘积,即:

$$营业收入=产品或服务数量×单位价格 \qquad (4-30)$$

对于生产多种产品和提供多项服务项目,应分别估算各种产品及服务的营业收入。对那些不便于按详细的品种分类计算营业收入的项目,也可以采取折算为标准产品的方法计算营业收入。

(5)编制营业收入估算表

营业收入估算表格可随行业和项目而异,项目的营业收入估算表可同时列出各种应交营业税金及附加以及增值税。

(二)相关税金的估算

1. 增值税

财务分析应按税法规定计算增值税。须注意当采用含增值税价格计算销售收入和原材料、燃料动力成本时,利润和利润分配表以及现金流量表中应单列入增值税科目;采用不含增值税价格计算时,利润分配表以及现金流量表中不包括增值税科目。应明确说明何种计价方式,同时注意涉及出口退税(增值税)时的计算及与相关报表的联系。目前我国正在进行税制改革,项目评价中须注意按相关法规采用适宜的计税方法。

2. 营业税金及附加

营业税金及附加是指包含在营业收入之内的营业税、消费税、资源税、城市维护建设税、教育费附加等内容。

(1)营业税

交通运输、建筑、邮电通信、服务行业应按税法规定计算营业税。营业税是价内税,包含在营业收入之内。

(2)消费税

我国对部分货物征收消费税。项目评价中对适用消费税的产品应按税法规定计算消费税。

(3)城市维护建设税

这是一种地方附加税,目前以流转税额(包括增值税、营业税和消费税)为计税依据,税率根据项目所在地分市区、县、镇,县、镇以外三个不同等级。

(4)教育费附加

是地方收取的专项费用,计税依据也是流转税额,税率由地方确定,项目评价中应注意当地的规定。

(5)资源税

是国家对开采特定矿产品或者生产盐的单位和个人征收的税种。通常按矿产的产量计征。

对以上营业收入、增值税和营业税金及附加进行估算,根据估算结果编制营业收入、营业税金及附加和增值税估算表(见表4-7)。

表4-7 营业收入、营业税金及附加和增值税估算表

单位:万元

序号	项 目	税率	合计	计算期(年)					
				1	2	3	4	…	N
1	营业收入								
1.1	产品A营业收入								
	单价								
	数量								

序号	项　目	税率	合计	计算期（年）					
				1	2	3	4	…	N
	销项税额								
1.2	产品B营业收入								
	单价								
	数量								
	销项税额								
	……								
2	营业税金与附加								
2.1	营业税								
2.2	消费税								
2.3	城市维护建设税								
2.4	教育费附加								
3	增值税								
	销项税额								
	进项税额								

（三）补贴收入

对于先征后返的增值税，按销售量或工作量等依据国家的补助计算并按期给予的定额补贴，以及属于财政扶持而给予的其他形式的补贴等，应按相关规定合理估算，计做补贴收入。以上几类补贴收入，应根据财政、税务部门的规定，分别计入或不计入应收税。

在项目财务分析中，作为运营期间财务效益核算的应该是与收益相关的政府补贴，主要用于补偿项目建设（企业）以后期间的相关费用或损失。按照《企业会计准则》，这些补助在取得时应确认为递延收益，在确认相关费用的期间计入当期损益（营业收入）。由于在项目财务分析中通常可忽略营业外收入科目，特别是非经营性项目财务分析，往往要推算为了维持中、正常运营或实现微利所需要的政府补助，操作上需要单列一个财务效益科目，成为"补贴收入"，与营运收入一样，应列入利润与利润分配表、财务计划现金流量表和项目投资现金流量表与项目资本现金流量表。

三、成本与费用的估算

按照《企业会计准则—基本准则》（2006），费用是指企业在日常活动中发生的会导致所有者权益减少的、与向所有分配者利润无关系的利益的总流出。费用只有在经济利益很可能流出从而导致企业资产减少或者负债增加，且经济利益的流出额能够可靠计量时才能予以确认。企业为生产产品、提供劳动等发生的费用确认要求的支出,应当直接作为当期损益列入利润表(主要有管理费用、财务费用和营业费用)。在项目财务分析中,为了对营运期间的总费用一目了然,将管理费用、财务费用和营业费用这三项费用与生产成本合并为总成本费用。这是财务分析相对会计规定所作的不同处理,但并不会因此影响利润的计算。

总成本与费用的种类:项目决策分析与评价中,成本与费用按其计算范围可分为单位产品成本和总成本费用;按成本与产量的关系分为固定成本和可变成本;按会计核算要求有生产成本或称制造成本;按财务分析的特定要求有经营成本。

(一)总成本费用估算

总成本费用构成与计算。总成本费用是指在一定时期内因生产和销售产品发生的全部费用。总成本费用的构成和估算通常采用以下两种方法:

1. 生产成本加期间费用估算

$$总成本费用 = 生产成本 + 期间费用 \qquad (4-31)$$

其中:

$$生产成本 = 直接材料费 + 直接燃料和动力费 + 直接工资$$
$$+ 其他直接支出 + 制造费用 \qquad (4-32)$$

$$期间费用 = 管理费用 + 财务费用 + 营业费用 \qquad (4-33)$$

采用这种方法一般需要先分别估算各种产品的生产成本,然后与估算的管理费用、利息支出费、营业费用相加。有关制造费用的概念如下:

(1)制造费用指企业为生产产品和提供劳务而发生的各项间接费用,包括生产单位管理人员工资和福利费、折旧费、修理费、办公费、水电费、机务消耗、劳动保护费,季节性和修理期间的停工损失等。但不包括企业行政管理生产经营活动而发生的管理费用。项目评价中的制造费用系指项目包含的各分厂或车间的总制造费用,为了简化计算常将制造费用归类为管理人员工资及福利、折旧费、修理费和其他制造费用几部分。

(2)管理费用是指企业为管理和组织生产经营活动所发生的各项费用,包括公司经费、工会经费、职工教育费、劳动保险费、待业保险费、董事会费、咨询费、聘请中介机构费、诉讼费、业务招待费、排污费、房产税、车船使用费、土地使用费、印花税、矿产资源补偿费、技术转让费、研究与开发费、无形资产与其他资产摊销、计提的坏账准备和存货跌价准备等。为了简化计算,项目评价中可将管理费用归类为管理人员工资及福利费、折旧费、无形资产和其他资产摊销、修理费和其他管理费用等几部分。

(3)营业费用是指企业在销售商品过程中发生的各项费用及专设机构的各项经费,包括应由企业负担的运输费、装卸费、包装费、保险费、广告费、展览费以及专设销售机构人员工资及福利费、类似工程性质的费用、业务费等经营费用。

为了简化计算,项目评价中将营业费用归为销售人员工资及福利费、折旧费、修理费和其他营业费用几部分。

按照生产成本费用法,可编制总成本费用估算表,如表4-8所示。

表4-8 总成本费用估算表

序号	项 目	描 述	投产期		达产期			合计
			3	4	5	6	n	
	生产负荷		70%	80%	100%	100%	100%	
1	原材料、燃料动力	定额消耗量×计划单价						
2	工资及福利费	年产量×计件工资×(1+14%)						
3	制造费用	3.1+3.2+3.3						
3.1	折旧费	固定资产原值×年综合折旧率						
3.2	工资及福利费	车间管理人员工资×(1+14%)						
3.3	维简费	产品产量×定额费用						
3.4	其他制造费用	(3.1+3.2+3.3)×一定的百分比						
4	产品制造成本 1+2+3	原材料、燃料动力+工资及福利费+制造费用						
5	管理费用	产品制造成本×规定百分比						
6	财务费用	利息净支出+汇兑净损失+银行手续费						
6.1	利息支出							
7	销售费用	销售收入×综合费率(如1-2%)						
8	期间费用 5+6+7	管理费用+财务费用+销售费用						
9	总成本费用 4+8	产品制造成本+期间费用						
9.1	其中:(1)固定成本 3+8	制造费用+期间费用						
9.2	(2)可变成本 1+2	原材料、燃料动力费+工资及福利费						
10	经营成本 9-3.1-3.3-6.1	总经营成本费用-折旧-维简-摊销-利息支出						

2. 生产要素估算法

总成本费用=外购原材料、燃料及动力费+人工工资及福利费

$$+折旧费+摊销费+修理费+利息支出费+其他费用 \qquad (4-34)$$

式中　其他费用包括其他制造费用、其他管理费用和其他营业费用三部分。

(1)其他制造费用是指由制造费用中扣除生产单位人员工资及福利费、折旧费、修理费后的其余部分。项目评价中其他制造费用常见的估算方法有:固定资产原值的百分数估算;按人员定额估算。

(2)其他管理费用是指由管理费用中扣除工资及福利费、折旧费、摊销费、修理费后的其余部分。其他管理费用常见的估算方法是按人员定额或工资及福利费总额的倍数估算。

(3)其他营业费用是指由营业费用扣除工资及福利费、折旧费、修理后的其余部分。其他营业费用常见的估算方法是按营业收入的百分数估算。

生产要素估算法从各种生产要素的费用入手,汇总得到总成本费用,将生产和销售过程中消耗的外购原材料、辅助材料、燃料、动力费,人工工资及福利费,外部提供的劳务服务,当期应计提的折旧和摊销,以及应付的财务费用相加,得出总成本费用,而不管其具体应归结到哪个产品上。采用此方法,不必计算内部各生产环节成本转移,也较容易计算可变成本和固定成本。按生产要素法估算的总成本费用,其结果列入"总成本费用估算表"(见表4-9)。

表4-9　总成本费用估算表　　　　单位:万元

序号	项目	合计	计算期(年)					
			1	2	3	4	……	n
	生产负荷							
1	外购原辅材料费							
	其中:							
2	外购燃料及动力费							
	其中:							
3	工资及福利费							
4	修理费							
5	其他费用							
6	经营成本(1+2+3+4+5)							
7	折旧费							
8	摊销费							
9	利息支出							
10	总成本费用(6+7+8+9)							
	其中:固定成本							
	可变成本							

(二)经营成本

经营成本是财务分析的现金流量分析中所使用的特定概念,作为项目现金流量表中运营期现金流出的主体部分,应得到充分的重视。经营成本与融资方案无关。因此在完成建设投资和营业收入估算以后,就可以估算经营成本,为项目融资前分析提供数据。

经营成本的构成可用下式表示:

$$经营成本=外购原材料+外购燃料及劳动费$$
$$+工资及福利费+修理费+其他费用 \qquad (4-35)$$

经营成本与总成本费用的关系如下:

$$经营成本=总成本-折旧费-摊销费-利息支出 \qquad (4-36)$$

经营成本估算的行业性很强,不同行业在成本构成科目和名称上都有较大的不同。应估算行业规定,没有规定的也应注意反映行业特点。

(三)固定成本与可变成本估算

[问一问]
经营成本与总成本费用有什么关系?

为了进行盈亏平衡分析和不确定性分析,需将总成本费用分解为固定成本和可变成本。固定成本指成本总额不随产品产量变化的各项成本费用,主要包括工资或薪酬、折旧费、摊销费、修理费和其他费用等。可变成本指成本总额随产品产量变化而发生同方向变化的各项费用,主要包括原材料、燃料、动力消耗、包装费用和计件工资等。此外,长期借款利息应视为固定成本,流动资金借款如果用于购置流动资金,可能部分与产品产量有关,其利息视为半可变半固定成本,需进行分解,但简化计算,也可视为固定成本。

(四)投资借款还本付息估算

按照会计法规,企业为筹集所需资金而发生的费用称为借款费用,又称为财务费用,包括利息支出、汇兑损失以及相关的手续费等。在大多数项目的财务分析中,通常只考虑利息支出。利息支出的估算包括长期借款利息,流动资金借款利息和短期借款利息三部分,其中长期借款利息通常是由于建设投资借款引起的。

建设投资借款还本付息估算主要是测算还款的利息和偿还贷款的时间,从而观察项目偿还能力和收益,为财务效益评价和项目决策提供依据。

1. 还本付息的资金来源

根据国家现行财税制度的规定,贷款还本的资金来源主要包括可用于归还借款的利润、固定资产折旧、无形资产及递延资产摊销费和其他还款资金来源。

(1)利润

用于归还贷款的利润,一般应是提取了盈余公积金、公益金后的未分配利润。如果是股份制企业需要向股东支付股利,那么应从未分配利润中扣除分配给投资者的利润,然后用来归还贷款。

(2)固定资产折旧

鉴于项目投产初期尚未面临固定资产更新的问题,作为固定资产重置准备金性质的折旧,在被提取以后暂时处于闲置状态。

(3)无形资产及递延资产摊销费

摊销费是按现行的财务制度计入项目的总成本费用,但是项目在提取摊销费后,这笔资金没有具体的用途规定,具有"沉淀"性质,因此可以用来归还贷款。

(4)其他还款资金

是指按有关规定可以用减免的营业税金来作为偿还贷款的资金来源。进行预测时,如果没有明确的依据,可以暂不考虑。

项目在建设期借入的建设投资借款本金及其在建设期的借款利息(即资本化利息)两部分构成建设投资借款总额,在项目投产后可由上述资金来源偿还。

在生产期内,建设投资和流动资金的贷款利息,按现行的财务制度,均应计入项目总生产成本费用中的财务费用。

2. 还本付息额的计算

建设投资借款的年度还本付息额计算,可分别采用等额还本付息,或等额还本、利息照付两种还款方法来计算。

四、财务基础数据测算表及其相互联系

1. 财务基础数据测算表的种类

根据财务基础数据估算的五个方面内容,可以编制出财务基础数据测算表。为满足项目财务效益评价的要求,必须具备下列测算报表:

(1)投资使用计划与资金筹措表;

(2)固定资产投资估算表;

(3)流动资金估算表;

(4)总成本费用估算表;

(5)外购材料、燃料动力估算表;

(6)固定资产折旧费估算表;

(7)无形资产与递延资产摊销费估算表;

(8)销售收入和税金及附加估算表;

(9)损益表(即销售利润估算表);

(10)固定资产投资借款还本付息表。

上述估算表可归纳为三大类:

第一类,预测项目建设期间的资金流动状况的报表:如投资使用计划与资金筹措表和固定资产投资估算表。

第二类,预测项目投产后的资金流动状况的报表:如流动资金估算表、总成本费用估算表、销售收入和税金及附加估算表、损益表等。

第三类,预测项目投产后用规定的资金来源归还固定资产借款本息的情况,即为借款还本付息表,它反映项目建设期和生产期内资金流动情况和项目投资偿还能力与速度。

2. 财务基础数据测算表的相互联系

财务基础数据估算的五个方面内容是连贯的,其中心是将投资成本(包括固

定资产投资和流动资金)、产品成本与销售收入的预测数据进行对比,求得项目的销售利润,又在此基础上测算贷款的还本付息情况。因此,编制上述三类估算表应按一定程序使其相互衔接起来。第一类估算表是根据项目可行性研究报告以及调查收集到的补充资料,经过项目概况的审查、市场和规模分析及技术可行性研究,加以判别调查后计算编制的,并在编制投资使用计划与资金筹措表之前,首先预测固定资产投资和流动资金;第二类的生产总成本费用估算表所需的三张附表,只要能满足财务和国民经济评价对基本数据的需要即可,有的附表也可合并列入生产总成本费用估算表之中,或作简单文字说明,而后根据生产成本费用表和销售收入与税金估算表的数据,综合测算出项目销售利润,列入损益表;第三类估算表是把前两类表中的主要数据经过综合计算,按照国家现行规定,综合编制成项目固定资产投资贷款还本付息表。

第四节　建设项目财务分析

一、财务分析概述

(一)财务分析的概念及作用

1. 财务分析的概念

财务分析是根据国家现行财税制度和价格体系,分析、计算项目直接发生的财务效益和费用,编制财务报表,计算评价指标,考察项目盈利能力、清偿能力以及外汇平衡等财务状况,据以判别项目的财务可行性。

2. 财务分析的作用

(1)考察项目的财务盈利能力。

(2)用于制定适宜的资金规划。

(3)为协调企业利益与国家利益提供依据。

(4)为中外合资项目提供合作的基础。

(二)财务分析的程序

程序大致包括如下几个步骤:

(1)选取财务分析的基础数据与参数;

(2)估算现金流量;

(3)编制基本财务报表;

(4)计算与评价财务分析指标;

(5)进行不确定性分析;

(6)得出分析结论。

[问一问]
什么是财务分析?

二、融资前财务分析

项目决策可分为投资决策和融资决策两个层次。投资决策重在考察项目净现金流的价值是否大于其投资成本,融资决策重在考察资金筹措方案能否满足要求。严格意义上说,投资决策在先,融资决策在后。根据不同决策的需要,财务分析可分为融资前分析和融资后分析。

财务分析一般宜先进行融资前分析,融资前分析是指在考虑融资方案前就可以开始进行的财务分析,即不考虑债务融资条件下进行的财务分析。融资前分析只进行营利能力分析,并以投资现金流量分析为主要手段。

融资前项目投资现金流量分析,是从项目投资总获利能力角度,考察项目方案设计的合理性,以动态分析(折现现金流量分析)为主,静态分析(非折现现金流量分析)为辅。根据需要,可以从所得税前和(或)所得税后两个角度进行考察,选择计算所得税前和税后指标。

计算所得税前指标的融资前分析(所得税前分析)是从息前税后角度进行的分析;计算所得税后指标的融资前分析(所得税后分析)是从息前税后角度进行的分析。

(一)正确识别选用现金流量

进行现金流量分析应正确识别和选用现金流量,包括现金流入和现金流出。融资前财务的现金流量应与融资方案无关。从该原则出发,融资前项目投资现金流量分析的现金流量主要包括建设投资、经营成本、流动资金、营业税金及附加和所得税。

为了体现与融资方案无关的要求,各项现金流量的估计中都有需要剔除利息的影响。例如采用不含利息的经营成本作为现金流出,而不是总成本费用;在流动资金估算、经营成本中的的修理和其他费用估算过程中应注意避免利息的影响。

所得税前和所得税后分析的现金流入完全相同,但现金流出略有不同,所得税前分析不将所得税作为现金流出,所得税后分析视所得税为现金流出。

(二)项目投资现金流量表的编制

融资前动态分析主要考察整个计算期内现金流入和现金流出,编制项目投资现金流量表。

(1)现金流入主要是营业收入,还可能包括补贴收入,在计算期最后一年,还包括回收固定资产余值及回收流动资金。营业收入的各年数据取自营业收入和营业税金及附加估算表。固定资产余值回收额为固定资产折旧费估算表中最后一年的固定资产期末净值,流动资金回收额为项目正常生产年份流动资金的占用额(见表4-10)。

(2)现金流出主要包括有建设投资、流动资金、经营成本、营业税金及附加。固定资产投资和流动资金的数额取自总成本投资使用计划与资金筹措表;流动资金投资为各年流动资金增加额;经营成本取自总成本费用估算表;营业税金及附加包括营业税、消费税、资源税、城市维护建设税和教育费附加,它们取自营业收入、营业税金及附加和增值税估算表;尤其需要注意的是,项目投资现金流量表中的"所得税"应根据息前税后利润乘以所得税率计算,称为"调整所得税"。原则上,息税前利润的计算应完全不受融资方案变动的影响,即不受利息多少的影响,包括建设期利息对折旧的影响(因为折旧的变化会对利润总额产生影响,进而影响息税前利润)。但如此将会出现两个折旧和两个息税前利息(用于计算融资前所得的息税前利润和利润表中的息税前利润)。为简化起见,当建设期利息占总投资比例不大时,也可按利润表中的息税前利润计算调整所得税。

表 4-10 项目投资现金流量表　　　　　　单位:万元

序号	项目	合计	计算期(年)					
			1	2	3	4	……	n
1	现金流入							
1.1	营业收入							
1.2	补贴收入							
1.3	回收固定资产余值							
1.4	回收流动资金							
2	现金流出							
2.1	建设投资							
2.2	流动资金							
2.3	经营成本							
2.4	营业税金及附加							
2.5	维持运营投资							
3	所得税前净现金流量(1-2)							
4	累计所得税前净现金流量							
5	调整所得税							
6	所得税后净现金流量(3-5)							
7	累计所得税后净现金流量							
计算指标		所得税前			所得税后			
	项目投资财务内部收益率(%)							
	项目投资回收期(年)							
	项目投资财务净现值(万元)							

(3)项目计算各年的净现金流量为各年现金流入量减去对应年份的现金流出量,各年累计净现金流量为本年以及前各年净现金流量之和。

(4)按所得税前的净现金计算的相关指标,即所得税前指标,是投资盈利能力的完整体现,用以考察由项目方案设计本身所决定的财务盈利能力,它不受融资方案和所得税政策变化的影响,仅仅体现项目方案本身的合理性。所得税前指标可以作为初步投资决策的主要指标,用于考察项目是否基本可行,并值得去为之融资。所谓"初步"是相对而言,意指根据该指标投资者可以做出项目实施后能实现投资目标的判断,此后再通过融资方案的比选分析,有了较为满意的融资方案后,投资者才能决定最终出资。所得税前指标应该受到项目有关各方(项目发起人、项目业主、项目投资人、银行和政府管理部门)广泛的关注。所得税前指标还特别适用于建设方案设计中的方案比选。

三、融资后财务分析

在融资前分析结果可以接受的前提下,可以开始考虑融资方案,进行融资后分析。融资后分析包括项目的盈利能力分析、偿债能力分析以及财务生存能力分析,进而判断项目方案在融资条件下的合理性。融资后分析是比选融资方案,进行融资决策和投资者最终决定出资的依据。可行性研究阶段必须进行融资后分析,但只是阶段性的。实践中,在可行性研究报告完成之后,还需要进一步深化融资后分析,才能完成最终融资决策。

(一)融资后盈利能力分析

融资后的盈利能力分析,包括动态分析(折现现金流量分析)和静态分析(非折现盈利能力分析):

1. 动态分析

动态分析是通过编制财务现金流量表,根据资金时间价值原理,计算财务内部收益率、财务净现值等指标,分析项目的获利能力。融资后的动态分析可分为下列两个层次:

(1)项目资本金现金流量分析

在市场经济条件下,对项目整体获利能力有所判断的基础上,项目资本金盈利能力指标是投资者最终决定是否投资的最重要的指标,也是比较和取舍融资方案的重要依据。

项目资本金现金流量分析,应在拟定的融资方案下,从项目资本金出资者整体的角度,确定其现金流入和现金流出,编制项目资本金现金流量表,见表4-11。

表4-11 项目资本金现金流量表   单位:万元

序　号	名　称	合　计	1	2	3	4	……	N
1	现金流入							
1.1	营业收入							
1.2	补贴收入							
1.3	回收固定资产余值							
1.4	回收流动资金							
2	现金流出							
2.1	项目资本金							
2.2	借款本金偿还							
2.3	借款利息支付							

序 号	名 称	合 计	1	2	3	4	……	N
2.4	经营成本							
2.5	营业税金及附加							
2.6	所得税							
2.7	维持运营投资							
3	净现金流量							
	计算指标： 资本金财务内部收益率（%） 资本金财务净现值（ic＝10%）							

① 现金流入各项目的数据来源与全部投资现金流量表相同。

② 现金流出项目包括：项目资本金、借款本金偿还、借款利息支付、经营成本及营业税金及附加。其中，项目资本金取自项目总投资计划与资金筹措表中资金筹措项下的自有资金分项。借款本金偿还由两部分组成：一部分为借款还本付息计划表中本年还本额；一部分为流动资金借款本金偿还，一般发生在计算期最后一年。借款利息支付数额来自总成本费用估算表中的利息支出项。现金流出中其他各项与全部投资现金流量表中相同。

③ 项目计算期各年的净现金流量为各年现金流入量减去对应年份的现金流出量。

项目资本金现金流量表将各年投入项目的项目资本金作为现金流出，各年交付的所得税和还本付息也作为现金流出。因此，其净现金流量就包容了企业在缴税和还本付息之后所剩余的收益（含投资者应分得的利润），也即企业的净收益，又是投资者的权益性收益。那么根据这种净现金流量计算得到的资本金内部收益率指标应该能反映从投资者整体角度考察盈利能力的要求，也就是从企业角度对盈利能力进行判断的要求。因为企业只是一个经营实体，而所有权是属于全部投资者的。

(2)投资各方现金流量分析

对于某些项目，为了考察投资各方的具体收益，还应从投资各方实际收入和支出的角度，确定其现金流入和现金流出，分别编制投资各方现金流量表（见表4-12），计算投资各方的内部收益率指标。

投资各方现金流量表中现金流入是指出资方因为项目的实施将实际获得的各种收入。现金流出是指出资方因该项目的实施将实际投入的各种支出。表中各项应注意的问题包括：

① 实分利润是指投资者由项目获取的利润。

② 资产处置收益分配是指对有明确的合营期限或合资期限的项目，在期满时对资产余值按股比或约定比例的分配。

③ 租赁费收入是指出资方将自己的资产租赁给项目使用所获得的收入,此时应将资产价值作为现金流出,列为租赁资产支出科目。

④ 技术转让或使用收入是指出资方将专利或有技术转让或允许该项目使用所获得的收入。

表4-12 投资各方现金流量表　　　　单位:万元

序　号	项　目	合　计	计算期(年)					
			1	2	3	4	……	n
1	现金流入							
1.1	实分利润							
1.2	资产处置收益分配							
1.3	租赁费收入							
1.4	技术转让或使用收入							
1.5	其他现金流入							
2	现金流出							
2.1	应缴资本							
2.2	租赁资产支出							
2.3	其他现金流出							
3	净现金流量(1-2)							
计算指标:投资各方的内部收益率指标(%)								

2. 静态分析

[问一问]

什么是静态分析?

除了进行现金流量分析以外还可以根据项目具体情况进行静态分析,即非折现盈利能力分析,选择计算一些静态指标。静态分析编制的报表是利润及利润分配表。利润及利润分配表中损益栏目反映项目计算期内各年的营业收入、总成本费用支出、利润总额情况;利润分配栏目反映所得税及税后利润的分配情况,见表4-13。

表4-13 利润及利润分配表　　　　单位:万元

序　号	项　目	合　计	计算期(年)					
			1	2	3	4	……	n
	生产负荷							
1	营业收入							
2	营业税金及附加							
3	总成本费用							
4	补贴收入							

序 号	项 目	合 计	计算期(年)					
			1	2	3	4	……	n
5	利润总额(1－2－3＋4)							
6	弥补以前年度亏损							
7	应纳税所得额(5－6)							
8	所得税							
9	净利润(5－8)							
10	期初未分配利润							
11	可供分配的利润(9＋10)							
12	提取法定盈余公积金							
13	可供投资者分配的利润(11－12)							
14	应付优先股股利							
15	提取任意盈余公积金							
16	应付普通股股利(13－14－15)							
17	各投资方利润分配 其中：							
18	未分配利润(13－14－15－17)							
19	息税前利润							
20	息税折旧摊销前利润							

[注] 第14～16项根据企业性质和具体情况选择填列。

可供投资者分配的利润根据投资方或股东的意见在任意盈余公积金、应付利润和未分配利润之间进行分配。应付利润为向投资者分配的利润或向股东支付的股利，未分配利润主要指用于偿还固定资产投资及借款及弥补以前年度亏损的可供分配利润。

(二)融资后偿还能力分析

1. 偿还计划的编制

对筹措了债务资金的项目，偿还能力分析是考察项目按期偿还借款的能力。根据借款还本付息计划表、利润和利润分配表与总成本费用的有关数据，通过计算利息备付率、偿债备付率指标，判断项目的偿债能力。如果能够得知或根据经验设定所要求的借款偿还期，可以直接计算利息备付率、偿还备付率指标；如果难以设定借款偿还期，也可以先大致估算出借款偿还期，在采用适宜的方法计算出每年需要还本付息的金额，代入公式计算利息备付率、偿还备付率指标。需要估算借款偿还期时，可按下式估算：

借款偿还期＝借款偿还后开始出现盈余的年份－开始借款年份

十当年借款/当年可用于还款的资金额　　　　　　　　（4－37）

需要注意的是,该借款偿还期只是为估算利息备付率和偿债备付率指标所用,不应与利息备付率和偿债备付率指标并列。

2. 资产负债表的编制

资产负债表通常按企业范围编制企业资产负债表,是国际上通用的财务报表,表中数据可由其他报表直接引入或经适当计算后列入,以反映企业某一特定日期的财务状况。编制过程中资产的科目可以适当简化,反映的是各年年末的财务状况(见表4－14)。

表4－14　资产负债表　　　　　　单位:万元

序号	名称	1	2	3	4		12	
1	资产							
1.1	流动资产总额							
1.1.1	货币资金							
1.1.2	应收账款							
1.1.3	存货							
1.2	在建工程							
1.3	固定资产净值							
1.4	无形及其他资产净值							
2	负债及所有者权益							
2.1	流动负债总额							
2.1.1	短期借款							
2.1.2	应付账款							
2.2	建设投资借款							
2.3	流动资金借款							
2.4	负债小计							
2.5	所有者权益							
2.5.1	资本金							
2.5.2	资本公积金							
2.5.3	累计盈余公积金							
2.5.4	累计未分配利润							
	资产负债率(%)							

(1)资产

资产由流动资产、在建工程、固定资产净值、无形及递延资产净值四项组成。

① 流动资产总额为应收账款、存货、现金、累计盈余资金之和。前三项数据来自流动资金估算表;累计盈余资金数额则取自资金来源与运用表,但应扣除其中包含的回收固定资产余值及自有流动资金。

② 在建工程是指投资计划与资金筹措表中的年固定资产投资额,其中包括固定资产投资方向调节税和建设期利息。

③ 固定资产净值和无形及递延资产净值分别从固定资产折旧费估算表和无形及递延资产摊销估算表取得。

(2)负债

负债包括流动负债和长期负债。流动负债中的应付账款数据可由流动资金估算表直接取得。流动资金借款和其他短期借款两项流动负债及长期借款均指借款余额,需根据资金来源与运用表中的对应项及相应的本金偿还项进行计算。

所有者权益包括资本金、资本公积金、累计盈余公积金及累计未分配利润。其中,累计未分配利润可直接来自利润表;累计盈余公积金也可以由利润表中盈余公积金计算各年份的累计值,但应根据是否用盈余公积金弥补亏损或转增资本金的情况进行相应调整;资本为项目投资中累计自有资金(扣除资本溢价),当存在资本公积金或盈余公积金转增资本的情况时进行相应调整。资本公积金累计资本溢价及增款,转增资本金时进行相应调整。

资产负债表满足等式:

$$资产 = 负债 + 所有者权益$$

(三)财务评价的内容与评价指标

(1)财务盈利能力评价主要考察投资项目的盈利水平。为此目的,需编制全部投资现金流量表、自有资金现金流量表和损益表三个基本财务报表。计算财务内部收益率、财务净现值、投资回收期、投资收益率等指标。

(2)投资项目的资金构成一般可分为借入资金和自有资金。自有资金可长期使用,而借入资金必须按期偿还。项目的投资者自然要关心项目偿债能力;借入资金的所有者——债权人也非常关心贷出资金能否按期收回本息。项目偿债能力分析可在编制贷款偿还表的基础上进行。为了表明项目的偿债能力,可按尽早还款的方法计算。在计算中,贷款利息一般做如下假设:长期借款,当年贷款按半年计息,当年还款按全年计息。

(3)外汇平衡分析主要是考察涉及外汇收支的项目在计算期内各年的外汇余缺程度,在编制外汇平衡表的基础上,了解各年外汇余缺状况,对外汇不能平衡的年份根据外汇短缺程度,提出切实可行的解决方案。

(4)不确定性分析是指在信息不足,无法用概率描述因素变动规律的情况下,估计可变因素变动对项目可行性的影响程度及项目承受风险能力的一种分析方法。不确定性分析包括盈亏平衡分析和敏感性分析。

(5)风险分析是指在可变因素的概率分布已知的情况下,分析可变因素在各种可能状态下项目经济评价指标的取值,从而了解项目的风险状况。

四、财务评价指标体系与方法

建设项目财务评价方法是与财务评价的目的和内容相联系的。财务评价的主要内容包括：盈利能力评价和清偿能力评价。财务评价的方法有：以现金流量表为基础的动态获利性评价和静态获利性评价、以资产负债表为基础的财务比率分析和考虑项目风险的不确定性分析等。

(一)建设项目财务评价指标体系

建设项目财务评价指标体系根据不同的标准,可作不同的分类形式。

1. 根据是否考虑时间价值分类

可分为静态经济评价指标和动态经济评价指标。

2. 根据指标的性质分类

可以分为时间性指标、价值性指标、比率性指标。

(二)建设项目财务评价方法

1. 财务盈利能力评价

[问一问]

财务评价的主要指标有哪些? 各指标如何进行计算与分析评价?

财务盈利能力评价主要考察投资项目投资的盈利水平。为此目的,需编制全部投资现金流量表、自有资金现金流量表和损益表三个基本财务报表。计算财务内部收益率、财务净现值、投资回收期、投资收益率等指标。

(1)财务净现值(FNPV)

财务净现值是指把项目计算期内各年的财务净现金流量,按照一个设定的标准折现率(基准收益率)折算到建设期初(项目计算期第一年年初)的现值之和。财务净现值是考察项目在其计算期内盈利能力的主要动态评价指标。其表达式为：

$$FNPV = \sum_{t=1}^{n} (CI - CO)_t (1 + i_c)^{-t} \qquad (4-38)$$

式中　FNPV——财务净现值;

$(CI-Co)t$——第 t 年的净现金流量;

n——项目计算期;

ic——标准折现率。

如果项目建成投产后,各年净现金流量相等,均为 A,投资现值为 KP,则：

$$FNPV = A \times (P/A, i_c, n) - K_p \qquad (4-39)$$

如果项目建成投产后,各年净现金流量不相等,则财务净现值只能按照公式计算。财务净现值表示建设项目的收益水平超过基准收益的额外收益。该指标在用于投资方案的经济评价时,财务净现值大于等于零,项目可行。

(2)财务内部收益率(FIRR)

财务内部收益率是指项目在整个计算期内各年财务净现金流量的现值之和等于零时的折现率,也就是使项目的财务净现值等于零时的折现率,其表达式为：

$$\sum_{t=1}^{t} (CI - CO)_t (1 + FIRR)^{-t} = 0 \qquad (4-40)$$

式中　FIRR——财务内部收益率；

其他符号意义同前。

财务内部收益率是反映项目实际收益率的一个动态指标,该指标越大越好。一般情况下,财务内部收益率大于等于基准收益率时,项目可行。财务内部收益率的计算过程是解一元 n 次方程的过程,只有常规现金流量才能保证方程式有唯一解。当建设项目期初一次投资,项目各年净现金流量相等时,财务内部收益率的计算过程如下:

① 计算年金现值系数 $(P/A, FIRR, n) = K/R$；

② 查年金现值系数表,找到与上述年金现值系数相邻的两个系数 $(P/A, i_1, n)$ 和 $(P/A, i_2, n)$ 以及对应的 i_1、i_2,满足 $(P/A, i_1, n) > K/R > (P/A, i_2, n)$；

③ 用插值法计算 FIRR：

$$(FIRR - I)/(i_1 - i_2) = [K/R - (P/A, i_1, n)]/[(P/A, i_2, n) - (P/A, i_1, n)]$$

若建设项目现金流量为一般常规现金流量,则财务内部收益率的计算过程为:

① 首先根据经验确定一个初始折现率 i_c。

② 根据投资方案的现金流量计算财务净现值 $FNPV(i_0)$。

③ 若 $FNPV(i_o) = 0$,则 $FIRR = i_o$；

若 $FNPV(i_o) > 0$,则继续增大 i_o；

若 $FNPV(i_o) < 0$,则继续减小 i_o。

④ 重复步骤③,直到找到这样两个折现率 i_1 和 i_2,满足 $FNPV(i_1) > 0$, $FNPV(i_2) < 0$,其中 $i_2 \sim i_1$ 一般不超过 $2\% \sim 5\%$。

⑤ 利用线性插值公式近似计算财务内部收益率 FIRR,其计算公式为:

$$FIRR = i_1 + \frac{FNPV_1}{FNPV_1 - FNPV_2}(i_2 - i_1)$$

(3)投资回收期

投资回收期按照是否考虑资金时间价值可以分为静态投资回收期和动态投资回收期。

① 静态投资回收期

静态投资回收期是指以项目每年的净收益回收项目全部投资所需要的时间,是考察项目财务上投资回收能力的重要指标。这里所说的全部投资既包括固定资产投资,又包括流动资金投资。项目每年的净收益是指税后利润加折旧。静态投资回收期的表达式如下:

$$\sum_{t=0}^{p'} (CI - CO)_t = 0 \qquad (4-41)$$

式中　P_t——静态投资回收期。

如果项目建成投产后各年的净收益不相同,则静态投资回收期可根据累计净现金流量求得。其计算公式为:

$$P_t = 累计净现金流量开始出现正值的年份 - 1 +$$

$$(上一年度累计现金流量的绝对值)/(当年净现金流量) \quad (4-42)$$

当静态投资回收期小于等于基准投资回收期时,项目可行。

② 动态投资回收期

动态投资回收期是指在考虑了资金时间价值的情况下,以项目每年的净收益回收项目全部投资所需要的时间。这个指标主要是为了克服静态投资回收期指标没有考虑资金时间价值的缺点而提出的。动态投资回收期的表达式如下:

$$\sum_{t=0}^{p'} (CI - CO)_t (1 + i_c)^{-t} = 0 \quad (4-43)$$

式中　P'_t——动态投资回收期。

其他符号含义同前。

$$P'_t = 累计净现金流量现值开始出现正值的年份 - 1$$

$$+ (上一年度累计现金流量的绝对值)/(当年净现金流量)$$

动态投资回收期是在考虑了项目合理收益的基础上收回投资的时间,只要在项目寿命期结束之前能够收回投资,就表示项目已经获得了合理的收益。因此,只要动态投资回收期不大于项目寿命期,项目就可行。

(4)投资收益率

投资收益率又称投资效果系数,是指在项目达到设计能力后,其每年的净收益与项目全部投资的比率,是考察项目单位投资盈利能力的静态指标。其表达式为:

$$投资收益率 = 年净收益/项目全部收益 \times 100\% \quad (4-44)$$

当项目在正常生产年份内各年的收益情况变化幅度较大时,可用年平均净收益替代年净收益,计算投资收益率。在采用投资收益率对项目进行经济评价时,投资收益率不小于行业平均的投资收益率(或投资者要求的最低收益率),项目即可行。投资收益率指标由于计算口径不同,又可分为投资利润率、投资利税率、资本金利润率等指标。

$$投资利润率 = 利润总额/投资总额 \quad (4-45)$$

$$投资利税率 = (利润总额 + 销售税金及附加)/投资总额 \quad (4-46)$$

$$资本金利润率 = 税后利润/资本金 \quad (4-47)$$

2. 清偿能力评价

投资项目的资金构成一般可分为借入资金和自有资金。自有资金可长期使用,而借入资金必须按期偿还。项目的投资者自然要关心项目偿债能力;借入资金的所有者——债权人也非常关心贷出资金能否按期收回本息。因此,偿债分析是财务分析中的一项重要内容。

(1)贷款偿还期分析

项目偿债能力分析可在编制贷款偿还表的基础上进行。为了表明项目的偿债能力,可按尽早还款的方法计算。在计算中,贷款利息一般作如下假设:长期借款:当年贷款按半年计息,当年还款按全年计息。假设在建设期借入资金,生产期逐期归还,则:

$$建设期年利息=(年初借款累计+本年借款/2)×年利率 \qquad (4-48)$$

$$生产期年利息=年初借款累计×年利率 \qquad (4-49)$$

流动资金借款及其他短期借款按全年计息。贷款偿还期的计算公式与投资回收期公式相似,公式为:

$$贷款偿还期=偿清债务年份数-1+(偿清债务当年应付的本息)$$
$$/(当年可用于偿清的资金总额) \qquad (4-50)$$

贷款偿还期小于等于借款合同规定的期限时,项目可行。

(2)资产负债率

$$资产负债率=负债总额/资产总额 \qquad (4-51)$$

资产负债率反映项目总体偿债能力。这一比率越低,则偿债能力越强。但是资产负债率的高低还反映了项目利用负债资金的程度,因此该指标水平应适当。

(3)流动比率

$$流动比率=流动资产总额/流动负债总额 \qquad (4-52)$$

该指标反映企业偿还短期债务的能力。该比率越高,单位流动负债将有更多的流动资产作保障,短期偿债能力就越强。但是可能会导致流动资产利用效率低下,影响项目效益。因此,流动比率一般为2:1较好。

(4)速动比率

$$速动比率=(速动资产总额-存货)/流动负债总额 \qquad (4-53)$$

该指标反映了企业在很短时间内偿还短期债务的能力。速动资产=流动资产-存货,是流动资产中变现最快的部分,速动比率越高,短期偿债能力越强。同样,速动比率过高也会影响资产利用效率,进而影响企业经济效益。因此,速动比率一般为1左右较好。

第五节　建设项目经济评价

建设项目经济评价即指项目经济费用效益分析,是按合理配置资源的原则,采用影子价格、影子汇率、社会折现率等经济评价参数,分析项目投资的经济效率和对社会福利所做出的贡献,评价项目的经济合理性。对于财务现金流量不能全面、真实地反映其他经济价值，需要进行费用效益分析的项目，应该把经济费用效益分析的结论作为项目决策的主要依据之一。

一、经济费用效益分析的项目范围

经济费用效益分析的理论基础是新古典经济学有关资源优化配置的理论。从经济学的角度看，经济活动的目的是通过配置稀缺经济资源用于生产产品和提供服务，尽可能地满足社会需要。当经济体系功能发挥正常，社会消费的价值达到最大时，就认为是取得了"经济效率"，达到了帕斯托最优。

（一）经济费用效益分析与财务分析的区别

1. 分析的角度与基本出发点不同

与传统的国民经济评价是从国家的角度考察项目不完全相同的是，经济费用效益分析更关注从利益群体各个角度来分析项目，解决项目可持续发展的问题；财务分析是站在项目的层次，从项目的投资者、债权人、经营者的角度，分析项目在财务上能够生存的可能性，分析各方的实际收益和损失，分析投资者或贷款的风险及收益。

[问一问]

经济费用效益分析与财务分析有哪些区别？

2. 项目的费用和效益的含义和范围划分不同

经济费用效益分析是对项目所涉及的所有成员或群体的费用和效益做全面分析，考察项目所消耗的有用社会资源和对社会提供的有用产品，不仅考虑直接的费用和效益，还要考虑间接的费用和效益，某些转移支付项目，例如流转税等，应视情况判断是否计入费用和效益；财务分析只根据项目直接发生的财务收支，计算项目的直接费用和效益。

3. 所使用的价格体系不同

经济费用效益分析使用影子价格体系；而财务分析使用预测的财务收支价格。

4. 分析的内容不同

经济费用效益分析通常只有盈利性分析没有清偿能力分析；而财务分析通常包括盈利能力分析，清偿能力分析和财务生存能力分析等。

（二）需要进行经济费用效益分析的项目类别

在现实经济中，由于经济本身的原因及政府不恰当的经济干预，都可能导致市场配置资源的失灵，市场价格难以反映建设项目的真实经济价值，客观上需要通过经济费用效益分析来反映建设项目的真实经济价值，判断投资的经济合理性，为投资决策提供依据。因此，当某类项目依靠市场无法进行资源合理配置时，就需要进行经济费用效益分析。

1. 需要进行经济费用效益分析的项目判别准则

符合以下特性之一的项目，都需要进行经济费用效益分析：

（1）自然垄断项目

对于电力、电信、交通运输等行业的项目，存在着规模效益递增的产业特征，企业一般不会按照帕累托最优规则进行运作，从而导致市场资源配置失效。

(2)公共产品项目

即项目提供的产品或服务在同一时间内可以被共同消费,具有"消费的非排他性"(未花钱购买公共产品的人不能排除在此产品和服务消费之外)和"消费的非竞争性"(一人消费一种公共产品并不以牺牲其他人的消费为代价)特性。由于市场价格机制只有通过将那些不愿意付费的消费者排除在该物品的消费之外才能得以有效运作,因此市场机制对公共产品项目的资源配置失灵。

(3)具有明显外部效果的项目

外部效果是指一个个体或厂商的行业对另一个个体或厂商产生了影响,而该影响的行为主体又没有负相应的责任或没有获得应有的报酬的现象。产生外部效果的行为主体由于不受预算约束,因此常常不考虑外部效果承受着的损益情况。这样,这类行为主体在其行为过程中常常会效率甚至无效率的使用资源,造成消费者剩余与生产者剩余及市场失灵。

(4)对于涉及国家控制的战略性的资源开发及涉及国家经济安全的项目

往往具有公共性、外部效果等综合性特征,不能完全依靠市场配置资源。

(5)政府对于经济活动的干预

如果政策干扰了正常的经济活动,也是导致市场失灵的重要因素。

2. 需要进行经济费用效益分析的项目类别

从投资管理的角度,现阶段需要进行经济费用效益分析的项目可以分为以下几点:

(1)政府预算内投资的用于关系国家安全、国土开发和市场不能有效配置资源的公益性项目和公共基础设施建设项目、保护和改善生态环境项目、重大战略性资源开发项目。

(2)政府各类专项建设基金投资的用于交通运输农林水利等基础设施、基础产业建设项目。

(3)利用国际金融组织和外国政府贷款,需要政府主权信用担保的建设项目。

(4)法律法规内的其他政府性资金投资的建设项目。

(5)企业投资建设的涉及国家经济安全,影响环境资源、公共利益、可能出现垄断,涉及整体布局的公共性问题,需要政府核准的建设项目。

二、建设项目经济费用和效益的识别

(一)建设项目经济费用和效益的内容和范围

1. 经济费用

项目经济费用是指项目耗用社会经济资源的经济价值,按经济学原理估算出的被耗用经济资源的经济价值。

项目经济费用包括三个层次的内容:项目实体直接承担的费用,受项目影响的利益群体支付的费用,以及整个社会承担的环境费用。第二、三项一般称为间接费用,但更多的称为外部效果。

---

2. 经济效益

项目的经济效益是指项目为社会创造的社会福利的经济价值,即按经济学原理估算出的社会福利的经济价值。

与经济费用相同,项目的经济效益也包括三个层次的内容,即项目实体直接获益,受项目影响的利益项目影响群体获得的效益,以及项目可能产生的环境效益。

(二)经济费用效益识别的一般原则

1. 遵循有无对比的原则

项目经济费用分析应建立在增量效益和增量费用识别和计算基础上,不应该考虑沉没成本和已实现的效益,应该按照"有无对比"增量分析的原则,通过项目的实施效果与无项目情况下可能发生的情况进行对比分析。作为计算机会成本或增量效益的依据。

2. 对项目所涉及的所有成员及群体的费用和效益做全面分析

经济费用分析应该全面分析项目投资及运营活动耗用资源的真实价值以及项目为社会成员福利的实际增加所作出的贡献。

(1)分析体现项目实体本身的直接费用和效益,以及项目引起的其他组织、机构或个人发生的各种外部费用和效益。

(2)分析项目的近期影响,以及项目可能带来的中期、远期影响。

(3)分析与项目主要目标直接联系的直接费用效益,以及各种间接费用和效益。

(4)分析具有物质载体的有形费用和效益,以及各种无形费用和效益。

3. 正确识别和计算正面和负面的外部效果

在经济费用效益识别时,应考虑项目投资可能产生的其他关联效应,并对项目外部效果的识别是否适当进行评估,防止漏算或重复计算。对于项目的投入或产出可能产生的第二级乘数波及效应,在经济费用效益分析中不予考虑。

4. 合理确定效益和费用的空间范围和时间跨度

经济费用效益识别应以本国公民作为对象分析,应重点分析对本国公民新增的效益和仅根据有关财务核算规定确定。如财务分析的计算期可根据投资各方的合作期进行计算,而经济费用效益分析不受此限制。

5. 根据不同情况区别对待和调整转移支付

项目的有些财务收入和支出,从社会角度看,并没有造成资源的实际增加或减少,从而称为经济费用效益分析中"转移支付"。转移支付代表购买力和转移力。接受转移支付的一方所获得与付出方所产生的费用相等,转移支付行为本身没有导致新增资源的发生,因此,在经济费用效益分析中,税收、补贴借款和利息等均属于转移支付。但是,一些税收和补贴可能会影响市场价格水平,导致包括税收和补贴的财务价格可能并不反映真实的经济成本和效益。在进行经济费用效益分析中,转移支付出来的应区别对待。

（1）剔除企业所得税或补贴对财务价格的影响。

（2）一些税收、补贴或罚款往往是用于校正项目"外部效果"的一种重要手段，这类转移支付不可剔除，可以用于计算外部效果。

（3）项目投入与产生中流转税应具体问题具体处理：

① 对于产品，增加供给满足国内市场供应的，流转税不应剔除；顶替原有市场供应的，应剔除转税。

② 对于投入品，用新增供给满足项目的，应剔除；挤占原有的用户需求来满足项目的流转税不应剔除。

③ 在不能判别产出或投入时增加供给还是挤占原有供给的情况下，可简化处理：产出品不剔除实际缴纳的流转税，投入品剔除实际缴纳的流转税。

三、建设项目经济费用和效益的计算

项目投资所造成的经济费用和效益的计算，应在利益相关者分析的基础上，研究在特定的社会经济背景条件下相关利益主体获得收益及付出的代价，计算项目相关的费用和效益。

（一）建设项目经济费用和效益的计算原则

1. 支付意愿原则

项目产出物的正面效果的计算遵循支付意愿原则，用于分析社会成员为项目所产出的效益愿意支付的价值。

2. 受偿意愿原则

项目产出物的负面效果的计算应遵循接受补偿意愿原则，用于分析社会成员为接受这种不利影响所得到补偿的价值。

3. 机会成本原则

项目投入的经济费用的计算应遵循机会成本原则，用于分析项目所占用的所有资源的机会成本。机会成本应按资源的其他最有效利用所产生的效益进行计算。

4. 实际价值计算原则

项目经济费用效益分析应对所有费用和效益采用反映资源真实价值的实际价格进行计算，不考虑通货膨胀因素的影响，但应该考虑相对价格变动。

在费用与效益货币化过程中，用于估算其经济价值的价格应为影子价格。对于已经有市场价格的货物（或服务），不管该市场价格是否反映了经济价值，代表其经济价值的价格成为影子价格，形象的说是指在日光下原有"价值杠杆"的"影子"；对于没有市场价格的产品，代表其经济价值的价格要根据特定环境、利用特定方法进行估算。影子价格的测算在建设项目的经济费用效益分析中占有重要地位。

（二）具有市场价格的货物（或服务）的影子价格计算

若该货物或服务处竞争性市场环境中，市场价格能够反映支付意愿或机会成本，应采用市场价格作为计算项目投入物或产出物影子价格的依据。考虑到

[问一问]

何为影子价格？

我国仍然是发展中国家,整个经济体系还完全没有完成工业化过程,国际市场和国内市场的完全融合仍然需要一定时间等具体情况,将投入物和产出物区分为外贸货物和非外贸货物,并采用不同的思路确定其影子价格。

1. 可外贸货物

可外贸的投入物或产出物的价格应基于口岸价格进行计算,以反映其价格取值具有国际竞争力。计算公式为:

出口产出的影子价格(出厂价)＝离岸价(FOB)×影子汇率－出口费用 　　(4-54)

进口投入的影子价格(到厂价)＝到岸价(CIF)×影子汇率＋进口费用 　　(4-55)

2. 非外贸货物

非外贸货物,其投入或产出的影子价格应根据下列要求计算:

(1)如果项目处于竞争性市场环境中,应采用市场价格作为计算项目投入或产出的影子价格的依据。

(2)如果项目的投入或产出的规模很大,项目的实施将足以影响其市场价格,导致"有项目"和"无项目"两种情况下市场价格不一致,在项目经济费用效益分析中,取二者的平均作为计算影子价格的依据。

(三)不具有市场价格的货物(或服务)的影子价格计算

如果项目的产出效果不具有市场价值,或市场价值难以真实反映其经济价值时,应遵循消费者支付意愿和(或)接受补偿意愿的原则,按下列方法计算其影子价格:

1. 显示偏好法

按照消费者支付意愿原则,通过其他相关市场价格信号,按照"显示偏好"的方法,寻找揭示这些影响的隐含价值,对其效果进行间接估算。如项目的外部效果导致关联对象产出水平或成本费用的变动,通过对这些变动进行客观量化分析,作为对项目外部效果进行量化的依据。

2. 陈述偏好法

根据意愿调查评估法,按照"陈述偏好"的原则进行间接估算。一般通过对评估者的直接调查,直接评价对象的支付意愿或接受补偿的意愿,从中推断出项目及造成的有关外部的影子价格。应注意调查评估中可能出现的以下偏差:

(1)调查对象相信他们的回答能影响决策,从而使他们实际支付的私人成本低于正常条件下的预期值时,调查结果可能产生的策略性偏差。

(2)调查者对各种备选方案介绍得不完全或使人误解时,调查结果可能产生的资料性偏差。

(3)问卷假设的收款或付款方式不当,调查结果可能产生的手段性偏差。

(4)调查对象长期免费享受环境和生态等所形成的"免费搭车"心理,导致调查对象将这种享受看做是天赋权利而反对为此付款,从而导致调查结果的假想性偏差。

（四）特殊投入物的影子价格

1. 劳动力的影子价格——影子工资

项目因使用劳动力所付的工资，是项目实施所付出的代价。劳动力的影子工资等于劳动力机会成本与因劳动力转移而引起的新增资源消耗之和。

2. 土地的影子价格

土地是一种重要的资源，项目占用的土地无论是否支付费用，均应计算其影子价格。项目所占用的农业、林业、渔业及其他生产性用地，其影子价格应按照其未来对社会可提供的消费产品的支付意愿及因改变土地用途而发生的新增资源消耗进行计算；项目所占用的住宅、休闲用地等非生产性用地，市场完善的，应根据市场交易价格估算其影子价格；无市场交易价格或市场机制不完善的，应根据支付意愿价格估算其影子价格。

3. 自然资源的影子价格

项目投入的自然资源，无论在财务上是否付费，在经济费用效益分析中都必须测算其经济费用。不可再生自然资源的影子价格应按资源的机会成本计算，可再生资源的影子价格应按资源再生费用计算。

四、建设项目经济费用效益分析的指标

项目经济费用与经济效益估算出来后，可编制经济费用效益流量表，计算经济净现值、经济内部收益率与经济效益费用比等经济费用效益分析指标。

（一）经济费用效益流量表的编制方法

经济费用效益流量表的编制可以在项目投资现金流量表的基础上，按照经济费用效益识别和计算的原则和方法直接进行，也可以在财务分析的基础上将财务现金流量转化为反映真正资源变动状况的经济费用的流量。具体形式见表4－15。

表4－15　项目投资经济费用效益流量表　　　　货币单位：万元

序号	项目	合计	计算期					
			1	2	3	4	……	n
1	效益流量							
1.1	项目直接效益							
1.2	资产余值回收							
1.3	项目间接效益							
2	费用流量							
2.1	初始建设投资							
2.2	期间维持运营投资							

序号	项目	合计	计算期					
			1	2	3	4	……	n
2.3	流动资金							
2.4	经营费用							
2.5	项目间接费用							
3	净效益流量（1－2）							
	计算指标： 经济内部收益率（%）： 经济净现值（i_s＝%）：								

1. 直接经济费用效益流量的识别和计算

（1）对于项目的各种投入物，应按照机会成本的原则计算其经济价值。

（2）识别项目产出物可能带来的各种影响效果。

（3）对于具有市场价格的产出物，以市场价格为基础计算其经济价值。

（4）对于没有市场价格的产出效果，应按照支付意愿及接受补偿意愿的原则计算其经济价值。

（5）对于难以进行货币量化的产出效果，应尽可能地采用其他量纲进行量化。难以量化的，进行定性描述，以全面反映项目的产出效果。

2. 在财务分析基础上进行经济费用效益流量的识别和计算

（1）剔除财务现金流量表中的通货膨胀因素，得到以实价表示的财务现金流量。

（2）剔除运营期财务现金流量中不反映真实资源流量变动情况的转移支付因素。

（3）用影子价格和影子汇率调整建设投资各项组成，并提出其费用中的转移支付项目。

（4）调整流动资金，将流动资产和流动负债中不反映实际资源消耗的有关现金，应收、应付、预收、预付款项，从流动资金中剔除。

（5）调整经营费用，用影子价格调整主要原材料、燃料及动力费用、工资及福利费用等。

（6）调整营业收入，对于具有市场价格的产出物以市场价格为基础计算其影子价格；对于没有市场价格的产出效果，以支付意愿或接受补偿意愿的原则计算其影子价格。

（7）对于易货币化的外部效果，应将货币的外部效果计入经济效益费用流量；对于难以进行货币化的外部效果，应尽可能地采用其他量纲进行量化。难以量化的，进行定性描述以全面反映项目的产出效果。

【实践训练】

课目:计算收益率

(一)背景资料

某项目计算期20年,各年净现金流量(CI—CO)如表4-16所示。折现率为期10%。

表4-16 各年净现金流量(CI—CO)

年份	1	2	3	4	5	6—20
净现金流量(万元)	—180	—250	150	84	112	150

(二)问题

试根据项目的财务净现值(FNPV)判断此项目是否可行,并计算项目的静态投资回收期和财务内部收益率。

(三)分析与解答

略。

本章思考与实训

1. 试述投资估算的划分和精度要求。
2. 试述编制投资估算的注意事项。
3. 投资估算的内容包括哪些?
4. 投资估算编制依据主要有哪些?
5. 建设投资估算有哪些方法?其适用条件是什么?
6. 怎样审查投资估算?
7. 何谓项目财务评价与国民经济评价?两者有何异同?
8. 财务评价的主要指标主要有哪些?各指标如何进行计算与分析评价?

第五章 建设项目设计阶段工程造价的计价与控制

【内容要点】

1. 设计方案评价和比较；
2. 设计概算的编制与审查；
3. 施工图预算的编制与审查。

【知识链接】

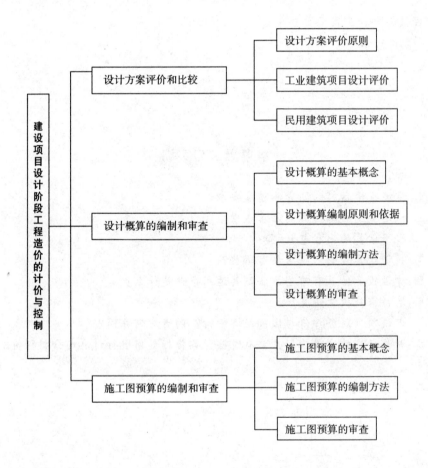

第一节　概　述

一、工程设计的含义及其阶段划分

(一)工程设计的含义

工程设计是指在工程开始施工之前,设计者根据已批准的设计任务书,为具体实现拟建项目的技术、经济要求,拟定建筑、安装及设备制造等所需的规划、图纸、数据等技术文件的工作。设计是建设项目由计划变为现实具有决定意义的工作阶段。设计文件是建筑安装施工的依据。拟建工程在建设过程中能否保证质量、进度和节约投资,在很大程度上取决于设计质量的优劣。工程建成后,能否获得满意的经济效果,除了项目决策之外,设计工作起着决定性的作用。设计工作的重要原则之一是保证设计的整体性。为此,设计工作必须按一定的程序分阶段进行。

(二)工程设计的阶段划分

1. 工业项目设计

根据国家有关文件的规定,一般工业项目与民用建设项目设计按初步设计和施工图设计两阶段进行,称为"两阶段设计";对于技术上复杂而又缺乏设计经验的项目,可按初步设计、技术设计和施工图设计三个阶段进行,称之为"三阶段设计"。小型工程建设项目,技术上较简单,经项目相关管理部门同意可以简化为施工图设计一个阶段进行。

对于有些牵涉面广的大型建设项目,如大型矿区、油田、大型联合企业的工程除按上述规定分阶段进行设计外,还应进行总体规划设计或总体设计。总体设计是对一个大型项目中的每个单项工程根据生产运行上的内在联系,在相互配合、衔接等方面进行统一规划、部署和安排,使整个工程在部署上紧凑、流程上顺畅、技术上先进可靠、生产上方便、经济上合理。

(1)设计准备

设计者在动手设计之前,首先要了解并掌握各种有关的外部条件和客观情况,包括:地形、气候、地址、自然环境等自然条件;城市规划对建筑物的要求;交通、水、电、气、通信等基础设施状况;业主对工程的要求,特别是工程应具备的各项使用功能要求;工程经济估算的依据和所能提供的资金、材料、施工技术和装备等以及可能影响工程的其他客观因素。

(2)总体设计

在第一阶段搜集资料的基础上,设计者对工程主要内容(包括功能与形式)的安排有个大概的布局设想,然后要考虑工程与周围环境之间的关系。在这一阶段,设计者可以同使用者和规划部门充分交换意见,最后使自己的设计符合规划的要求和取得规划部门的同意,与周围环境有机融为一体。对于不太复杂的工程,这一阶段可以省略,把有关的工作并入初步设计阶段。

(3)初步设计

这是设计过程中的一个关键性阶段,也是整个设计构思基本形成的阶段。通过初步设计可以进一步明确拟建工程在指定地点和规定期限内进行建设的技术可行性和经济合理性;并规定主要技术方案、工程总造价和主要技术经济指标,以利于在项目建设和使用过程中最有效地利用人力、物力和财力。工业项目初步设计包括总平面设计、工艺设计和建筑设计三部分。在初步设计阶段应编制设计总概算。

(4)技术设计

技术设计是初步设计的具体化,也是各种技术问题的定案阶段。技术设计所应研究和决定的问题,与初步设计大致相同,但需要根据更详细的勘察资料和技术经济计算加以补充修正。技术设计的详细程度应能满足确定设计方案中重大技术问题和有关实验、设备选制等方面的要求,应能保证根据技术设计进行施工图设计和提出设备订货明细表。技术设计的着眼点,除体现初步设计的整体意图外,还要考虑施工的方便易行,如果对初步设计中所确定的方案有所更改,应对更该部分编制修正概算书。对于不太复杂的工程,技术阶段可以省略,把这个阶段的一部分工作纳入初步设计,另一部分留待施工图设计阶段进行。

(5)施工图设计

这一阶段主要是通过图纸,把设计者的意图和全部设计结果表达出来,作为工人施工制作的依据。它是设计工作和施工工作的桥梁,具体包括建设项目各分部工程的详图和零部件、结构件明细表,以及验收标准、方法等。施工图设计的深度应能满足设备、材料的选择与确定、非标准设备的设计与加工制作、施工图预算的编制、建筑工程施工和完善程度。

(6)设计交底和配合施工

施工图发出后,根据现场需要,设计单位应派人到施工现场,与建设、施工单位共同会审施工图,进行技术交底,介绍设计意图和技术要求,修改不符合实际和有错误的图纸,参加试运转和竣工验收,解决试运转过程中的各种技术问题,并检验设计的正确和完善程度。

2. 民用项目设计

根据建设部文件《建筑工程设计文件编制深度规定》(建质[2003]84号)的有关要求,民用建筑工程一般可分为方案设计、初步设计和施工图设计三个阶段;对于技术要求简单的民用建筑工程,经相关部门同意,且设计委托合同中有不做初步设计的约定,可在方案设计审批后直接进入施工图设计。

(1)方案设计

方案设计的内容包括:

① 设计说明书,包括各专业设计说明以及投资估算等内容。

② 总平面图以及建筑设计图纸。

③ 设计委托或设计合同中规定的透视图、鸟瞰图、模型。

在《建筑工程设计文件编制深度规定》中,增加了方案设计的深度要求。方案设计文件,应满足编制初步设计文件的需要。

(2)初步设计

初步设计的内容与工业项目设计大致相同,包括各专业设计文件、专业设计图纸和工程概算,同时,初步设计文件应包括主要设备或材料表。初步设计文件应满足编制施工图设计文件的需要。对于技术要求简单的民用建筑工程,该阶段可以省略。

(3)施工图设计

该阶段应形成所有专业的设计图纸(含图纸目录、说明和必要的设备、材料表),并按照要求编制工程预算书。对于方案设计后直接进入施工图设计的项目施工图设计文件还应该包括工程预算书。施工图设计文件,应满足设备材料采购、非标准设备制作和施工的需要。

二、设计阶段工程造价计价与控制的重要意义

1. 提高资金利用效率

设计阶段工程造价的计价形式是编制设计概预算,通过设计概预算可以了解工程造价的构成,分析资金分配的合理性,并可以利用价值工程理论分析项目各个组成部分功能与成本的匹配程度,调整项目功能与成本,使其更趋合理。

2. 提高投资控制效率

编制设计概预算并进行分析,可以了解工程各组成部分的投资比例。对于投资比例比较大的部分应作为投资控制的重点,这样可以提高投资控制效率。

3. 使控制工作更主动

长期以来,人们把控制理解为目标值与实际值的比较,以及当实际值偏离目标值时分析产生差异的原因,确定下一步对策。这对批量性生产的制造业而言,是一种有效的管理方法。但是对于建筑业而言,由于建筑产品具有单件性的特点,这种管理方法只能发现差异,不能消除差异,也不能预防差异的发生,而且差异一旦发生,损失往往很大,因此是一种被动的控制方法。而如果在设计阶段控制工程造价,可以先按一定的质量标准,提出新建建筑物每一部分或分项的计划支出费用的报表,即造价计划。然后当详细设计制定出来以后,对工程的每一部分或分项的估算造价,对照造价计划中所列的指标进行审核,预先发现差异,主动采取一些控制方法消除差异,使设计更经济。

4. 便于技术与经济相结合

由于体制和传统习惯原因,我国的工程设计工作往往是由建筑师等专业技术人员来完成的。他们在设计过程中往往更关注工程的使用功能,力求采用比较先进的技术方法实现项目所需功能,而对经济因素考虑较少。在设计阶段造价工程师应共同参与全过程设计,使设计从一开始建立在健全的经济基础之上,在做出重要决定时就能充分认识其经济后果。另外,投资限额一旦确定以后,设计只能在确定的限额内进行,有利于建筑师发挥个人创造力,选择一种最经济的

[问一问]

在设计阶段中,工程造价计价与控制起什么作用?

方式实现技术目标,从而确保设计方案能较好地体现技术与经济的结合。

5. 在设计阶段工程造价效果最显著

工程造价控制贯穿于项目建设全过程,而设计阶段的工程造价控制是整个工程造价控制的龙头。图 5-1 反映了各阶段影响工程项目投资的一般规律。

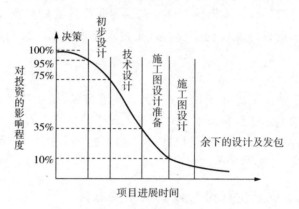

图 5-1　建设过程各阶段对投资的影响

从图中可以看出,初步设计阶段对投资的影响约为 20%,技术设计阶段对投资的影响约为 40%,施工图设计准备阶段对投资的影响约为 25%。很显然,控制工程造价的关键是在设计阶段。在设计一开始就将投资的目标贯穿于设计工作中,可以保证选择恰当的设计标准和合理的功能水平。

第二节　设计方案的评价和比较

一、设计方案评价原则

建设项目设计方案评价就是对设计方案进行技术与经济的分析、计算、比较和评价,从而选出环境上自然协调、功能上适用、结构上坚固耐用、技术上先进、造型上美观和经济合理的最优设计方案,为决策提供科学依据。

为了提高工程建设投资效果,从选择建设场地和工程总平面布置开始,直至建筑节点的设计,都应进行多方案比选,从中选取技术先进、经济合理的最佳设计方案。设计方案优选遵循以下原则:

1. 设计方案必须要处理好技术先进性与经济合理性之间的关系

技术先进性与经济合理性有时是一对矛盾,设计时应妥善处理好二者的关系。一般情况下,要在满足使用者要求的前提下,尽可能降低工程造价,或在资金限制范围内,尽可能提高项目功能水平。

2. 设计方案必须兼顾建设与使用,考虑项目全寿命费用

造价水平的变化,可能会影响到项目将来的使用成本。如果单纯为了降低造价而建筑质量得不到保障,就会导致使用过程中的维修费用很高,甚至可能发生重大事故,给社会财产和人民安全带来严重损害。一般情况下,项目技术水平

与工程造价及使用成本之间的关系见图5-2。在设计过程中应兼顾建设过程和使用过程,力求项目寿命周期费用最低。

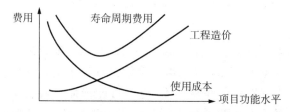

图5-2 工程造价、使用成本与项目功能水平之间的关系

3. 设计必须兼顾近期与远期的要求

一项工程建成后,往往会在很长的时期内发挥作用。如果仅按照目前的要求设计工程,可能会出现以后由于项目功能水平无法满足需要而重新建造的情况。但是如果按照未来的需要设计工程,又会出现由于功能水平过高而造成资源闲置浪费的现象。所以,设计时要兼顾近期和远期的要求,选择项目合理的功能水平,同时也要根据远期发展需要,适当留有发展余地。

由于工程项目的使用领域不同,功能水平的要求也不同。因此,对建设项目设计方案进行评价所考虑的因素也不一样。下面分别介绍工业建设项目设计评价和民用建设项目设计评价。

二、工业建设项目设计评价

工业建设项目设计是由总平面设计、工艺设计及建筑设计三部分组成,它们之间是相互关联和制约的。各部分设计方案侧重点不同,评价内容也略有差异。因此,分别对各部分设计方案进行技术经济分析与评价,是保证总设计方案经济合理的前提。

(一)总平面设计评价

总平面设计是指总图运输设计和总平面配置。主要包括的内容有:厂址方案、占地面积和土地利用情况;总图运输、主要建筑物和构筑物及公用设施的配置;外部运输、水、电、气及其他外部协作条件等。

1. 总平面设计对工程造价的影响因素

总平面设计是在按照批准的设计任务书选定厂址后进行的,它是厂区内的建筑物、构筑物、露天堆场、运输线路、管线、绿化及美化设施等全面合理的配置,以便使整个项目形成布置紧凑、流程顺畅、经济合理、方便使用的格局。总平面设计是工业项目设计的一个重要组成部分,它的经济合理性对整个工业企业设计方案的合理性有极大的影响。在总平面设计中影响工程造价的因素有:

(1)占地面积

占地面积的大小一方面影响征地费用的高低,另一方面也会影响管线布置成本及项目建成运营的运输成本。

(2)功能分区

合理的功能分区既可以使建筑物的各项功能充分发挥,又可以使总平面布置紧凑、安全,避免深挖深填,减少土石方量和节约用地,降低工程造价。同时,合理的功能分区还可以使生产工艺流程顺畅,运输方便,降低项目建成后的运营成本。

(3)运输方式的选择

不同的运输方式其运输效率及成本不同。有轨运输量大,运输安全,但需要一次性投入大量资金;无轨运输无需一次性大规模投资,但是运量小,运输安全性较差。从降低工程造价的角度来看,应尽可能选择无轨运输,可以减少占地,节约投资。但是运输方式的选择不能仅仅考虑工程造价,还应考虑项目运营的需要,如果运输量较大,则有轨运输往往比无轨运输成本低。

2. 总平面设计的基本要求

针对以上总平面设计中影响造价的因素,总平面设计应满足以下基本要求:

(1)总平面设计要注意节约用地,尽量少占农田

要合理确定拟建项目的生产规模,妥善处理建设项目长远规划与近期建设的关系,近期建设项目的布置应集中紧凑,并适当留有发展余地。在符合防火、环保、卫生和安全距离并满足使用功能的条件下,应尽量减少建筑物、生产区之间的距离,尽量考虑多层厂房或联合厂房等合并建筑,尽可能设计外形规整的建筑,以增加场地的有效使用面积。

(2)总平面设计必须满足生产工艺过程的要求

生产总工艺流程走向是企业生产的主要动脉。因此,生产工艺过程也是工业项目总平面设计中一个最根本的设计依据。总平面设计首先应进行功能分区,根据生产性质、工艺流程、生产管理的要求,将一个项目内所包含的各类车间和设备,按照生产上、卫生上和使用上的特征分组合并于一个特定区域内,使各区功能明确、运输管理方便、生产协调、互不干扰;同时又可节约用地,缩短设备管线和运输线路长度。然后,在每个生产区内,依据生产使用要求布置建筑物和构筑物,保证生产过程的连续性,主要生产作业无交叉、无逆流现象,使生产线最短、最直接。

(3)总平面设计要合理组织厂内外运输,选择方便经济的运输设施和合理的运输线路

运输设计应根据生产工艺和各功能区的要求以及建设地点的具体自然条件,合理布置运输线路,力求运距短、无交叉、无反复运输现象,并尽可能避免人流与物流交叉。厂内道路布置应满足人流、物流和消防的要求,使建筑物、构筑物之间的联系最便捷。运输工具选择上,尽可能不选择有轨运输,以减少占地,节约投资。

(4)总平面布置适应建筑地点的气候、地形、工程水文地质等自然条件

总平面布置应该按照地形、地质条件,因地制宜地进行布置,为生产和运输创造有利条件。力求减少土方工程量,填方与挖土应尽可能平衡。建筑物布置应避开滑坡、断层、危岩等不良地段,以及采空区、软土层区等,力求以最少的建筑费用获得良好的生产条件。

(5)总平面设计必须符合城市规划的要求

工业建筑总平面布置的空间处理,应在满足生产功能的前提下,力求使厂区建筑物、构筑物组合设计整齐、简洁、美观,并与同一工业区内相邻厂房在造型、色彩等方面相互协调。在城镇的厂房应与城镇建设规划统一协调,使厂区建筑成为城镇总体建设面貌的一个良好组成部分。

3. 工业项目总平面设计的评价指标

(1)有关面积的指标

包括厂区占地面积、建筑和构筑物占地面积、永久性堆场占地面积、建筑占地面积(建筑物和构筑物占地面积+永久性占地面积)、厂区道路占地面积、工程管网占地面积、绿化面积等。

(2)比率指标

包括反映土地利用率和绿化率的指标。

① 建筑系数(建筑密度),是指厂区内(一般指厂区围墙内)建筑物、构筑物和各种露天仓库及堆场、操作场地等的占地面积与整个厂区建设用地面积之比。它是反映总平面设计用地是否经济合理的指标,建筑系数大,表明布置紧凑,节约用地,又可缩短管线距离,降低工程造价。建筑系数的计算可用下式计算:

$$建筑系数=建筑占地面积/厂区占地面积 \qquad (5-1)$$

② 土地利用系数,是指厂内建筑物、构筑物、露天仓库及堆场、操作场地、铁路、道路、广场、排水设施地上地下管线等所占面积与整个厂区建设用地面积之比,它综合反映出总平面布置的经济合理性和土地利用效率。土地利用系数可用下式计算:

$$土地利用系数=(建筑占地面积+厂区道路占地面积+工程管网占地面积)$$

$$/厂区占地面积 \qquad (5-2)$$

③ 绿化系数。是指厂区内绿化面积与厂区占地面积之比。它综合反映了厂区的环境质量水平。

(3)工程量指标

包括场地平整土石方量、地上地下管线工程量、防洪设施工程量等。这些指标综合反映了总平面设计中功能分区的合理性及设计方案对地势地形的适应性。

(4)功能指标

包括生产流程短捷、流畅、连续程度;场内运输便捷、安全生产满足程度等。

(5)经济指标

包括每吨货物运输费用、经营费用等。

4. 总平面设计评价方法

总平面设计方案的评价方法很多,有价值工程理论、模糊数学理论、层次分析理论等不同的方法,操作比较复杂。常用的方法是多指标对比法。

（二）工艺设计评价

工艺设计部分要确定企业的技术水平，主要包括建设规模、标准和产品方案；工艺流程和主要设备的选型；主要原材料、燃料供应；"三废"治理及环保措施，此外还包括生产组织及生产过程中的劳动定员情况等。

1. 工艺设计过程中影响工程造价的因素

工艺设计是工程设计的核心，它是根据工业企业生产的特点、生产性质和功能来确定的。工艺设计一般包括生产设备的选择、工业流程设计、工艺定额的制定和生产方法的确定。工艺设计标准高低，不仅直接影响工程建设投资的大小和建设进度，而且还决定着未来企业的产品质量、数量和经营费用。在工艺设计过程中影响工程造价的因素主要包括：

（1）选择合适的生产方法

① 生产方法是否合适首先表现在是否先进适用。落后的生产方法不但会影响产品质量，而且在生产过程中也会造成生产维持费用较高，同时还需要追加投资改进生产方法；但是非常先进的生产方法往往需要较高的技术获取费，如果不能与企业的生产要求及生产环境相配套，将会带来不必要的浪费。

② 生产方法的合理性还表现在是否符合所采用的原料路线。不同的工艺路线往往要求不同的原料路线。选择生产方法时，要考虑工艺路线对原料规格、型号、品质的要求，原料供应是否稳定可靠。

③ 所选择的生产方法应该符合清洁生产的要求。近年来，随着人们环保意识的增强，国家也加大了环境保护执法监督力度，如果所选生产方法不符合清洁生产要求，项目主管部门往往要求投资者追加环保设施投入，带来工程造价的提高。

（2）合理布置工艺流程

工艺流程设计是工艺设计的核心。合理的工艺流程应既能保证主要工序生产的稳定性，又能根据市场需要的变化，在产品生产的品种规格上保持一定的灵活性。工艺流程设计与厂内运输、工程管线布置联系密切。合理布置应保证主要生产工艺流程无交叉和逆行现象，并使生产线路尽可能短，从而节省占地，减少技术管线的工程量，节约造价。

（3）合理的设备选型

在工业建筑中，设备及安装工程投资占有很大的比例，设备的选型不仅影响着工程造价，而且对生产方法及产品质量也有着决定作用。

2. 工艺技术选择的原则

针对工艺设计过程中影响工程造价的因素，工艺技术选择应遵循以下原则：

（1）先进性

项目应尽可能采用先进技术和高新技术。衡量技术先进性的指标有：产品质量性能、产品使用寿命、单位产品物耗能耗、劳动生产率、装备现代化水平等。

（2）适用性

项目所采用的工艺技术应该与国内的资源条件、经济发展水平和管理水平

相适应,具体体现在:

① 采用的工艺路线要与可能得到的原材料、能源、主要辅助材料或半成品相适应。

② 采用的技术与可能得到的设备相适应,包括国内和国外设备、主机和辅机。

③ 采用的技术、设备与当地劳动力素质和管理水平相适应。

④ 采用的技术与环境保护要求相适应,应尽可能采用环保型生产技术。

(3)可靠性

项目所采用的技术和设备质量应该可靠,并且经过生产时间检验,证明是成熟的技术。在引进国外先进技术时,要特别注意技术的可靠性、成熟性和相关条件的配套。

(4)安全性

项目所采用的技术在正常使用过程中应能保证生产安全运行。

(5)经济合理性

在注重所采用的技术设备先进使用、安全可靠的同时,应着重分析所采用的技术是否经济合理,是否有利于降低投资和产品成本,提高综合经济效益。技术的采用不应为先进而先进,要综合考虑技术系统的整体效益,对于影响产品性能质量的关键部分,工艺过程必须严格要求。关键工艺部分,如果专业设备和控制系统国内不能保证供应,则成套引进先进技术和关键设备就是必要的。

3. 设备造型与设计

在工艺设计中确定了生产工艺流程后,就要根据工厂生产规模和工艺过程的要求,选择设备型号和数量,并对一些标准和非标准设备进行设计。设备和工艺的选择是相互依存、紧密相连的。设备选择的重点因设计形式的不同而不同,应该选择能满足生产工艺要求、能达到生产能力的最适用的设备。

(1)设备选型的基本要求

对主要设备方案选择时应满足以下要求:

① 主要设备方案应与拟选的建设规模生产工艺相适应,满足投产后生产(或使用)的要求。

② 主要设备之间、主要设备与辅助设备之间的能力相互配套。

③ 设备质量、性能成熟,以保证生产的稳定和产品质量。

④ 设备选择应在保证质量性能的前提下,力求经济合理。

⑤ 选用设备时,应符合国家和有关部门颁布的相关技术标准要求。

(2)设备选型时应考虑的主要因素

设备选型的依据是企业对生产产品的工艺要求。设备选型重点要考虑设备的使用性能、经济性、可靠性和可维修性等。

① 设备的使用性能,包括:设备要满足产品生产工艺的技术要求,设备的生产率,与其他系统的配套性、灵活性,及其对环境的污染情况等。

② 经济性。选择设备时,既要使设备的购置费用不高,又要使设备的维修费

较为节省。任何设备都要消耗能量,但应使能源消耗较少,并能节省劳动力消耗。设备要有一定的自然寿命,即耐用性。

③ 设备的可靠性,是指机器设备的精度、准确度的保持性,机器零件的耐用性、执行功能的可靠程度,操作是否安全等。

④ 设备的可维修性。设备维修的难易程度用可维修性表示。一般说来,设计合理,结构比较简单,零部件组合理,维修时零部件易拆易装,检查容易,零件的通用性、标准性及互换性好,那么可维修性就好。

(3)设备选型方案评价

合理选择设备,可以使有限的投资发挥最大的技术经济效益。设备选型应该遵循生产上适用、技术上先进、经济上合理的原则,考虑生产率、工艺性、可靠性、可维修性、经济性、安全性、环境保护性等因素进行设备选型。设备选择方案评价的方法有工程经济相关理论、寿命周期成本评价法(LCC)、本量利分析法等。

4. 工艺技术方案的评价

对工艺技术方案进行必选的内容主要有:技术的先进程度、可靠程度,技术对产品质量性能的保证程度,技术对原料的适应程度,工艺流程的合理性,技术获得的难易程度,对环境的影响程度,技术转让费或专利费等技术经济指标。

对工艺技术方案进行必选的方法很多,主要有多指标评价法和投资效益评价法。

(三)建筑设计评价

1. 建筑设计影响工程造价的因素

建筑设计部分,应在兼顾施工过程的合理组织和施工条件的同时,重点考虑工程的平面立体设计和结构方案及工艺要求等因素:

(1)平面形状

一般地说,建筑物平面形状越简单,它的单位面积造价就越低。当一座建筑物的平面又长又宽,或它的外形做得复杂而不规则时,其周长与建筑面积的比率必将增加,伴随而来的是较高的单位造价。因为不规则的建筑物将导致室外工程、排水工程、砌砖工程及屋面工程等复杂化,从而增加工程费用。平面形状的选择除考虑造价因素外,还应注意对美观、采光和使用要求方面的影响。

(2)流通空间

建筑物的经济平面布置的主要目标之一是,在满足建筑物使用要求和必需的美观要求的前提下,将流通空间减少到最小,这样可以相应地降低造价。

(3)层高

在建筑面积不变的情况下,建筑层高增加会引起各项费用的增加:墙与隔墙及其有关粉刷、装饰费用的提高;供暖空间体积增加,导致热源及管道费增加;卫生设备、上下管道长度增加;楼梯间造价和电梯设备费用的增加;施工垂直运输量增加;如果由于层高增加而导致建筑物总高度增加很多,则还可能需要增加结构和基础造价。

单层厂房的高度主要取决于车间内的运输方式。选择正确的车间运输方式，对于降低厂房高度、降低造价具有重要意义。在可能的条件下，特别是当起重量较小时，应考虑采用悬挂式运输设备来代替桥式吊车；多层厂房的层高应综合考虑生产工艺、采光、通风及建筑经济的因素来进行选择，多层厂房的建筑层高度还取决于能否容纳车间内的最大生产设备和满足运输的要求。

(4)建筑物层数

毫无疑问，建筑工程总造价是随着建筑物的层数增加而提高的。但是当建筑层数增加时，单位建筑面积所分摊的土地费用及外部流通空间费用将有所降低，从而使建筑物单位面积发生变化。建筑物层数对造价的影响，因建筑类型、形式和结构不同而不同。如果增加一个楼层不影响建筑物的结构形式，单位建筑面积的造价可能会降低。但是当建筑物超过一定层数时，结构形式就要改变，单位造价通常会增加。建筑物越高，电梯及楼梯的造价有提高趋势，建筑物的维修费用也将增加，但是采暖费用有可能下降。

工业厂房层数的选择就应该重点考虑生产性质和生产工艺的要求。对于需要跨度大和层度高，拥有重型生产设备和起重设备，生产时有较大振动及大量热和气散发的重型工业设备，采用单层厂房是经济合理的；而对于工艺过程紧凑，设备和产品重量不大，并要求恒温条件的各种轻型车间，可采用多层厂房，以充分利用土地，节约基础工程量，缩短交通线路和工程管线的长度，降低单方造价。同时还可以减少传热面，节约热能。

确定多层厂房的经济层数主要有两个因素：一是厂房展开面积的大小。展开面积越大，层数越可提高。二是厂房宽度和长度。宽度和长度越大，则经济层数越能增高，造价也随之相应降低。

(5)柱网布置

柱网布置是确定柱子的行距（跨度）和间距（每行柱子中相邻两个柱子间的距离）的依据。柱网布置是否合理，对工程造价和厂房面积的利用效率都有较大的影响。由于科学技术的飞跃发展，生产设备和生产工艺都在不断地变化。为适应这种变化，厂房柱距和跨度应当适当扩大，以保证厂房有更大的灵活性，避免生产设备和工艺的改变受到柱网布置的限制。

柱网的选择与厂房中有无吊车、吊车的类型及吨位、屋顶的承重结构以及厂房的高度等因素有关。对于单跨厂房，当柱间距不变时，跨度越大单位面积造价越低。对于多跨厂房，当跨度不变时，中跨数量越多越经济。这时因为柱子和基础分摊在单位面积上造价减少。

(6)建筑物的体积与面积

通常情况下，随着建筑物体积和面积的增加，工程总造价会提高。对于工业建筑，在不影响生产能力的条件下，厂房、设备布置力求紧凑合理；要采用先进工艺和高效能的设备，节省厂房面积；要采用大跨度、大柱距的大厂房平面设计形式，提高平面利用系数。

(7)建筑结构

建筑结构是指建筑工程中由基础、梁、板、柱、墙、屋架等构件所组成的起骨架作用的、能承受直接和间接"荷载"的体系。建筑结构按所用材料可分为:砌体结构、钢筋混凝土结构、钢结构和木结构等。

建筑材料和建筑结构选择是否合理,不仅直接影响到工程质量、使用寿命、耐火抗震性能,而且对施工费用、工程造价有很大的影响。尤其是建筑材料,一般占直接费的70%,降低材料费用,不仅可以降低直接费,而且也会导致间接费的降低。采用各种先进的结构形式和轻质高强度建筑材料,能减轻建筑物自重,简化基础工程,减少建筑材料和构配件的费用及运费,并能提高劳动生产率和缩短建设工期,经济效果十分明显。

2. 建筑设计的要求

针对上述在建筑设计中影响工程造价的因素,在建筑设计中应遵循以下原则:

(1)在建筑平面布置和立面形式选择上,应该满足生产工艺要求。在进行建筑设计时,应该熟悉生产工艺资料,掌握生产工艺特性及其对建筑的影响。根据生产工艺资料确定车间的高度、跨度及面积;根据不同的生产工艺过程和功能决定车间平面组合方式。

(2)根据设备种类、规格、数量、重量和振动情况,以及设备的外形及基础尺寸,决定建筑物的大小、布置和基础类型,以及建筑结构的选择。

(3)根据生产组织管理、生产工艺技术、生产状况提出劳动卫生和建筑结构的要求。

3. 建筑设计评价指标

(1)单位面积造价

建筑物平面形状、层数、层高、柱网布置、建筑结构及建筑材料等因素都会影响单位面积造价。因此,单位面积造价是一个综合性很强的指标。

(2)建筑物周长与建筑面积比

主要使用单位建筑面积所占的外墙长度指标 $K_周$,$K_周$ 越低,设计越经济。$K_周$ 按圆形、正方系、矩形、T形、L形的次序依次增长。该指标主要用于评价建筑物平面形状是否经济。该指标越低,平面形状越经济。

(3)厂房展开面积

主要用于确定多层厂房的经济层数,展开面积越大,经济层数越可增加。

(4)厂房有效面积与建筑面积比

该指标主要用于评价柱网布置是否合理。合理的柱网布置可以提高厂房有效使用面积。

(5)工程全寿命成本

工程全寿命成本包括工程造价及工程建成后的使用成本,这是一个评价建筑物功能水平是否合理的综合性指标。一般来讲,功能水平低,工程造价低,但是使用成本高;功能水平高,工程造价高,但是使用成本低。工程全寿命成本最低时,功能水平最合理。

三、民用建设项目设计评价

民用建设项目设计是根据建筑物的使用功能要求,确定建筑标准、结构形式、建筑物空间与平面布置以及建筑群体的配置等。民用建筑设计包括住宅设计、公共建筑设计以及住宅小区设计。住宅建筑是民用建筑中最大量、最主要的建筑形式。因此,本书主要介绍住宅建筑设计方案评价。

(一)住宅小区建设规划

我国城市居民点的总体规划一般分为居住区、小区和住宅组三级布置,即由几个住宅组组成小区,又由几个小区组成居住区。住宅小区是人们日常生活相对完整、独立的居住单元,是城市建设的组成部分,所以小区布置是否合理,直接关系到居民生活质量和城市建设发展等重大问题。在进行住宅小区建设规划时,要根据小区的基本功能和要求,确定各构成部分的合理层次与关系,据此安排住宅建筑、公共建筑、管网、道路及绿地的布局,确定合理人口与建筑密度、房屋间距和建筑层数,布置公共设施项目、规模及服务半径,以及水、电、热、燃气的供应等,并划分包括土地开发在内的上述各部分的投资比例。小区规划设计的核心问题是提高土地利用率。

1. 住宅小区规划中影响工程造价的主要因素

(1)占地面积

居住小区的占地面积不仅直接决定着土地费的高低,而且影响着小区内道路、工程管线长度和公共设备的多少,而这些费用对小区建设投资的影响通常很大。因而,用地面积指标在很大程度上影响小区建设的总造价。

(2)建筑群体的布置形式

建筑群体的布置形式对用地的影响不容忽视,通过采取高低搭配、点条结合、前后错列以及局部东西向布置、斜向布置或拐角单元等手法可节省用地。在保证小区居住功能的前提下,适当集中公共设施,合理布置道路,充分利用小区内的边角用地,有利于提高建筑密度,降低小区的总造价。

2. 在住宅小区规划设计中节约用地的主要措施

(1)压缩建筑的间距

住宅建筑的间距主要有日照间距、防火间距和使用间距,取最大间距作为设计依据。北京地区住宅建筑的间距从 1.8 倍压缩到 1.6 倍,对于四单元六层住宅间的用地可节约 230m² 左右,每建 10 万 m² 的住宅小区可少占地 0.7hm² 左右。

(2)提高住宅层数或高低层搭配。提高住宅层数和采用多层、高层搭配是节约用地、增加建筑面积的有效措施。据国外计算资料,建筑层数由五层增加到九层,可使小区总居住面积密度提高 35%。但是高层住宅造价较高,居住不方便。因此,确定住宅的合理层数对节约用地和节省投资有很大的影响。

(3)适当增加房屋长度。房屋长度的增加可以取消山墙间的间隔距离,提高建筑密度。

[做一做]

查阅资料,你所居住的地区日照间距应是多少。

（4）提高公共建筑的层数。公共建筑分散建设占地多,如能将有关的公共设施集中建在一栋楼内,不仅方便群众,而且还节约用地。有的公共设施还可放在住宅底层或半地下室。

（5）合理布置道路。在满足住宅小区人流、车流进出便捷通畅的情况下,减少占地,有利于提高建筑密度,提高投资效益。

3. 居住小区设计方案评价指标

居住小区设计方案评价指标见公式:

$$建筑毛密度＝居住和公共建筑基底面积/居住小区占地总面积\times100\%; \qquad (5-3)$$

$$居住建筑净密度＝居住建筑基底面积/居住建筑占地面积\times100\%; \qquad (5-4)$$

$$居住面积密度＝居住面积/居住建筑占地面积(M^2/ha)\times100\%; \qquad (5-5)$$

$$居住建筑面积密度＝居住建筑面积/居住建筑占地面积(M^2/ha)\times100\%; \qquad (5-6)$$

$$人口毛密度＝居住人数/居住小区占地总面积(人/ha)\times100\%; \qquad (5-7)$$

$$人口净密度＝居住人数/居住建筑占地面积(人/ha)\times100\%; \qquad (5-8)$$

$$绿化比率＝居住小区绿化面积/居住小区占地总面积\times100\%。 \qquad (5-9)$$

其中,需要注意区别的是居住建筑净密度和居住面积密度。

（1）居住建筑净密度是衡量用地经济性和保证居住区必要卫生条件的主要技术经济指标

其数值大小与建筑层数、房屋间距、层高、房屋排列方式等因素有关。适当提高建筑密度,可节省用地,但应保证日照、通风、防火、交通安全的基本需要。

（2）居住面积密度是反映建筑布置、平面设计与用地之间关系的重要指标

影响居住面积密度的主要因素是房屋的层数,增加层数其数值就增大,有利于节约土地和管线费用。

(二)民用住宅建筑设计评价

1. 民用住宅建筑设计影响工程造价的因素

（1）建筑物平面形状和周长系数

与工业项目建筑设计类似,如按使用指标,虽然圆形建筑周长最小,但由于施工复杂,施工费用较矩形建筑增加20%～30%,故其墙体工程量的减少不能使建筑工程造价降低,而且使用面积有效利用率不高,用户使用不便。因此,一般都建造矩形和正方形住宅,既有利于施工,又能降低造价和使用方便。在矩形住宅建筑中,又以长∶宽＝2∶1为佳。一般住宅单元以3～4个住宅单元、房屋长度60～80m较为经济。

在满足住宅功能和质量前提下,适当加大住宅宽度。这时由于宽度加大,墙体面积系数相应减少,有利于降低造价。

（2）住宅的层高和净高

住宅的层高和净高,直接影响工程造价。根据不同性质的工程综合测算住

宅层高每降低 10cm,可降低造价 1.2%～1.5%。层高降低还可提高住宅区的建筑密度,节约土地成本及市政设施费。但是,层高设计中还需考虑采光与通风问题,层高过低不利于采光及通风,民用住宅的层高一般不宜超过 2.8m。

(3)住宅的层数与工程造价的关系

民用建筑按层数划分为低层住宅(1～3 层)、多层住宅(4～6 层)、中层住宅(7～9 层)和高层住宅(10 层以上)。民用建筑中,多层住宅具有降低造价和使用费用以及节约用地的优点。

随着住宅层数的增加,单方造价系数在逐渐降低,即层数越多越经济。但是边际造价系数也在逐渐减小,说明随着层数的增减,单方造价系数下降幅度减缓,当住宅超过 7 层,就要增加电梯费用,需要较多的交通面积(过道、走廊要加宽)和补充设备(供水设备和供电设备等)。特别是高层住宅,要经受较强的风力荷载,需要提高结构强度,改变结构形式,使工程造价大幅度上升。因此,中小城市以建造多层住宅较为经济,大城市可沿主要街道建设一部分高层住宅,以合理利用空间,美化市容。对于土地特别昂贵的地区,为了降低土地费用,中、高层住宅是比较经济的选择。

(4)住宅单元组成、户型和住户面积

据统计,三居室住宅的设计比两居室的设计降低 1.5%左右的工程造价,四居室的设计又比三居室的设计降低 3.5%的工程造价。

衡量单元组成、户型设计的指标是结构面积系数(住宅结构面积与建筑面积之比),系数越小设计方案越经济。因为结构面积小,有效面积就增加。结构面积系数除与房屋结构有关外,还与房屋外形及其长度和宽度有关,同时也与房间平均面积大小和户型组成有关。房屋平均面积越大,内墙、隔墙在建筑面积所占比重就越小。

(5)住宅建筑结构的选择

随着我国工业化水平的提高,住宅工业化建筑体系的结构形式多种多样,考虑工程造价时应根据实际情况,因地制宜、就地取材,采用适合本地区经济合理的结构形式。

2. 民用住宅建筑设计的基本原则

民用建筑设计要坚持"适用、经济、美观"的原则。

(1)平面布置合理,长度和宽度比例适当;

(2)合理确定户型和住户面积;

(3)合理确定层数与层高;

(4)合理选择结构方案。

3. 民用建筑设计的评价指标

(1)平面指标

该指标用来衡量平面布置的紧凑性、合理性。

$$平面系数 K＝居住面积/建筑面积×100\% \qquad (5-10)$$

$$平面系数 K_1＝居住面积/有效面积×100\% \qquad (5-11)$$

$$平面系数 K_2 = 辅助面积 / 有效面积 \times 100\% \qquad (5-12)$$

$$平面系数 K_3 = 结构面积 / 建筑面积 \times 100\% \qquad (5-13)$$

其中,有效面积指建筑平面中可供使用的面积;居住面积=有效面积—辅助面积;结构面积指建筑平面中结构所占的面积;有效面积+结构面积=建筑面积。对于民用建筑,应尽量减少结构面积比例,增加有效面积。

(2)建筑周长指标

这个指标是墙长与建筑面积之比。居住建筑进深加大,则单元周长缩小,可节约用地,减少墙体积,降低造价。

$$单元周长指标 = 单元周长 / 单元建筑面积(m/m^2) \qquad (5-14)$$

$$建筑周长指标 = 建筑周长 / 建筑占地面积(m/m^2) \qquad (5-15)$$

(3)建筑体积指标

该指标是建筑体积与建筑面积之比,是衡量层高的指标。

$$建筑体积指标 = 建筑体积 / 建筑面积(m^3/m^2) \qquad (5-16)$$

(4)面积定额指标

该指标用于控制设计面积。

$$户均建筑面积 = 建筑总面积 / 总户数 \qquad (5-17)$$

$$户均使用面积 = 使用总面积 / 总户数 \qquad (5-18)$$

$$户均面宽指标 = 建筑物总长度 / 总户数 \qquad (5-19)$$

(5)户型比

指不同居室数的户数占总户数的比例,是评价户型结构是否合理的指标。

第三节　设计概算的编制与审核

一、设计概算的基本概念

(一)设计概算的含义

建设项目设计概算是初步设计文件的重要组成部分,它是在投资估算的控制下由设计单位根据初步设计或扩大初步设计的图纸及说明,利用国家或地区颁发的概算指标、概算定额或综合指标预算定额、设备材料预算价格等资料,按照设计要求,概略地计算建筑物或构筑物造价的文件。其特点是编制工作相对简略,无需达到施工图预算的准确程度。采用两阶段设计的建设项目,初步设计阶段必须编制设计概算;采用三阶段设计的建设项目,扩大初步设计阶段必须编制修正概算。

（二）设计概算的作用

1. 设计概算是编制建设项目投资计划、确定和控制建设项目投资的依据

国家规定,编制年度固定资产投资计划,确定计划投资总额及其构成数额,要以批准的初步设计概算为依据,没有批准的初步设计文件及其概算,建设工程就不能列入年度固定资产投资计划。

设计概算一经批准,将作为控制建设项目投资的最高限额。竣工结算不能突破施工图预算,施工图预算不能突破设计概算。如果由于设计变更等原因建设费用超过概算,必须重新审查批准。

2. 设计概算是签订建设工程合同和贷款合同的依据

在国家颁布的合同法中明确规定,建设工程合同价款是以设计概、预算价为依据,且总承包合同不得超过设计总概算的投资额。银行贷款或各单项工程的拨款累计总额不能超过设计概算,如果项目投资计划所列投资额与贷款突破设计概算时,必须查明原因,之后由建设单位报请上级主管部门不予调整或追加设计概算总投资,凡未批准之前,银行对其超支部分不予拨付。

3. 设计概算是控制施工图设计和施工预算的依据

设计单位必须按照批准的初步设计和总概算进行施工图设计,施工图预算不得突破设计概算。如确需突破概算时,应按规定程序报批。

4. 设计概算是衡量设计方案技术经济合理性和选择最佳设计方案的依据

设计部门在初步设计阶段要选择最佳设计方案,设计概算是从经济角度衡量设计方案经济合理性的重要依据。因此,设计概算是衡量设计方案技术经济合理性和选择最佳设计方案的依据。

5. 设计概算是考核建设项目投资效果的依据

通过设计概算与竣工决算对比,可以分析和考核投资效果的好坏,同时还可以验证设计概算的准确性,有利于加强设计概算管理和建设项目的造价管理工作。

[问一问]

设计概算分为哪几类?

（三）设计概算的内容

设计概算可分为单位工程概算、单项工程综合概算和建设项目总概算三级。

1. 单位工程概算

单位工程是指具有单独设计文件、能够独立组织施工的工程,是单项工程的组成部分。单位工程概算是确定各单位工程建设费用的文件,是编制单项工程综合概算的依据,是单项工程综合概算的组成部分。单位工程概算按其工程性质分为建筑工程概算和设备及安装工程概算两大类。建筑工程概算包括土建工程概算,给排水、采暖工程概算,通风、空调工程概算,电器照明工程概算,弱电工程概算,特殊构筑物工程概算等;设备及安装工程概算包括机械设备及安装工程概算,电气设备及安装工程概算,热力设备及安装工程概算,工具、器具及生产家具购置费概算等。

2. 单项工程概算

单项工程是指在一个建设项目中,具有独立的设计文件,建成后可以独立发挥生产能力或工程效益的项目。它是建设项目的组成部分。单项工程是一个复杂的综合体,是具有独立存在意义的一个完整工程。单项工程概算是确定一个单项工程所需建设费用的文件,它是由单项工程中各单位工程概算汇总编制而成的,是建设项目总概算的组成部分。

3. 建设项目总概算

建设项目总概算是确定整个建设项目从筹建到竣工验收所需全部费用的文件,它是由各单项工程综合概算、工程建设其他费用概算、预备费、建设期贷款利息和投资方向调节税概算汇总编制而成的。

若干个单位工程概算汇总后成为单项工程概算,若干个单项工程概算和工程建设其他费用、预备费、建设期利息等概算文件汇总成为建设项目总概算。单项工程概算和建设项目总概算仅是一种归纳、汇总性文件,因此,最基本的计算文件是单位工程概算书。建设项目若为一个独立单项工程,则建设项目总概算书与单项工程综合概算书可合并编制。

二、设计概算的编制原则和依据

(一)设计概算的编制原则

(1)严格执行国家的建设方针和经济政策的原则

设计概算是一项重要的技术经济工作,要严格按照党和国家的方针、政策办事,坚决执行勤俭节约的方针,严格执行规定的设计标准。

(2)要完整、准确地反映设计内容的原则

编制设计概算时,要认真了解设计意图,根据设计文件、图纸准确计算工程量,避免重算和漏算。设计修改后,要及时修正概算。

(3)要坚持结合拟建工程的实际,反映工程所在地当时价格水平的原则

为提高设计概算的准确性,要求实事求是地对工程所在地的建设条件、可能影响造价的各种因素进行认真的调查研究,在此基础上正确使用定额、指标、费率和价格等各项编制依据,按照现行工程造价的构成,根据有关部门发布的价格信息及价格调整指数,考虑建设期的价格变化因素,使概算尽可能地反映设计内容、施工条件和实际价格。

(二)设计概算的编制依据

1. 国家、行业和地方政府有关建设和造价管理的法律、法规、规定。
2. 批准的建设项目的设计任务书和主管部门的有关规定。
3. 初步设计项目一览表。
4. 能满足编制设计概算的各专业设计图纸、文字说明和主要设备表,其中包括:

(1)土建工程中建筑专业提交建筑平、立、剖面图和初步设计文字说明;结构专业的结构平面布置图、构件截面尺寸、特殊构件配筋率。

(2)给水排水、电气、采暖通风、空气调节、动力等专业的平面布置图或文字说明和主要设备表。

（3）室外工程有关各专业提交平面布置图；总图专业提交建设场地的地形图和场地设计标高及道路、排水沟、挡土墙、围墙等构筑物的断面尺寸。

5. 正常的施工组织设计。

6. 当地和主管部门的现行建筑工程和专业安装工程的概算定额、单位估价表、材料及构配件预算价格、工程费用定额和有关费用规定的文件等资料。

7. 现行的有关设备原价及运杂费率。

8. 现行的有关其他费用额、指标和价格。

9. 资金筹措方式。

10. 建设场地的自然条件和施工条件。

11. 类似工程的概、预算及技术经济指标。

12. 建设单位提供的有关工程造价的其他资料。

13. 有关合同、协议等其他资料。

三、设计概算的编制方法

建设项目设计概算的编制，一般首先编制单位工程的设计概算，然后再逐级汇总，形成单项工程综合概算及建设项目总概算。因此，下面分别介绍单位工程设计概算、单项工程综合概算和建设项目总概算的编制方法。

（一）单位工程概算的编制方法

1. 单位工程概算的内容

单位工程概算书是计算一个独立建筑物或构建物中每个专业工程所需工程费用的文件，分为以下两类：建筑工程概算书和设备及安装工程概算书。单位工程概算文件应包括：建筑（安装）工程直接工程费计算表，建筑（安装）工程人工、材料、机械台班价差表，建筑（安装）工程费用构成表。

[问一问]

设计概算有哪些编制方法？

建筑工程概算的编制方法有：概算定额法、概算指标法、类似工程预算法等；设备及安装工程预算的编制方法有：预算单价法、扩大单价法、设备价值百分比法和综合吨位指标法等。单位工程概算投资由直接费、间接费、利润和税金组成。

2. 单位建筑工程概算的编制方法

（1）概算定额法

概算定额法又叫扩大单价法或扩大结构定额法。它是采用概算定额编制建筑工程概算的方法，是根据初步设计图纸资料和概算定额的项目划分计算出工程量，然后套用概算定额单价，计算汇总后，再计取有关费用，便可得出单价工程概算造价。

概算定额法要求初步设计达到一定深度，建筑结构比较明确，能按照初步设计的平面、立面、剖面图纸计算出楼地面、墙身、门窗和屋面等分部工程项目的工程量，才可采用。

概算定额法编制设计概算的步骤：

① 列出单位工程中分项工程或扩大分项工程的项目名称，并计算其工程量。

② 确定各分部分项工程项目的概算定额单价。

③ 计算分部分项工程的直接工程费，合计得到单位工程直接工程费总和。

④ 按照有关规定标准计算措施费，合计得到单位工程直接费。

⑤ 按照一定的取费标准和计算基础计算间接费和利税。

⑥ 计算单位工程概算造价。

⑦ 计算单位建筑工程经济技术指标。

(2)概算指标法

概算指标法是采用直接工程费指标，用拟建的厂房、住宅的建筑面积乘以技术条件相同或基本相同工程的概算指标，得出直接工程费，然后按规定计算出措施费、间接费、利润和税金等，编制出单位工程概算的方法。

当初步设计深度不够，不能准确地计算出工程量，而工程设计技术比较成熟而又有类似工程概算指标可以利用时，可采用概算指标法。

由于拟建工程往往与类似工程的概算指标的技术条件不尽相同，而且概算指标编制年份的设备、材料、人工等价格与拟建工程当时当地的价格也不会一样，因此，必须对其进行调整。其调整方法是：

① 设计对象的结构特征与概算指标有局部差异时的调整

$$结构变化修正概算指标(元/m^2) = J + Q_1 P_1 - Q_2 P_2 \qquad (5-20)$$

式中　J——原概算指标；

　　　Q_1——换入新结构的数量；

　　　Q_2——换出旧结构的数量；

　　　P_1——换入新结构的单价；

　　　P_2——换出旧结构的单价；

或：

结构变化修正概算指标的人工、材料、机械消耗量＝原概算指标的人工、材料、机械消耗量＋换入结构件工程量×相应定额人工、材料、机械消耗量－换出结构件工程量×相应定额人工材料、机械消耗量

$$\qquad (5-21)$$

以上两种方法，前者是直接修正结构件指标单价，后者是修正结构件指标人工、材料、机械台班消耗量。

② 设备、人工、材料、机械台班费用的调整

设备、人工、材料、机械修正概算费用＝原概算指标的设备人工、材料、机械费用

$$+ \sum(换入设备、人工、材料、机械消耗量×拟建地区相应单价)$$

$$- \sum(换出设备、人工、材料、机械消耗量原概算指标设备、人工、材料、机械单价)$$

$$\qquad (5-22)$$

(3)类似工程预算法

类似工程预算法是利用建设条件与设计对象相类似的已完工工程或在建工

程的工程造价资料来编制拟建工程设计概算的方法。

工程预算法在拟建工程的设计与已完工工程或在建工程的设计相类似而又没有可用的概算指标时采用,但必须对建筑结构差异和价差进行调整。建筑结构差异的调整方法与概算指标法的调整方法相同。类似工程造价的价差调整常用的两种方法是:

① 类似工程造价资料有具体的人工、材料、机械台班的用量时,可按类似工程预算造价资料中的主要材料用量、工日数量、机械台班用量乘以拟建工程所在地的主要材料预算价格、人工单价、机械台班单价,计算出直接工程费,再乘以当地的综合费率,即可得出所需的造价指标。

② 类似工程造价资料只用人工、材料、机械台班费用和措施费、间接费时,可按下面公式调整:

$$D = A * K \qquad (5-23)$$

$$K = a\% K_1 + b\% K_2 + c\% K_3 + d\% K_4 + e\% K_5 \qquad (5-24)$$

式中　D——拟建工程单方概算造价;

　　　　A——类似工程单方预算造价;

　　　　K——综合调整系数;

　　　　$a\%$、$b\%$、$c\%$、$d\%$、$e\%$——类似工程预算的人工费、材料费、机械台班费、

　　　　　　　　　　　　措施费、间接费占预算造价的比重;

　　　　K_1、K_2、K_3、K_4、K_5——拟建工程地区与类似工程预算造价在人工费、材料

　　　　　　　　　　　　费、机械台班费、措施费和间接费之间的差异系数。

3. 设备及安装单位工程概算的编制方法

设备及安装工程概算包括设备购置费用概算和设备安装工程费用概算两大部分。

(1)设备购置费概算

设备购置费是根据初步设计的设备清单计算出设备原价,并汇总求出设备总原价,然后按有关规定的设备运杂费率乘以设备总原价,两项相加即为设备购置费概算。

有关设备原价、运杂费和设备购置费的概算可参见第一章第二节的计算方法。

(2)设备安装工程费概算的编制方法

设备安装工程费概算的编制方法应根据初步设计深度和要求所明确的程度而采用。其主要编制方法有:

① 预算单价法

当初步设计较深,有详细的设备清单时,可直接按安装工程预算定额单价编制安装工程概算,概算编制程序基本同于安装工程施工图预算。该法具有技术比较具体,精确性较高之优点。

② 扩大单价法

当初步设计深度不够，设备清单不完备，只有主体设备或仅有成套设备重量时，可采用主体设备、成套设备的综合扩大安装单价来编制概算。

上述两种方法的具体操作与建筑工程概算相类似。

③ 设备价值百分比法

又叫安装设备百分比法。当初步设计深度不够，只有设备出场价而无详细规格、重量时，安装费可按占设备费的百分比计算。其百分比值由相关管理部门指定或由设计单位根据已完类似工程确定。该法常用于价格波动不大的定型产品和通用设备产品。数学表达式为：

$$设备安装费＝设备原价×安装费率（\%）\qquad(5-25)$$

④ 综合吨位指标法

当初步设计提供的设备清单有规格和设备重量时，可采用综合吨位指标编制概算，其综合吨位指标由相关主管部门或由设计院根据已完类似工程资料圈定。该法常用于设备价格波动较大的非标准设备和引进设备的安装工程概算。数学表达式为：

$$设备安装费＝设备吨重×每吨设备安装费指标（元/吨）\qquad(5-26)$$

(二)单项工程综合概算的编制方法

1. 单项工程综合概算的含义

单项工程综合概算是确定单项工程建设费用的综合性文件，它是由该单项工程各专业单位工程概算汇总而成的，是建设项目总概算的组成部分。

2. 单项工程综合概算的内容

[问一问]

请问单项工程综合概算包括哪些内容？

单项工程综合概算文件一般包括编制说明（不编制总概算时列入）、综合概算表(含其所附的单位工程概算表和建筑材料表)两大部分。当建设项目只有一个单项工程时，此时综合概算文件(实为总概算)除包括上述两大部分外，还应包括工程建设其他费用、建设期贷款利息、预备费和固定资产投资方向调节税的概算。

(1)编制说明

编制说明在综合概算表的前面，其内容为：

① 工程概况

建设项目形式、特点、生产规模、建设周期、建设地点等主要情况，引进内容以及与国内配套工程等主要情况。

② 编制依据

包括国家和有关部门的规定、设计文件，现行概算定额或概算指标设备材料的预算价格和费用指标等。

③ 编制方法

说明设计概算是采用概算定额法，还是采用概算指标法或其他方法。

④ 其他

必要的说明。

（2）综合概算表

综合概算表是根据单项工程所辖范围内的各单位工程概算等基础资料，按照国家或部委所规定的统一表格进行编制。

① 综合概算表的项目组成，工业建设项目综合概算表由建筑工程和设备及安装工程两大部分组成；民用工程项目综合概算表仅建筑工程一项。

② 综合概算的费用组成。一般应包括建筑工程费用、安装工程费用、设备购置及工（器）具和生产家具购置费所组成。当编制总概算时，还应包括工程建设其他费用、建设期贷款利息、预备费和固定资产投资方向调节税等费用项目。

（三）建设项目总概算的编制方法

1. 总概算的含义

建设项目总概算是设计文件的重要组成部分，是确定整个建设项目从筹建到竣工交付使用预计花费的全部费用的文件。它是由各单项工程综合概算、工程建设其他费用、建设期贷款利息、预备费、固定资产投资方向调节税和经营性项目的铺底流动资金概算所组成，按照主管部门规定的统一表格进行编制而成的。

2. 总概算的内容

设计总概算文件一般应包括：编制说明、总概算表、各单项工程综合概算书、工程建设其他费用概算表、主要建筑安装材料汇总表。独立装订成册的总概算文件宜加封面、签署和目录。

（1）编制说明

编制说明的内容与单项工程综合概算文件相同。

（2）总概算表

总概算表格式如表4-5所示。

（3）工程建设其他费用概算表

工程建设其他费用概算按国家或地区或部委所规定的项目和标准确定，并按同一格式编制。

（4）主要建筑安装材料汇总表

针对每一个单项工程列出钢筋、水泥、木材等主要建筑安装材料的消耗量。

四、设计概算的审查

（一）审查设计概算的意义

1. 有利于合理分配投资资金、加强投资计划管理，有助于合理确定和有效控制工程造价。

2. 有利于促进概算编制单位严格执行国家有关概算的编制规定和费用标准。

3. 有利于促进设计的技术先进性与经济合理性。

4. 有利于核定建设项目的投资规模。

5. 有利于为建设项目投资的落实提供可靠的依据。

(二)设计概算的审查内容

1. 审查编制依据

(1)审查编制依据的合法性。

(2)审查编制依据的时效性。

(3)审查编制依据的适用范围。

2. 审查编制深度

(1)审查编制说明。审查编制说明可以检查概算的编制方法、深度和编制依据等重大原则问题,若编制说明有差错,具体概算必有差错。

(2)审查概算编制的完整性。审查是否有符合规定的"三级概算",各级概算的编制、核对、审核是否按规定签署,有无随意简化,有无把"三级概算"简化为"二级概算"甚至"一级概算"。

(3)审查概算的编制范围。

3. 审查工程概算的内容

(1)审查概算的编制是否符合党的方针、政策,是否根据工程所在地的自然条件编制。

(2)审查建设规模(投资规模、生产能力等)、建设标准(用地指标、建筑标准等)、配套工程、设计定员等是否符合原批准的可行性研究报告或立项批文的标准。对总概算投资超过批准投资估算 10%以上的,应查明原因,重新上报审批。

(3)审查编制方法、计价依据和程序是否符合现行规定。

(4)审查工程量是否正确。

(5)审查材料用量和价格。

(6)审查设备。

(7)审查建筑安装工程的各项费用的计取。

(8)审查综合概算、总概算的编制内容、方法是否符合现行规定和设计文件的要求,有无设计文件外项目,有无将非生产性项目以生产性项目列入。

(9)审查总概算文件的组成内容,是否完整地包括了建设项目从筹建到竣工投产为止的全部费用组成。

(10)审查工程建设其他各项费用。这部分费用内容多、弹性大,约占项目总投资 25%以上,要按国家和地区规定逐项审查,不属于总概算范围的费用项目不能列入概算,具体费率或计取标准是否按国家、行业有关部门规定计算,有无随意列项、有无多列、交叉计列和漏项等。

(11)审查项目的"三废"治理。拟建项目必须同时安排"三废"(废水、废气、废渣)的治理方案和投资,对于未作安排或漏项或多算、重算的项目,要按国家有关规定核实投资,以满足"三废"排放达到国家标准。

(12)审查技术经济指标。技术经济指标计算方法和程序是否正确,综合指标和单项指标与同类型工程指标相比,是偏高还是偏低,其原因是什么并予纠正。

(13)审查投资经济效果。设计概算是初步设计经济效果的反映,要按照生产规模、工艺流程、产品品种和质量,从企业的投资效益和投产后的运营效益全面分析,是否达到了先进可靠、经济合理的要求。

(三)审查工程概算的方法

采用适当方法审查设计概算,是确保审查质量、提高审查效率的关键。常用方法有:

1. 对比分析法

对比分析法主要是通过建设规模、标准与立项批文对比;工程数量与设计图纸对比;综合范围、内容与编制方法、规定对比;各项取费与规定标准对比;材料、人工单价与统一信息对比;引进设备、技术投资与报价要求对比;技术经济指标与同类工程对比等。

2. 查询核实法

查询核实法是对一些关键设备和设施、重要装置、引进工程图纸不全、难以核算的较大投资进行多方查询核对,逐项落实的方法。

3. 联合会审法

组成由业主、审批单位、专家等参加的联合审查组,组织召开联合审查会。审前可先采取多种形式分头审查,包括业主预审、工程造价咨询公司评审、邀请同行专家预审等。在会审大会上,各有关单位、专家汇报初审、预审意见;然后进行认真分析、讨论,结合对各专业技术方案的审查意见所产生的投资增减,逐一核实原概算投资增减额。

对审查中发现的问题和偏差,按照单位工程概算、综合概算、总概算的顺序,按设备费、安装费、建筑费和工程建设其他费用分类整理,汇总核增或核减的项目及其投资额。

最后将具体审核数据,按照"原编概算"、"审核结果"、"增减投资"、"增减幅度"、"调整原因"五栏列表,并按照原总概算表汇总顺序,将增减项目逐一列出,相应调整所属项目投资合计,再依次汇总审核后的总投资及增减投资额。对于差错较多、问题较大或不能满足要求的,责成编制单位按审查意见修改后,重新报批。

[想一想]
某政府投资项目已批准的投资估算为 8000 万元,其总概算投资为 9000 万元,其概算审查处理办法应是什么?

[问一问]
设计概算的审查内容与方法有哪些?

第四节 施工图预算的编制与审查

一、施工图预算的基本概念

(一)施工图预算的含义

施工图预算是在施工设计完成后,工程开工前,根据已批准的施工图纸、现行的预算定额、费用定额和地区人工、材料、设备与机械台班等资源价格,在施工方案或施工组织设计已大致确定的前提下,按照规定的计算程序计算直接工程费、措施费,并计取间接费、利润、税金等费用,确定单位工程造价的技术经济文件。

按以上施工图预算的概念，只要是按照工程施工图以及计价所需的各种依据，在工程实施前所计算的工程价格，均可以称为施工图预算价格。该施工预算价格既可以是按照政府统一规定的预算单价、取费标准、计价程序计算而得到的属于计划或预期性质的施工图预算价格，也可以是通过招标投标法定程序后施工企业根据自身的实力即企业定额、资源市场单价以及市场供求及竞争状况技术得到的反映市场性质的施工图预算价格。

（二）施工图预算编制的两种模式

1. 传统定额计价模式

我国传统的定额计价模式是采用国家、部门或地区统一规定的预算定额、单位估价表、取费标准、计价程序进行工程造价计价的模式，通常也称为定额计价模式。由于清单计价模式中也要用到消耗量定额，为避免歧义，此处称为传统定额计价模式，它是我国长期使用的一种施工图预算的编制方法。

在传统的定额计价模式下，国家或地方主管部门颁布工程预算定额，并且规定了相关取费标准，发布有关资源价格信息。建设单位与施工单位均先根据预算定额规定的工程量计算规则、定额单价计算直接工程费，再按照规定的费率和取费程序计取间接费、利润和税金，汇总得到工程造价。

即使在预算定额从指令性走向指导性的过程中，虽然预算定额中的一些因素可以按市场变化做一些调整，但其调整也都是按造价管理部门发布的造价信息进行，造价管理部门不可能把握市场价格的随时变化，其公布的造价信息与市场实际价格信息总有一定的滞后与偏离，这就决定了定额计价模式的局限性。

2. 工程量清单计价模式

工程量清单计价模式是招标人按照国家统一的工程量清单计价规范中的工程量技术规则提供工程量清单和技术说明，由投标人依据企业自身的条件和市场价格对工程量清单自主报价的工程造价计价模式。

工程量清单计价模式是国际通行的计价方法，为了使我国工程造价管理与国际接轨，逐步向市场化过渡，我国于 2003 年 7 月 1 日开始实施国家标准并于 2008 年 12 月 1 日进行了修订。工程量清单计价方法已在第三章详细介绍。

（三）施工图预算的作用

施工图预算作为建设工程建设程序中一个重要的技术经济文件，在工程实施过程中具有十分重要的作用，可以归纳为以下几个方面：

1. 施工图预算对投资方的作用

（1）施工图预算是控制造价及资金合理使用的依据

施工图预算确定的预算造价是工程的计划成本，投资方按施工图预算造价筹集建设资金，并控制资金的合理使用。

（2）施工图预算是确定工程招标控制价的依据

在设置招标控制价的情况下，建筑安装工程的招标控制价可按照施工图预算来确定。招标控制价通常是在施工图预算的基础上考虑工程的特殊施工措施、工程质量要求、目标工期、招标工程范围以及自然条件等因素进行编制的。

(3)施工图预算是拨付工程款及办理工程结算的依据

2. 施工图预算对施工企业的作用

(1)施工图预算是建筑施工企业投标时"报价"的参考依据

在激烈的建筑市场竞争中,建筑施工企业需要根据施工图预算造价,结合企业的投标策略,确定投标报价。

(2)施工图预算是建筑工程预算招标控制价和签订施工合同的主要内容

在采用总造价合同的情况下,施工单位是通过与建设单位的协商,可在施工图预算的基础上,考虑设计或施工变更发生的费用与其他风险因素,增加一定系数作为工程造价一次性包干。同样,施工单位与建设单位签订施工合同,其中的工程价款的相关条款也必须以施工图预算为依据。

(3)施工图预算是施工企业安排调配施工力量,组织材料供应的依据

施工单位各职能部门可根据施工图预算编制劳动力供应计划和材料供应计划,并由此做好施工前的准备工作。

(4)施工图预算是施工企业控制工程成本的依据

根据施工图预算确定的中标价格是施工企业收取工程款的依据,企业只有合理利用各项资源,采取先进技术和管理方法,将成本控制在施工图预算价格以内,企业才会获得良好的经济效益。

(5)施工图预算是进行"两算"对比的依据

施工企业可以通过施工图预算和施工预算的对比分析,找出差距,采取必要的措施。

3. 施工图预算对其他方面的作用

(1)对于工程咨询单位来说,可以客观、准确地为委托方做出施工图预算,以强化投资方对工程造价的控制,有利于节省投资,提高建设项目的投资效益。

(2)对于工程造价管理部门来说,施工图预算是其监督检查执行定额标准、合理确定工程造价、测算造价指数及审定工程招标控制价的重要依据。

(四)施工图预算的内容

施工图预算有单位工程预算、单项工程预算和建设项目总预算。单位工程预算是根据施工图设计文件、现行预算定额、单位估价表、费用定额以及人工材料、设备、机械台班等预算价格资料,以一定方法,编制单位工程的施工预算;然后汇总所有各单位工程施工图预算,成为单项工程施工图预算;在汇总所有单项工程施工图预算,形成最终的建设项目建筑安装工程的总预算。

单位工程预算包括建筑工程预算和设备安装工程预算。建筑工程预算按其工程性质分为一般土建工程预算、给排水工程预算、采暖通风工程预算、煤气工程预算、电气照明工程预算、弱电工程预算、特殊构筑物等工程预算和工业管道工程预算等。设备安装工程预算可分为机械设备安装工程预算,电气设备安装工程预算和热力设备安装工程预算等。

(五)施工图预算的编制依据

(1)国家、行业和地方政府有关工程建设和造价管理的法律、法规和规定。

[想一想]
施工图预算有何作用?
其编制的内容和依据是什么?

（2）经过批准和会审的施工图设计文件和有关标准图案。

（3）工程地质勘察资料。

（4）企业定额、现行建筑工程和安装工程预算定额和费用定额、单位估价表、有关费用规定文件。

（5）材料构配件市场价格、价格指数。

（6）施工组织设计或施工方案。

（7）经批准的拟建项目的概算文件。

（8）现行的有关设备原件及运杂费率。

（9）建设场地中的自然条件和施工条件。

（10）工程承包合同、招标文件。

二、施工图预算的编制方法

施工图预算由单位工程施工图预算、单项工程施工图预算和建设项目施工图预算三级逐级编制综合汇总而成。由于施工图预算是以单位工程为单位编制的，按单项工程汇总而成，所以施工图预算编制的关键在于编制好单位工程施工图预算。

《建筑工程施工发包与承包计价管理办法》（建设部令第107号）规定，施工图预算、招标标底（相当于招标控制价）、投标报价由成本、利润和税金构成。其编制可以采用工料单价法和综合单价法两种计价方法，工料单价法是传统的定额计价模式下的施工图预算编制方法，而综合单价法是适应市场经济条件的工程量清单计价模式下的施工图预算编制方法。

（一）工料单价法

工料单价法是指分部分项工程的单价为直接工程费单价，以分部分项工程量乘以对应分部分项工程单价后的合计为单位直接工程费，直接工程费汇总后另加措施费、间接费、利润、税金生成施工图预算造价。

按照分部分项工程单价产生的方法不同，工料单价法又可以分为预算单价法和实物法。

1. 预算单价法

预算单价法就是采用地区统一单位估价表中的各分项工程预算单价乘以对应的各分项工程的工程量，求和后得到包括人工费、材料费和施工机械使用费在内的单位工程直接工程费，措施费、间接费、利润和税金可根据统一规定的费率乘以相应的计费基数得到，将上述费用汇总后得到该单位工程的施工图预算造价。

预算单价法编制施工图预算的基本步骤如下：

（1）编制前的准备工作

编制施工图预算的过程是具体确定建筑安装工程预算造价的过程。编制施工图预算，不仅要严格遵守国家计价法规、政策，严格按图纸计量，而且还要考虑施工现场条件因素，是一项复杂而细致的工作，也是一项政策性和技术性都很强的工作,因此,必须事前做好充分准备。准备工作主要包括两大方面:一是组织准备;二是资料的收集和现场情况的调查。

(2)熟悉图纸和预算定额以及单位估价表

图纸是编制施工图预算的基本依据。熟悉图纸不但要弄清图纸的内容,而且要对图纸进行审核:图纸间相关尺寸是否有误,设备与材料表上的规格、数量是否与图示相符;详图、说明、尺寸和其他符号是否正确等。若发现错误应及时纠正。另外,还要熟悉标准图以及设计变更通知,这些都是图纸的组成部分,不可遗漏。通过对图纸的熟悉,要了解工程的性质、系统的组成,设备和材料的规格型号和品种,以及有无新材料、新工艺的采用。

预算定额和单位估价表是编制施工图预算的计价标准,对其适用范围、工程量计算规则及定额系数等都要充分了解,做到心中有数,这样才能使预算编制准确、迅速。

(3)了解施工组织设计和施工现场情况

编制施工图预算前,应了解施工组织设计中影响工程造价的有关内容。这对于正确计算工程造价,提高施工图预算质量,具有重要意义。

(4)划分工程项目和计算并整理工程量

① 划分工程项目

划分工程项目必须和定额规定的项目一致,这样才能正确地套用定额。不能重复列项计算,也不能漏项少算。

② 计算并整理工程量

必须按定额规定的工程量计算规则进行计算,该扣除部分要扣除,不该扣除的不能扣除。当按照工程项目将工程量全部计算完以后,要对工程项目和工程量进行整理,即合并同类项和按序排列,为套用定额、计算直接工程费和进行工料分析打下基础。

(5)套单价

即将定额子项中的基价填于预算表单价栏内,并将单价乘以工程量得出合价,将结果填入合价栏。

(6)工料分析

工料分析即按分项工程项目,依据定额或单位估价表,计算人工和各种材料的实物耗量,并将主要材料汇总成表。工料分析的方法是:首先从定额项目表中分别将各分项工程消耗的每项材料和人工的定额消耗量查出;再分别乘以该工程项目的工程量,得到分项工程工料消耗量,最后将各分项工程工料消耗量加以汇总,得出单位工程人工、材料的消耗量。

(7)计算主材费

因为许多定额项目基价为不完全价格,即未包括主材费用在内。计算所在地定额基价费之后,还应计算出主材费,以便计算工程造价。

(8)按费用定额取费

即按有关规定计取措施费,以及按当地费用定额的取费规定计取间接费、利润、税金等。

（9）计算汇总工程造价

将直接费、间接费、利润和税金相加即为工程预算造价。

2. 实物法

用实物法编制单位工程施工图预算，就是根据施工图计算的各分项工程量分别乘以地区定额中人工、材料、施工机械台班的定额消耗量，分类汇总得出该单位工程所需的全部人工、材料、施工机械台班消耗量。然后再乘以当时当地人工工日单价、各种材料单价、施工机械台班单价，求出相应的人工费、材料费、机械使用费，再加上措施费，就可以求出该工程的直接费、间接费、利润及税金等费用，计取方法与预算单价法相同。

单位工程直接工程费的计算可以按照以下公式：

$$人工费 = 综合工日消耗量 \times 综合工日单价 \qquad (5-27)$$

$$材料费 = \sum(各种材料消耗量 \times 相应材料单价) \qquad (5-28)$$

$$机械费 = \sum(各种机械消耗量 \times 相应机械台班单价) \qquad (5-29)$$

$$单位工程直接工程费 = 人工费 + 材料费 + 机械费 \qquad (5-30)$$

实物法的优点是能比较及时地将反映各种材料、人工、机械的当时当地市场单价计入预算价格，不需调价，反映当时当地的工程价格水平。

实物法编制施工图预算的基本步骤如下：

（1）编制前的准备工作。具体工作内容同预算单价法相应步骤的内容。但此时要全面收集各种人工、材料、机械台班的当时当地的市场价格，应包括不同品种、规格的材料预算单价；不同工种、等级的人工工日单价；不同种类、型号的施工机械台班单价等。要求获得的各种价格应全面、真实、可靠。

（2）熟悉图纸和预算定额。

（3）了解施工组织设计和施工现场情况。

（4）划分工程项目和计算工程量。

（5）套用定额消耗量，计算人工材料、机械台班消耗量。

（6）计算并汇总单位工程的人工费、材料费和施工机械台班费。

（7）计算其他费用，汇总工程造价。

3. 预算单价法与实物法的异同

预算单价法与实物法首尾部分的步骤是相同的，所不同的主要是中间的三个步骤，即：

（1）采用实物法计算工程量后，套用相应人工、材料、施工机械台班预算定额消耗量。建设部 1995 年颁发《全国统一建筑工程基础定额》和现行全国统一安装定额，专业统一和地区统一的计价定额的实物消耗量，是以国家或地方或行业技术规范、质量标准制定的，它反映一定时期施工工艺水平的分项工程计价所需的人工、材料、施工机械消耗量的标准。

（2）求出各分项工程人工、材料、施工机械台班消耗数量并汇总成单位工程所需各类人工工日、材料和施工机械台班的消耗量。各分项工程人工、材料、机械台班消耗量是由分项工程的工程量分别乘以预算定额单位人工消耗量、预算定额单位材料消耗量和预算定额单位机械台班消耗量而得出的，然后汇总便可得出单位工程各类人工、材料和机械台班总的消耗量。

（3）用当时当地的各类人工工日、材料和施工机械台班的实际单价分别乘以相应的人工工日、材料和施工机械台班总的消耗量，并汇总后得出单位工程的人工费、材料费和机械使用费。

在市场经济条件下，人工、材料和机械台班等施工资源的单价是随市场而变化的，而且它们是影响工程造价最活跃、最主要的因素。

（二）综合单价法

综合单价法是指分项工程单价综合了直接工程费及以外的多项费用。按照单价综合内容不同，综合单价法可分为全费用综合单价和清单综合单价。

1. 全费用综合单价

全费用综合单价，即综合了分项工程人工费、材料费、机械费、管理费、利润、规费以及有关文件规定的调价、税金以及一定范围的风险等全部费用。以各分项工程量乘以全费用单价的合价汇总后，再加上措施项目的完全价格，就生成了单位工程施工图造价。公式如下：

$$建筑安装工程预算造价 = (\sum 分项工程量 \times 分项工程全费用单价)$$
$$+ 措施项目完全价格 \qquad (5-31)$$

2. 清单综合单价

分部分项工程清单综合单价中综合了人工费、材料费、施工机械使用费、企业管理费、利润，并考虑了一定范围的风险费用，但并未包括措施费、规费和税金，因此它是一种不完全单价。以各分部分项工程量乘以该综合单价的合价汇总后，再加上措施项目费、规费和税金后，就是单位工程的造价。公式如下：

$$建筑安装工程预算造价 = (\sum 分项工程量 \times 分项工程不完全单价)$$
$$+ 措施项目不完全价格 + 规费 + 税金 \qquad (5-32)$$

[问一问]
　　如何用工料单价法、实物法编制单位工程施工图预算？

三、施工图预算的审查

（一）审查施工图预算的意义

施工图预算编完之后，需要认真进行审查。加强施工图预算的审查，对于提高预算的准确性，正确贯彻党和国家的有关方针政策，降低工程造价具有重要的现实意义。

（1）有利于控制工程造价，克服和防止预算超概算。

（2）有利于加强固定资产投资管理，节约建设资金。

（3）有利于施工承包合同价的合理确定和控制。施工图预算对于招标工程来说,它是编制招标控制价的依据。对于不宜招标的工程,它又是合同价款结算的基础。

(4)有利于积累和分析各项技术经济指标,不断提高设计水平。通过审查工程预算,核实了预算价值,为积累和分析技术经济指标提供了准确数据,进而通过有关指标的比较,找出设计的薄弱环节,以便及时改进,不断提高设计水平。

(二)审查施工图预算的内容

[问一问]

为什么要对施工图预算进行审查? 审查的具体内容有哪些?

审查施工图预算的重点,应该放在工程量计算、预算单价套用、设备材料预算价格取定是否正确,各项费用标准是否符合现行规定等方面。

1. 审查工程量

(1)土方工程

① 平整场地、挖地槽、挖地坑、挖土方工程量的计算是否符合现行定额计算规定和施工图纸标注尺寸,土壤类别是否与勘察资料一致,地槽与地坑放坡、带挡土板是否符合设计要求,有无重算和漏算。

② 回填土工程量应注意地槽、地坑回填土的体积是否扣除了基础所占体积,地面和室内填土的厚度是否符合设计要求。

③ 运土方的审查除了注意运土距离外,还要注意运土数量是否扣除了就地回填的土方。

(2)打桩工程

① 注意审查各种不同桩料,必须分别计算,施工方法必须符合设计要求。

② 桩料长度必须符合设计要求,桩料长度如果超过一般桩料长度需要接桩时,注意审查接头数是否正确。

(3)砖石工程

① 墙基和墙身的划分是否符合规定。

② 按规定不同厚度的内、外墙是否分别计算,应扣除的门窗洞口及埋入墙体各种钢筋混凝土梁、柱等是否已扣除。

③ 不同砂浆强度等级的墙和定额规定按立方米或按平方米计算的墙,有无混淆、错算或漏算。

(4)混凝土及钢筋混凝土工程

① 现浇与预制构件是否分别计算,有无混淆。

② 现浇柱与梁,主梁与次梁及各种构件计算是否符合规定,有无重算或漏算。

③ 有筋与无筋是否按设计规定分别计算,有无混淆。

④ 钢筋混凝土的含钢量与预算定额的含钢量发生差异时,是否按规定予以增减调整。

(5)木结构工程

① 门窗是否分别不同种类,按门、窗洞口面积计算。

② 木装修的工程量是否按规定分别以延长米或平方米计算。

(6)楼地面工程

① 楼梯抹面是否按踏步和休息平台部分的水平投影面积计算。

② 细石混凝土地面找平层的设计厚度与定额厚度不同时,是否按其厚度进行换算。

(7)屋面工程

① 卷材屋面工程是否与屋面找平层工程量相等。

② 屋面保温层的工程量是否按屋面层的建筑面积乘保温层平均厚度计算,不做保温层的挑檐部分是否按规定不做计算。

(8)构筑物工程

当烟囱和水塔定额是以"座"编制时,地下部分已包括在定额内,按规定不能再另行计算,应审查是否符合要求,有无重算。

(9)装饰工程

内墙抹灰的工程量是否按墙面的净高和净宽计算,有无重算或漏算。

(10)金属构件制作工程

金属构件制作工程量多数以吨为单位。在计算时,型钢按图示尺寸求出长度,再乘每米的重量;钢板要求算出面积,再乘以每平方米的重量。审查是否符合规定。

(11)水暖工程

① 室内外排水管道,暖气管道的划分是否符合规定。

② 各种管道的长度,口径是否按设计规定计算。

③ 室内给水管道不应扣除阀门、接头零件所占的长度,但应扣除卫生设备本身所附带的管道长度,审查是否符合要求,有无重算。

④ 室内排水工程采用承插铸铁管,不应扣除异形管及检查口所占长度,应审查是否符合要求,有无漏算。

⑤ 室外排水管道是否已扣除了检查口并与连接井所占的长度。

⑥ 暖气片的数量是否与设计一致。

(12)电气照明工程

① 灯具的种类、型号、数量是否与设计图一致。

② 线路的敷设方法,线材品种等,是否达到设计标准,工程量计算是否正确。

(13)设备及其安装工程

① 设备的种类、规格、数量是否与设计相符,工程量计算是否正确。

② 需要安装的设备和不需要安装的设备是否分清,有无把不需安装的设备作为安装的设备计算安装工程费用。

2. 审查设备、材料的预算价格

设备、材料预算价格是施工图预算造价所占比重最大、变化最大的内容,应当重点审查。

(1)审查设备、材料的预算价格是否符合工程所在地的真实价格及价格水平。若是采用市场价,要核实其真实性、可靠性;若是采用有关部门公布的信息价,要注意信息价的时间、地点是否符合要求,是否要按规定调整。

(2)设备、材料的原价确定方法是否正确,非标准设备的原价的计价依据、方法是否正确、合理。

（3）设备的运杂费率及其运杂费的计算是否正确，材料预算价格的各项费用的计算是否符合规定，有无差错。

3. 审查预算单价的套用

审查预算单价套用是否正确，是审查预算工作的主要内容之一。审查时注意以下几个方面：

（1）预算中所列各分项工程预算单价是否与现行预算定额的预算单价相符，其名称、规格、计量单位和所包括的工程内容是否与单位估价表一致。

（2）审查换算的单价，首先要审查换算的分项工程是否是定额中允许换算的，其次审查换算是否正确。

（3）审查补充定额和单位估价表的编制是否符合编制原则，单位估价表计算是否正确。

4. 审查有关费用项目及其计取

有关费用项目计取的审查，要注意以下几个方面：

（1）措施费的计算是否符合有关的规定标准，间接费和利润的计取基础是否符合现行规定，有无不能作为计费基础的费用列入计费的基础。

（2）预算外调增的材料差价是否计取了间接费。直接工程费或人工费增减后，有关费用是否相应做了调整。

（3）有无巧立名目计费，乱摊费用现象。

[问一问]

施工图预算审查的有哪些方法？

（三）审查施工图预算的方法

审查施工图预算方法较多，主要有全面审查法、标准预算审查法、分组计算审查法、对比审查法、筛选审查法、重点抽查法、利用手册审查法和分解对比审查法等八种。

1. 全面审查法

全面审查又叫逐项审查法，就是按预算定额顺序或施工的先后顺序，逐一地全部进行审查的方法。其具体计算方法和审查过程与编制施工图预算基本相同。此方法的优点是全面、细致，经审查的工程预算差错比较少，质量比较高。缺点是工作量大。因而在一些工程量比较小、工艺比较简单的工程，编制工程预算的技术力量又比较薄弱的，采用全面审查法的相对较多。

2. 标准预算审查法

对于利用标准图纸或通用图纸施工的工程，先集中力量，编制标准预算，以此为标准审查预算的方法。按标准图纸设计或通用图纸施工的工程一般上部结构和做法相同，可集中力量细审一份预算或编制一份预算，作为这种标准图纸的标准预算，或用这种标准图纸的工程量为标准，对照审查；而对局部不同部分作单独审查即可。这种方法的优点是时间短，效果好，好定案；缺点是只适应按标准图纸设计的工程，适用范围小。

3. 分组计算审查法

分组计算审查法是一种加快审查工程量速度的方法，把预算中的项目划分为若干组,并把相邻且有一定内在联系的项目编为一组,审查或计算同一组中分项工程量,利用工程量间具有相同或相似计算基础的关系,判断同组中其他几个分项工程量计算的准确程度的方法。一般土建工程可以分为以下几个组:

(1)地槽挖土、基础砌体、基础垫层、槽坑回填土、运土。

(2)底层建筑面积、地面面层、地面垫层、楼面面层、楼面找平层、楼板体积、天棚抹灰、天棚刷浆、屋面层。

(3)内墙外抹灰、外墙内抹灰、外墙内刷浆、外墙的门窗和圈过梁、外墙砌体。

4. 对比审查法

是用已建成工程的预算或虽未建成但已审查修正的工程预算对比审查拟建的类似工程预算的一种方法。对比审查法,一般有下述集中情况,应根据工程的不同的条件,区别对待。

(1)两个工程采用同一个施工图,但基础部分和现场条件不同。其新建工程基础以上部分可采用对比审查法;不同部分可分别采用相应的审查方法进行审查。

(2)两个工程设计相同,但建筑面积不同。根据两个工程建筑面积之比与两个工程分部分项工程量之比例基本一致的特点,可审查新建工程各分部分项工程的工程量;或者用两个工程每平方米建筑面积造价以及每平方米建筑面积的各分部分项工程量进行对比审查,如果基本相同时,说明新建工程预算是正确的,反之,说明新建工程预算有问题,找出差错原因,加以更正。

(3)两个工程的面积相同,但设计图纸不完全相同时,可把相同的部分,进行工程量的对比审查,不能对比的分部分项工程按图纸计算。

5. 筛选审查法

筛选法是统筹法的一种,也是一种对比方法。建筑工程虽然有建筑面积和高度的不同,但是它们的各个分部分项工程的工程量、造价、用工量在每个单位面积上的数值变化不大,我们把这些数据加以汇集、优选,归纳为工程量、造价、用工三个单方基本值表,并注明其适用的建筑标准。这些基本值犹如"筛子孔",用来筛选各分部分项工程,筛下去的就不审查了,没有筛下去的就意味着此分部分项的单位建筑面积数值不在基本值范围之内,应对该分部分项工程详细审查。当所审查的预算的建筑面积标准与"基本值"所适用标准不同,就要对其进行调整。

筛选法的优点是简单易懂,便于掌握,审查速度和发现问题快。但要解决差错、分析其原因时需继续审查。因此,此法适用于住宅工程或不具备全面审查条件的工程。

6. 重点抽查法

是抓住工程预算中的重点进行审查的方法。审查的重点一般是:工程量大或造价较高、工程结构复杂的工程,补充单位估价表,计取的各项费用。

重点抽查法的优点是重点突出,审查时间短、效果好。

7. 利用手册审查法

是把工程中常用的构件、配件,事先整理成预算手册,按手册对照审查的方法。如工程常用的预制构配件,洗脸池、坐便器、检查井、化粪池等,把这些按标准图集计算出工程量,套上单价,编制成预算手册使用,可大大简化预结算的编审工作。

8. 分解对比审查法

一个单位工程,按直接费与间接费进行分解,然后再把直接费按工种和分部工程进行分解,分别与审定的标准预算进行对比分析的方法,叫分解对比审查法。

分解对比审查法一般有三个步骤:

第一步,全面审查某种建筑的定型标准施工图或重复使用的施工图的工程预算,经审定后作为审查其他类似工程预算的对比基础。而且将审定预算按直接费与应取费用分解成两部分,再把直接费分解为各工种和分部工程预算,分别计算出每平方米预算价格。

第二步,把拟审的工程预算与同类型预算单方造价进行对比,若出入在1%～3%的,再按分部分项工程进行分解,边分解边对比,对出入较大者,进一步审查。

第三步,对比审查。其方法是:

(1)经分析对比,如发现应取费用相差较大,应考虑建设项目的投资来源和工程类别及其取费项目和取费标准是否符合现行规定;材料调价相差较大,则应进一步审查《材料调价统计表》,将各种调价材料的用量、单位差价及其调增数量等进行对比。

(2)经过分解对比,如发现土建工程预算价格出入较大,首先审查其土方和基础工程,因为±0.00以下的工程往往相差较大。再对比其余各个分部工程,发现某一分部工程预算价格相差较大时,再进一步对比各分项工程或工程细目。在对比时,先检查所列工程细目是否正确,预算价格是否一致。发现相差较大者,再进一步审查所套预算单价,最后审查该项工程细目的工程量。

(四)审查施工图预算的步骤

[想一想]

施工图预算审查的步骤是什么?

1. 做好审查的准备工作

(1)熟悉施工图纸。施工图是编审预算分项数量的重要依据,必须全面熟悉了解、核对所有图纸,清点无误后,依次识读。

(2)了解预算包括的范围,根据预算编制说明,了解预算包括的工程内容。

(3)弄清预算采用的单位估价表。任何单位估价表或预算定额都有一定的适用范围,应根据工程性质,熟悉相应的单价。

2. 选择合适的审查方法,按相应内容审查

由于工程规模、繁简程度不同,施工方法和施工企业情况不一样,所编工程预算和质量也不同,因此需选择适当的审查方法进行审查。

3. 调整预算

综合整理审查资料,并与编制单位交换意见,定案后编制调整预算。审查后需要进行增加或核减的,经与编制单位协商,统一意见后进行相应的修正。

【实践训练】

课目一：

（一）背景资料

某土石方工程，工程量为 20m³，单位用量及单价见下表 5-1：

表 5-1 某土石方工程单位用量及单价表

项 目	人工		材料		机械	
	单位用量（工日）	单价元/工日	单位用量 m³	单价元/m³	单位用量（台班）	单价（元/台班）
预算定额	2.5	20	0.7	50	0.3	100
当时当地实际价值	2.0	30	0.8	60	0.5	120

（二）问题

用实物法编制该工程施工图预算，直接费为多少元？

（三）分析与解答

用实物法编制工程施工图预算时，应该使用预算定额中的单位用量和当时当地实际单价计算。

直接费为 (2.5×30+0.7×60+0.3×120)×20＝3060 元。

课目二：

（一）背景资料

拟建砖混结构住宅工程 3420m²，结构形式与已建成的某工程相同，只有外墙保温贴面不同，其他部分均较为接近。类似工程外墙面为珍珠岩板保温、水泥砂浆抹面，每平方米建筑面积消耗量分别为：0.044m³、0.842m²，珍珠岩板 153.1 元/m³、水泥砂浆 8.95 元/m²；

拟建工程外墙为加气混凝土保温、外贴釉面砖，每平方米建筑面积消耗量分别为：0.08m³、0.82m²，加气混凝土 185.48 元/m³，贴釉面砖 49.75 元/m²。类似工程单方直接工程费为 465 元/m²，其中，人工费、材料费、机械费占单方直接工程费比例分别为：14%、78%、8%，综合费率为 20%。拟建工程与类似工程预算造价在这几方面的差异系数分别为：2.01、1.06 和 1.92。

（二）问题

1. 应用类似工程预算法确定拟建工程的单位工程概算造价。

2. 若类似工程预算中，每平方米建筑面积主要资源消耗为：

人工消耗 5.08 工日，钢材 23.8kg，水泥 205kg，原木 0.05m³，铝合金门窗

$0.24m^2$，其他材料费为主材料费的 45%，机械费占直接工程费比例为 8%，拟建工程主要资源的现行预算价格分别为：人工 20.31 元/工日，钢材 3.1 元/kg，水泥 0.35 元/kg，原木 1400 元/m^3，铝合金门窗平均 350 元/m^2，拟建工程综合费率为 20%，应用概算指标法，确定拟建工程的单位工程概算造价。

(三)分析与解答

1. 解：首先，计算直接工程费差异系数，通过直接工程费部分的价差调整进而得到直接工程费单价，再做结构差异调整，最后取费得到单位造价，计算步骤如下：

拟建工程直接工程费差异系数 = 14% × 2.01 + 78% × 1.06 + 8% × 1.92 = 1.2618

拟建工程概算指标(直接工程费) = 465 × 1.2618 = 586.74(元/平方米)

结构修正概算指标(直接工程费) = 586.74 + (0.08 × 185.48 + 0.82 × 49.75)

$$- (0.044 × 153.1 + 0.842 × 8.95)$$

$$= 628.10(元/平方米)$$

拟建工程单位造价 = 628.10 × (1 + 20%) = 753.72(元/平方米)

拟建工程概算造价 = 753.72 × 3420 = 2577722(元)

2. 解：首先，根据类似工程预算中每平方米建筑面积的主要资源消耗和现行预算计算价格，计算拟建工程单位建筑面积的人工费、材料费、机械费。

人工费 = 每平方米建筑面积人工消耗指标 × 现行人工工日单价

$$= 5.08 × 20.31 = 103.17(元)$$

材料费 = $\sum$(每平方米建筑面积材料消耗指标 × 相应材料预算价格)

$$= (23.8 × 3.1 + 205 × 0.35 + 0.05 × 1400 + 0.24 × 350)(1 + 45%)$$

$$= 434.32(元)$$

机械费 = 直接工程费 × 机械费占直接工程费的比率 = 直接工程费 × 8%

则：直接工程费 = 103.17 + 434.32 + 直接工程费 × 8%

直接工程费 = (103.17 + 434.32)/(1 - 8%) = 584.32(元/m^2)

其次，进行结构差异调整，按照所给综合费率计算拟建单位工程概算指标、修正概算指标和概算造价。

结构修正概算指标(直接工程费) = 拟建工程概算指标 + 换入结构指标

$$- 换出结构指标$$

$$= 584.32 + 0.08 × 185.48 + 0.82 × 49.75 - (0.044 × 153.1 + 0.842 × 8.95)$$

$$= 625.59(元/m^2)$$

拟建工程单位造价＝结构修正概算指标×(1＋综合费率)

$$＝625.59(1＋20\%)＝750.71(元/m^2)$$

拟建工程概算造价＝拟建工程单位造价×建筑面积

$$＝750.71×3420＝2567428(元)$$

本章思考与实训

1. 试述设计阶段工程造价控制的程序。

2. 设计阶段可进一步划分为哪些阶段,各阶段的作用是什么?

3. 简述建设项目总概算的编制方法。

4. 设计概算包括哪些工程类别和内容? 编制的方法及各自的适用范围有哪些?

5. 设计概算的审查有哪些方法?

6. 如何用单价法、实物法编制单位工程施工图预算?

7. 施工图预算审查的步骤是什么? 方法有哪些?

第六章 建设项目招投标与合同价款的确定

【内容要点】

1. 建设项目招投标概述；
2. 建设项目施工招投标与合同价款的确定；
3. 建设工程施工合同；
4. 国际工程招投标及 FIDIC 合同条件。

【知识链接】

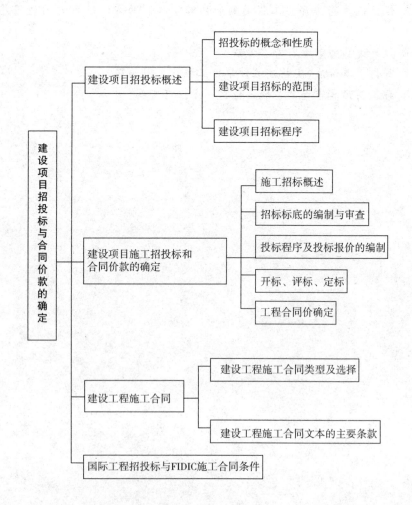

工程造价计价与控制

第一节　建设项目招投标概述

一、招投标的概念和性质

1. 招标投标的概念

建设工程招标是指招标人在发包建设项目之前，依据法定程序，以公开招标或邀请招标方式，鼓励潜在的投标人依据招标文件参与竞争，通过评定，从中择优选定得标人的一种经济活动。

建设工程投标是工程招标的对称概念，指具有合法资格和能力的投标人，根据招标文件，在指定期限内填写标书，提出报价，并等候开标，决定能否中标的经济活动。

[问一问]
我国《合同法》规定，招标公告是不是要约邀请？

2. 招标投标的性质

我国法学界一般认为，建设工程招标是要约邀请，而投标是要约，中标通知书是承诺。

3. 招标投标的意义和内容

实行建设项目的招标是我国建筑市场趋向法制化、规范化、完善化的重要举措，有利于择优选择承包单位，全面降低工程造价，进而是工程造价得到合理有效的控制。主要表现在：

(1)有利于控制工程投资。国际国内历年的工程招投标证明，经过招投标的工程，最终造价可节省约 8%。这些费用的节省主要来自于施工技术的提高、施工组织的更加合理化。此外能够减少交易费用，节省人力、物力、财力，从而使工程造价有所降低。

(2)有利于鼓励施工企业公平竞争，不断降低社会平均劳动消耗水平。施工单位之间竞争的更加公开、公平、公正，对施工单位是冲击又是一种激励，可促进企业加强内部管理，提高生产效率。

(3)有利于保证工程质量。已建工程是企业的业绩，以后不仅会对其资质的评估起到作用，而且对其以后承接其他项目有至关重要的影响，因而企业会将工程质量放到重要位置。

(4)有利于形成由市场定价的价格体制，使工程造价更加趋于合理。

(5)有利于供求双方更好地相互选择，使工程造价更加符合价值基础。

(6)有利于规范价格行为，使公开、公平、公正的原则得以贯彻。

(7)有利于预防职务犯罪和商业犯罪。

我国目前从招标、投标、开标、评标直至定标，均在统一的建筑市场中进行，并有较完善的法律、法规规定，已进入制度化操作。

4. 我国招标投标的法律、法规框架

我国招标投标制度是伴随着改革开放而逐步建立并完善的。改革开放后的1984年，国家计委、城乡建设环境保护部联合下发了《建设工程招标投标暂行规

定》,倡导实行建设工程招标投标,我国由此开始推行招标投标制度。

1991 年 11 月 21 日,建设部、国家工商行政管理局联合下发《建筑市场管理规定》,明确提出加强发包管理和承包管理,其中发包管理主要是指工程报建制度与招标制度。

1994 年 12 月 16 日,建设部、国家体改委再次发出《全面深化建筑市场体制改革的意见》,强调了建筑市场管理环境的治理。文中明确提出大力推行招标投标,强化市场竞争机制。此后,各地也纷纷制订了各自的实施细则,使我国的工程招标投标制度趋于完善。

1999 年,我国工程招标投标制度面临重大转折。首先是 1999 年 3 月 15 日全国人大通过了《中华人民共和国合同法》,并于同年 10 月 1 日起生效实施。其次是 1999 年 8 月 30 日全国人大常委会通过了《中华人民共和国招标投标法》,并于 2000 年 1 月 1 日起施行。

随后的 2000 年 5 月 1 日,国家计委发布了《工程建设项目招标范围的规模标准规定》;2000 年 7 月 1 日,国家计委又发布了《工程建设项目自行招标试行办法》和《招标公告发布暂行办法》。

2001 年 7 月 5 日,国家计委等七部委联合发布第 12 号令《评标委员会和评标办法暂行规定》。其中有三个重大突破:关于低于成本价的认定标准;关于中标人的确定条件;关于最低价中标。在这里第一次明确了最低价中标的原则。

2002 年 1 月 10 日,国家发展计划委员会颁布了第 18 号令《国家重大建设项目招标投标监督暂行办法》,并于 2002 年 2 月 1 日起执行。

2003 年 3 月 8 日,国家发展计划委员会、建设部、铁道部、交通部、信息产业部、水利部、民航总局联合发布了第 30 号令《工程建设项目施工招标投标办法》,于 2003 年 5 月 1 日起执行。

2007 年 11 月 1 日,国家发改委、财政部、建设部、铁道部、交通部、信息产业部、水利部、民航总局、广电总局联合发布了第 56 号令《〈标准施工招标资格预审文件〉和〈标准施工招标文件〉试行规定》,标志着我国的招标投标制度逐步趋于完善,与国际惯例进一步接轨。

二、建设项目招标的范围、种类与方式

(一)建设项目招标的范围

[问一问]
按《招标投标法》规定,大型基础设施、公用事业等关系社会公共利益,公共安全的项目,应如何进行公开招标?

1. 我国《招标投标法》指出,凡在中华人民共和国境内进行下列工程建设项目,包括项目的勘察、设计、施工、监理以及与工程建设有关的重要设备、材料等的采购,必须进行招标:

(1)大型基础设施、公用事业等关系社会公共利益、公众安全的项目;

(2)全部或者部分使用国有资金投资或国家融资的项目;

(3)使用国际组织或者外国政府贷款、援助资金的项目。

2.《工程建设项目施工招标投标办法》中关于可以不招标的项目的规定

需要审批的工程项目,有下列情形之一的,经有关审批部门批准,可以不

招标。

(1)涉及国家安全、国家秘密或者抢险救灾而不适宜招标的。

(2)属于利用扶贫资金实行以工代赈需要使用农民工的。

(3)施工主要技术采用特定的专利或者专有技术的。

(4)施工企业自建自用的工程,且该施工企业资质等级符合工程要求的。

(5)在建工程追加的附属小型工程或者主体加层工程,原中标人仍具备承包能力的。

(6)法律、行政法规规定的其他情形。

3.2000年5月1日,国家计委发布了《工程建设项目招标范围和规模标准》,对《招标投标法》中工程建设项目招标范围和规模标准又做了具体规定(见表6-1)。

表6-1 建设项目招投标的概念、法律性质、范围、种类

强制招标的范围	关系社会公共利益、公共安全的大型基础设施项目	能源项目;邮电通讯项目;城市设施项目;交通运输项目;水利项目;生态环境保护项目
	关系社会公共利益、公共安全的公用事业项目	市政工程项目;科技、教育、文化、体育、旅游、卫生、社会福利项目
	全部或者部分使用国有资金投资的项目	使用财政预算资金的项目;使用国有企业单位自有资金项目;使用纳入财政管理的政府性专项建设基金的项目
	国家融资的项目	使用国家发行债券所筹资金项目;使用国家政策性贷款的项目;使用国家对外借款或担保所筹资金的项目;国家授权投资主体融资的项目
	使用国际组织或者外国政府贷款、援助资金的项目	使用国际组织贷款资金项目;使用国际组织或者外国援助资金的项目;使用外国政府及其机构贷款资金的项目
可以不招标的范围		涉及国家安全、国家机密或者抢险救灾而不适宜招标的;属于利用扶贫资金实行以工代赈需要使用农民工的;施工主要技术采用特定的专利或者专有技术的;施工企业自建自用的工程,且该施工企业资质等级符合工程要求的;在建工程追加的附属小型工程或者主体加层工程,原中标人仍具备承包能力的;法律、行政法规规定的其他情形

(二)建设工程招标的种类

1. 建设工程项目总承包招标

建筑工程项目总承包招标又叫建设项目全过程招标,在国外称之为"交钥匙"承包方式。它是指从项目建议书开始,包括可行性研究报告、勘察设计、设备材料询价与采购、工程施工、生产设备、投料试车,直到竣工投产、交付使用全面实行招标。

2. 建设工程勘察招标

建设工程勘察招标是指招标人就拟建工程的勘察任务发布公告,以法定方式吸引勘察单位参加竞争,经招标人审查获得投标资格的勘察单位按照招标文件的要求,在规定的时间内向招标人填报标书,招标人从中选择条件优越者完成勘察任务。

3. 建设工程设计招标

建设工程设计招标是指招标人就拟建工程的设计任务发布公告,以法定方式吸引设计单位参加竞争,经招标人审查获得投标资格的设计单位按照招标文件的要求,在规定的时间内向招标人填报标书,招标人从中择优确定中标单位来完成工程设计任务。

4. 建设工程施工招标

建设工程施工招标是指招标人就拟建工程的施工发布公告,以法定方式吸引施工企业参加竞争,招标人从中选择条件优越者完成工程建设任务的法律行为。

5. 建设工程监理招标

建设工程监理招标是指投标人为了委托监理任务的完成,发布公告以法定方式吸引监理单位参加竞争,招标人从中选择条件优越者的法律行为。

6. 建设工程材料设备招标

建设工程材料设备招标是指招标人就拟购买的材料设备发布公告,以法定方式吸引建设工程材料设备供应商参加竞争,招标人从中选择条件优越者购买其材料设备的法律行为。

(三)建设工程招标的方式

1. 从竞争程度进行分类

可以分为公开招标和邀请招标,这是我国《招标投标法》规定的一种主要分类。

(1)公开招标

[想一想]
对于必须招标的项目,在哪些情况下可以采用邀请招标?

是指招标人通过报刊、广播或电视等公共传播媒介介绍、发布招标公告或信息而进行招标,是一种无限制的竞争方式。公开招标的优点是招标人有较大的选择范围,可在众多的投标人中选定报价合理、工期较短、信誉良好的承包商,有助于打破垄断,实行公平竞争。

(2)邀请招标

是指招标人以投标邀请书的方式邀请特定的法人或者其他组织投标。招标人采用邀请招标方式的,应当向三个以上具备承担招标项目的能力、资信良好的特定的法人或其他组织发出投标邀请书。邀请招标虽然也能够邀请到有经验和资信可靠的投标者投标,保证履行合同,但限制了竞争范围,可能会失去技术上和报价上有竞争力的投标者。因此,在我国建设市场中应大力推行公开招标。

2. 从招标的范围进行分类

可以分为国际招标和国内招标。国际招标是指符合招标文件规定的国内、国外法人或其他组织,单独或联合其他组织参加投标,并按招标文件规定的币种结算的招标活动。国内招标是指符合招标文件规定的国内法人或其他组织,单独或联合其他国内法人或其他组织参加投标,并用人民币结算的招标活动。

3. 从招标的组织形式进行分类

可以分为自行招标和招标人委托招标代理机构招标。

(1)招标人自行招标

《招标投标法》规定,招标人具有编制招标文件和组织评标能力,且进行招标项目的相应资金或资金来源已经落实,可以自行办理招标事宜。招标人具备的条件如图6-1所示。

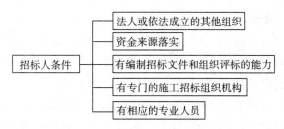

图6-1 招标单位应具备的条件

[注] 若招标人不具备这些条件,招标人应当委托具有相应资格的工程招标代理机构招标。

(2)招标人委托招标代理招标

自行办理招标事宜的招标人,未经主管部门核准的,招标人应委托招标代理招标。依据《工程建设项目招标代理机构资格认定办法》(建设部154号令),工程建设项目代理机构,其资格分为甲级、乙级和暂定级(见表6-2)。

表6-2 招标代理机构应具备的条件和承揽业务的范围

甲级	乙级
依法设立,并与各级机关没有行政关系和利益关系	
有完成工作所必需的工作场所、设施、办公条件、有健全的组织机构和内部规章制度	
拥有专家库,具备编制招标文件和组织评标的相应专业能力	
近3年内代理中标金额3000万元以上的工程不少于10个,或者代理招标的工程累计中标金额在8亿元以上	近3年内代理中标金额1000万以上的工程不少于10个,或者代理招标的工程累计中标金额在3亿元以上
专职人员不少于20人,其中造价工程师不少于2人	专职人员不少于10人,其中造价工程师不少于2人
法定代表人、技术经济负责人、财会人员为本单位专职人员,其中技术经济负责人具有高级职称或者相应执业注册资格并拥有10年以上从事工程管理的经验	法定代表人、技术经济负责人、财会人员为本单位专职人员,其中技术经济负责人具有高级职称或者相应执业注册资格并有7年以上从事工程管理经验
注册资金不少于100万元	注册资金不少于50万元
招标代理机构可以在其资格登记范围内承担下列招标事宜:拟定招标方案,编制和出售招标文件、资格预审文件;审查投标人资格;编制标的;组织投标人勘察现场;组织开标、评标;协助招标人定标;草拟合同;招标人委托的其他事项。乙级工程招标代理机构只能承担工程投资额300万元以下的工程招标代理业务	

第二节　建设项目施工招投标

一、建设项目施工招标的一般流程

(一)招标活动的准备工作

项目招标前,招标人应当办理有关的审批手续、确定招标方式以及划分标段等工作。

1. 招标必须具备的基本条件

按照《工程建设项目施工招标办法》的规定,依法必须招标的工程建设项目,应当具备下列条件:

(1)招标人已经依法成立。

(2)初步设计及概算应当履行审批手续的,已经批准。

(3)招标范围、招标方式和招标组织形式等应当履行核准手续的,已经核准。

(4)有相应资金或资金来源已经落实。

(5)有招标所需的设计图纸及技术资料。

2. 确定招标方式

对于公开招标和邀请招标两种方式,按照《工程建设项目施工招标办法》的规定,国务院发展计划部门确定的国家重点建设项目和各省、自治区、直辖市人民政府确定的地方重点项目,以及全部使用国有资金投资或者国有资金投资占控股或者主导地位的工程建设项目,应当公开招标;有下列情况之一的,经批准可以进行邀请招标:

(1)项目技术复杂或有特殊要求,只有少数几家潜在投标人可供选择的。

(2)受自然地域环境限制的。

(3)涉及国家安全、国家秘密或者抢险救灾,适宜招标但不宜公开招标的。

(4)拟公开招标的费用与项目的价值相比,不值得的。

(5)法律、法规规定不宜公开招标的。

3. 标段的划分

招标项目需要划分标段的,招标人应当合理划分标段。标段的划分是招标活动中较为复杂的一项工作,应当综合考虑以下因素:

(1)招标项目的专业要求

如果招标项目的几部分内容专业要求接近,则该项目可以考虑作为一个整体进行招标。如果该项目的几部分内容专业要求相距甚远,则可考虑划分为不同的标段分别招标。如对于一个项目中的土建和设备安装两部分则可考虑分别招标。

(2)招标项目的管理要求

有时一个项目的各部分内容相互干扰不大,方便招标人进行统一管理,这时就可以考虑对各部门内容分别进行招标。反之,如果各个独立招标的承包商之间的协调管理十分困难,则应当考虑将整个项目发包给一个承包商,由该承包商进行分包后统一协调管理。

（3）对工程投标的影响

标段划分对工程的投资也有一定的影响。这种影响是由多方面因素造成的。如果一个项目作为一个整体招标,则承包商需要进行分包,分包的价格在一般情况下不如直接发包的价格低。但一个项目作为一个整体招标,有利于承包商的统一管理,人工、机械设备、临时设施等可以统一使用,又可能降低费用。因此,应当具体情况具体分析。

（4）工程各项工作的衔接

在划分标段时还应当考虑到项目在建设过程中的时间和空间的衔接。应当避免产生平面或立面交接工作责任不清的情况。如果建设项目的各项工作的衔接、交叉和配合少,责任清楚,则可以考虑分别发包;反之,则应考虑将项目作为一个整体发包给一个承包商,因为此时由一个投标人进行协调管理容易做好衔接工作。

（二）资格预审公告或招标公告的编制与发布

招标公告是指采用公开招标方式的招标人（包括招标代理机构）向所有潜在的投标人发出的一种广泛的通告。投标邀请书是指采用邀请招标方式的招标人,向三个以上具备承担招标项目的能力、资信良好的特定法人或者其他组织发出的参加投标的邀请。

1. 招标公告和投标邀请书的内容

按照《招标投标法》的规定,招标公告与投标邀请书应当载明同样的事项,具体包括以下内容:

（1）招标人的名称和地址;

（2）招标项目的性质;

（3）招标项目的数量;

（4）招标项目的实施地点;

（5）招标项目的实施时间;

（6）获取招标文件的办法。

2. 公开招标项目招标公告的发布

为了规范招标公告发布行为,保证潜在投标人平等、便捷、准确地获取招标信息,国家发展计划委员会发布的自 2000 年 7 月 1 日起生效实施的《招标公告发布暂行办法》,对强制招标项目招标公告的发布做出了明确的规定。

3. 资格预审公告和招标公告发布的要求

为了规范招标公告发布行为,保证潜在投标人平等、便捷、准确地获取招标信息,原国家计委发布、自 2000 年 7 月 1 日起生效实施的《招标公告发布暂行办法》,对招标公告的发布作出了明确的规定,资格预审公告的发布可参照此规定。

（1）对招标公告发布的监督。原国家计委根据国务院授权,按照相对集中、适度竞争、受众分布合理的原则,对依法必须招标项目的招标公告,要求在指定

[想一想]

建设项目招标公告与投标邀请书上应当载明哪些信息?

的报纸、信息网络等媒介上发布,并对招标公告活动进行监督。

(2)对招标人的要求。依法必须公开招标项目的招标公告必须在指定媒介发布。招标公告的发布应当公开,任何单位和个人不得非法限制招标公告的发布地点和发布范围。招标人或其委托的招标代理机构在两个以上媒介发布的同一招标项目公告的内容应当相同。

(3)拟发布的招标公告文本有下列情形之一的,有关媒介可以要求招标人或其委托的招标代理机构及时予以改正、补充或调整。

① 字迹潦草、模糊,无法辨认的。

② 载明的事项不符合规定的。

③ 没有招标人或其委托的招标代理机构主要负责人签名并加盖公章。

④ 在两家以上媒介发布的同一招标公告的内容不一致的。

指定媒介发布的招标公告的内容与招标人或其委托的招标代理机构提供的招标公告文件不一致,并造成不良影响的,应当及时纠正,重新发布。

(三)资格审查

资格审查可以分为资格预审和资格后审。资格预审是指招标人在招标开始之前或开始初期,由招标人对申请参加投标的潜在投标人进行资质条件、业绩、信誉、技术、资金等多方面情况进行资格审查,而资格后审是指在开标后对投标人进行的资格审查。本节主要介绍资格预审。

资格预审的程序是:

1. 发布资格预审文件;

2. 投标人提交资格预审申请文件;

3. 对投标申请人的审查和评定;

4. 发出通知与申请人确认。

(四)编制和发售招标文件

1. 招标文件的编制

我们重点介绍施工招标文件的内容和编制。

(1)按照国家建设部第 89 号令《房屋建筑和市政基础设施工程施工招标投标管理办法》,工程施工招标应当具备下列条件:

① 按照国家有关规定需要履行项目审批手续的,已经履行审批手续;

② 工程资金或者资金来源已经落实;

③ 有满足施工招标需要的设计文件及其他技术资料;

④ 法律、法规、规章规定的其他条件。

(2)在建设部第 89 号令中指出,招标人应当根据招标工程的特点和需要,自行或者委托工程招标代理机构编制招标文件。招标文件应当包括下列内容:

① 投标须知;

② 招标工程的技术要求和设计文件;

③ 采用工程量清单招标的,应当提供工程量清单;

④ 投标函的格式及附录;

⑤ 拟签订合同的主要条款；

⑥ 要求投标人提交的其他材料。

（3）根据《招标投标法》和建设部有关规定,施工招标文件编制中还应遵循如下规定：

① 说明评标原则和评标办法。

② 投标价格中,一般结构不太复杂或工期在 12 个月以内的工程,可以采用固定价格,考虑一定的风险系数。结构较复杂或大型工程,工期在 12 个月以上的,应采用调整价格。价格的调整方法及调整范围应当在招标文件中明确。

③ 在招标文件中应明确投标价格计算依据和类型选择。

④ 质量标准必须达到国家施工验收规范合格标准,对于要求质量达到优良标准时,应计取补偿费用。补偿费用的计算方法应按国家或地方有关文件规定执行,并在招标文件中明确。

⑤ 招标文件中的建设工期应当参照国家或地方颁发的工期定额来确定,如果要求的工期比工期定额缩短 20％以上（含 20％）的,应计算赶工措施费。赶工措施费如何计取应在招标文件中明确。

⑥ 由于施工单位原因造成不能按合同工期竣工时,计取赶工措施费的需扣除,同时还应赔偿由于误工给建设单位带来的损失。其损失费用的计算方法或规定应在招标文件中明确。

⑦ 如果建设单位要求按合同工期提前竣工交付使用,应考虑计取提前工期奖,提前工期奖的计算方法应在招标文件中明确。

⑧ 招标文件中应明确投标准备时间,即从开始发放招标文件之日起,至投标截止时间的期限。最短不得少于 20 天。招标文件中还应载明投标有效期。

⑨ 在招标文件中应明确投标保证金数额及支付方式。

⑩ 中标单位应按规定向招标单位提交履约担保,履约担保可采用银行保函或履约担保书。履约担保比率为：银行出具的银行保函为合同价格的 5％；履约担保书为合同价格的 10％。

⑪ 材料或设备采购、运输、保管的责任应在招标文件中明确。

⑫ 招标单位按国家颁布的统一工程项目划分；统一计量单位和统一的工程量计算规则,根据施工图纸计算工程量,提供给投标单位作为投标报价的基础。

⑬ 招标单位在编制招标文件时,应根据《中华人民共和国合同法》、《建设工程施工合同管理办法》的规定和工程具体情况确定"招标文件合同协议条款"内容。

⑭ 投标单位在收到招标文件后,若有问题需要澄清,应于收到招标文件后以书面形式向招标单位提出,招标单位将以书面形式或投标预备会的方式予以解答,答复将送给所有获得招标文件的投标单位。

[问一问]
按《招标投标法》规定,招标文件自发放之日起,至投标截止时间的期限,最短不得少于几天?

2. 招标文件的发售、澄清与修改

（1）招标文件一般发售给通过资格预审、获得投标资格的投标人。

（2）招标文件的澄清。招标人对已发出的招标文件进行必要的澄清或者修改的,应当在招标文件要求提交投标文件截止时间至少 15 日前,以书面形式通知所有招标文件收受人。

(五)勘察现场与召开投标预备会

1. 勘察现场

(1)招标人组织投标人进行勘察现场的目的在于了解工程场地和周围环境情况,以获取投标人认为有必要的信息。为便于投标人提出问题并得到解答,勘察现场一般安排在投标预备会的前 1～2 天。

(2)投标人在勘察现场中如有疑问,应在投标预备会前以书面形式向招标人提出,但应给招标人留有解答时间。

(3)招标人应向投标人介绍有关现场的情况。

(4)《标准施工招标文件》规定:招标人按招标文件中规定的时间、地点组织投标人踏勘项目现场;投标人踏勘现场发生的费用自理;除招标人的原因外,投标人自行负责在勘察现场中所发生的人员伤亡和财产损失;招标人在踏勘现场中介绍的工程场地和相关的周围环境情况,供投标人在编制投标文件时参考,招标人不对投标人据此做出的判断和决策负责。

[想一想]

投标预备会的目的在于澄清招标文件中的疑问,投标预备会可安排在什么时候举行?

2. 召开投标预备会

投标预备会目的在于澄清招标文件中的疑问,解答投标人对投标文件和勘查现场中所提出的疑问。投标预备会可安排在发出招标文件 7 日后 28 日内举行。投标预备会结束后,由招标人整理会议记录和解答内容,尽快以书面形式将问题及解答同时发送到所有获得招标文件的投标人。

(六)建设项目施工投标

1. 投标人的资格要求。

2. 投标文件的编制。按照建设部第 89 号令《房屋建筑和市政基础设施工程施工招标投标管理办法》,投标人应当按照招标文件的要求编制投标文件,对招标文件提出的实质性要求和条件做出响应。招标文件允许投标人提供备选标的,投标人可以按照招标文件的要求提交替代方案,并做出相应报价作备选标。

投标文件应当包括以下内容:

(1)投标函;

(2)施工组织设计或者施工方案;

(3)投标报价;

(4)招标文件要求提供的其他资料。

投标单位按招标文件所提供的表格格式,编制一份投标文件"正本"和"前附表"所述份数的"副本",并由投标单位法定代表人亲自签署并加盖法人单位公章和法定代表人印鉴。投标单位应提供不少于"前附表"规定数额的投标保证金,此投标保证金是投标文件的一个组成部分。

3. 投标文件的递交。我国《招标投标法》规定,投标人应当在招标文件要求提交投标文件的截止时间前,将投标文件送达投标地点。招标人收到招标文件后,应当签收保存,不得开启。投标人少于 3 个的,招标人应当依照本法重新招标。

（七）开标、评标和定标

在建设项目招投标中,开标、评标和定标是招标程序中极为重要的环节。我们将在第二节中给以详述。

二、建设项目招标控制价的编制

（一）招标控制价的概念及相关规定

招标控制价是指招标人根据国家或省级、行业建设主管部门颁发的有关计价依据和办法,按设计施工图纸计算的,对招标人工程的限定的最高工程造价,也可称为拦标价、预算控制价或最高报价等。

1. 招标控制价的产生背景

招标控制价是《建设工程工程量清单计价规范》(GB50500—2008)修订中新增的专业术语,它是建设市场发展过程中对传统标底概念的性质进行的界定,这主要是由于我国工程建设项目施工招标从推行工程量清单计价以来,对招标时评标定价的管理方式发生了根本性的变化。在2003年推行工程量清单计价以后,由于各地基本取消了中标价不得低于标底多少的规定,从而出现了新的问题,即根据什么来确定合理报价。实践中,一些工程项目在招标中除了过度的低价恶性竞争外,也出现了所有投标人的投标报价均高于招标人的标底,即使是最低的报价,招标人也不能接受的问题。针对这一新的形式,为避免投标人串标、哄抬标价,我国多个省、市相继出台了控制最高限价的规定,但在名称上有所不同,包括拦标价、最高报价、预算控制价、最高限价等,并大多要求在招标文件中将其公布,并规定投标人的报价如超过公布的最高价,其投标将作为废标处理。由此可见,面临新的招标形式,在修订2003版清单计价规范时,为避免与招标投标法关于标底必须保密的规定相违背,因此采用了"招标控制价"这一概念。

2. 招标控制价应注意的主要问题

对于招标控制价及其规定,注意从以下方面理解:

(1)国有资金投资的工程建设项目应实行工程量清单招标,并应编制招标控制价。这是因为:根据《中华人民共和国招标投标法》的规定,国有资金投资的工程进行招标,招标人可以设标底。当招标人不设招标标底时,为有利于客观、合理地评审投标报价和避免哄抬标底、造成国有资产流失,招标人应编制控制价,作为招标人能够接受的最高交易价格。

(2)招标控制价超过批准的概算时,招标人应将其报原概算审批部门审核。这是由于我国对国有资金项目的投资实行的是投资概算审批制度,国有资金投资的工程原则上不能超过批准的投资概算。

(3)招标人的招标报价高于招标控制价,其投标应予以拒绝。这是因为:国有资金投资的工程,招标人编制并公布的招标控制价相当于招标人的采购预算,同时要求其不能超过批准的概算,因此,招标控制价是招标人在工程招标时能接受投标人报价的最高限价。

（4）招标控制价应由具有编制能力的招标人或受其委托，具有相应资质的工程造价咨询人编制。

（5）招标控制价应在招标文件中公布，不应上调或下浮，招标人应将招标控制价及有关资料报送工程所在地工程造价管理机构备查。

（6）招标人经复核认为招标人公布的招标控制价未按照《建设工程工程量清单计价规范》的规定进行编制的，应在开标前5日向投标监督机构或（和）工程造价管理机构投诉。

（二）招标控制价的编制要点

1. 招标控制价的计价依据

（1）《建设工程工程量清单计价规范》（GB50500—2008）。

（2）国家或省级、行业建设主管部门颁发的计价定额和计价办法。

（3）建设工程设计文件相关资料。

（4）招标文件的工程量清单及有关要求。

（5）与建设项目相关的标准、规范、技术资料。

（6）工程造价管理机构发布的工程造价信息，如工程造价信息没有发布的参照市场价。

（7）其他的相关资料。

2. 招标控制价的编制内容

招标控制价的编制内容包括分部分项工程费、措施项目费、其他项目费、规费和税金，各个部分有不同的计价要求：

（1）分部分项工程费的编制要求：

① 分部分项工程费应根据招标文件中的分部分项工程量清单及有关要求，按《建设工程工程量清单计价规范》有关规定确定综合单价计价。

② 工程量依据招标文件中提供的分部分项工程量清单确定。

③ 招标文件提供了暂估单价的材料，应按暂估的单价计入综合单价。

④ 为使招标控制价与投标报价所包含的内容一致，综合单价中应包括招标文件中要求投标人承担的风险内容及其范围（幅度）产生的风险费用。

（2）措施项目费的编制要求：

① 措施项目费中的安全文明施工费应当按照国家或省级、行业建设主管部门的规定标准计价。

② 措施项目费应按招标文件中提供的措施项目清单确定，措施项目采用分部分项工程综合单价形式进行计价的工程量，应按措施项目清单中的工程量，并按与分部分项工程量清单单价相同的方式确定综合单价；以"项"为单位的方式计价的，依有关规定按综合价格计算，包括除规费、税金以外的全部费用。

（3）其他项目费的编制要求：

① 暂列金额。

② 暂估价。

③ 记日工。

④ 总承包服务费。

(4)规费和税金的编制要求。

规费和税金必须按照国家或省级、行业建设主管部门的规定计算。

三、建设项目施工投标程序及投标报价的编制

(一)投标报价的前期工作

在取得招标信息后,投标人首先要决定是否参加投标。如果确定参加投标（见图6-2),要进行以下前期工作:

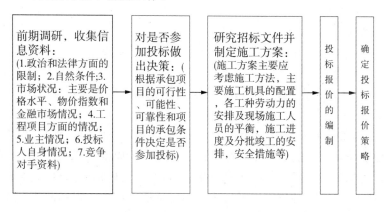

图6-2　工程投标程序

1. 通过资格预审,获得招标文件

为了能够顺利通过资格预审,承包商申报资格预审时应当注意:

(1)平时对资格预审有关资料注意积累,随时存入计算机内,经常整理,以备填写资格预审表格之用。

(2)填表时应重点突出,除满足资格预审要求外,还应适当地反映出本企业的技术管理水平、财务能力、施工经验和良好业绩。

(3)如果资格预审准备中,发现本公司某些方面难以满足投标要求时,则应考虑组成联合体参加资格预审。

2. 组织投标报价班子

组织一个专业水平高、经验丰富、精力充沛的投标报价班子是投标获得成功的基本保证。班子中应包括企业决策层人员、估价人员、工程计量人员、施工计划人员、采购人员、设备管理人员、工地管理人员等。一般来说,班子成员可分为三个层次,即报价决策人员、报价分析人员和基础数据采集和配备人员。各类专业人员之间应分工明确、通力合作配合,协调发挥各自的主动性、积极性和专长,完成既定投标报价工作。另外,还要注意保持报价班子成员的相对稳定,以便积累经验,不断提高其素质和水平,提高报价工作效率。

3. 研究招标文件重点内容进行分析

投标人取得招标文件后,为保证工程量清单报价的合理性,应对投标人须知、合同条件、技术规范、图纸和工程量清单等重点内容进行分析,深刻而正确地

理解招标文件和业主的意图。

(1)投标人须知。它反映了招标人对投标的要求,特别要注意项目的资金来源、投标书的编制和递交、投标保证金、更改或备选方案、评标方法等,重点在于防止废标。

(2)合同分析。

① 合同背景分析;

② 合同形式分析;

③ 技术标准和要求分析;

④ 图纸分析。

4. 工程现场调查

招标人在招标文件中一般会明确进行工程现场踏勘的时间和地点。投标人对一般区域调查重点注意以下几个方面:

(1)自然条件调查,如气象资料,水文资料,地震、洪水及其他自然灾害情况,地质情况等。

(2)施工条件调查,主要包括:工程现场的用地范围、地形、地貌、地物、高程,地上或地下障碍物,现场的三通一平情况;工程现场周围的道路、进出场条件、有无特殊交通限制;工程现场施工临时设施、大型施工机具、材料堆放场地安排的可能性,是否需要二次搬运;工程现场邻近建筑物与招标工程的间距、结构形式、基础埋深、新旧程度、高度;市政给排水管线、供电方式、燃气管线、通信线路的位置、高程、管径、连接方式等;当地政府有关部门对施工现场的管理的一般要求、特殊要求及规定,是否允许节假日和夜间施工等。

(3)其他条件调查。主要包括各种部件、半成品及商品混凝土的供应能力和价格,以及现场附近的生活设施、治安情况等等。

(二)调查询价

(1)询价的渠道;

(2)生产要素询价;

(3)分包询价;

(4)复核工程量;

(5)制定项目管理规划。

(三)投标报价的编制

1. 投标报价的编制原则

投标报价编制原则如下:

(1)投标报价由投标人自主确定,但必须执行《建设工程工程量清单计价规范》的强制性规定。

(2)投标人的投标报价不得低于成本。

(3)投标报价要以招标文件中设定的承发包双方责任划分,作为考虑投标报价费用项目和费用计算的基础,承发包双方的责任划分不同,会导致合同风险不同的分摊,从而导致投标人报价选择不同的报价;根据工程承发包模式考虑投标

[问一问]
投标文件编制的规定是什么?

报价的费用内容和计算深度。

（4）以施工方案、技术措施等作为投标报价的基本条件；以反映企业技术和管理水平的企业定额作为计算人工、材料和机械台班消耗量的基本依据；充分利用现场考察、调研成果、市场价格信息和行情资料，编制基础标价。

（5）报价计算方法要科学严谨，简明适用。

2. 投标报价的计算依据

《建设工程工程量清单计价规范》规定，投标报价应根据下列依据编制：

（1）工程量清单计价规范。

（2）国家或省级、行业建设主管部门颁发的计价方法。

（3）企业定额，国家或省级、行业建设主管部门颁发的计价定额。

（4）招标文件、工程量清单及其补充通知、答疑纪要。

（5）建设工程设计文件及相关资料。

（6）施工现场情况、工程特点及拟定的投标施工组织设计或施工方案。

（7）与建设项目相关的标准、规范等技术资料。

（8）市场价格信息或工程造价管理机构发布的工程造价信息。

（9）其他相关资料。

3. 投标报价的编制方法

投标报价的编制主要是投标单位对承建招标工程所要发生的各种费用的计算。投标报价的编制方法和标底的编制方法一致，也分为以定额计价、以工程量清单计价两种模式，可以用工料单价法和综合单价法计算。其中，工程量清单计价的投标报价由分部分项工程量清单计价表、措施项目清单计价表、其他项目清单计价表、规费、税金项目清单计价表组成，汇总后得到单位工程投标报价汇总表。

4. 投标报价的编制程序

（1）复核或计算工程量。

（2）确定单价，计算合价。

（3）确定分包工程费。

（4）确定利润。

（5）确定风险费。

（6）确定投标价格。

（四）确定投标报价策略

1. 根据招标项目的特点报价

项目竞争不激烈时可报高些；反之，则低一些（见表6-3）。

[想一想]

投标单位应按招标单位提供的工程量清单，逐一填写单价和合价。如果在开标后发现投标单位没有填写单价或合价的分项，应该怎么办？

表 6 - 3 投标报价的策略

投标策略	掌握要点
根据项目特点报价	条件差、难度高、工期紧的可以报高价;反之报低价
不平衡报价	能够早日结账收款的、预计工程量会增加的项目、设计修改后工程量要增加的项目、不分标而确定要做的暂定项目可适当报高单价
零星用工单价的报价	不计入总价的单纯报零星用工单价的项目可以报高价
可供选择项目的报价	对于将来有可能被选择使用的规格应当提高其报价;对于技术难度大或其他原因导致的难以实现的规格,可将价格有意抬高得更多一些,以阻挠招标人选用
暂定工程量的报价	业主固定了总价款的暂定工程量可以适当提高单价
多方案报价	通过变动招标文件某条款降低总价,吸引业主,但对原方案也应报价
增加建议方案	通过新建议设计方案降低总造价或缩短工期,以吸引业主,但对原方案也应报价
分包商报价的采用	总包商汇总分包商报价后摊入一定的管理费,作为自己投标总价的一个组成部分一并列入报价单
无利润算价	适用情况:可以所求到索价较低的分包商;着眼于将来的竞争优势;再不得标,难以维持生存

2. 不平衡报价法

不平衡报价法是指一个工程项目总报价基本确定后,通过调整内部各个项目的报价,以期既不提高总报价、不影响中标,又能在结算时得到更理想的经济效益。一般可以考虑在以下几方面采用不平衡报价:

(1)能够早日结账收款的项目可适当提高。

(2)预计今后工程量会增加的项目,单价适当提高;将工程量可能减少的项目单价降低。

(3)设计图纸不明确,估计修改后工程量要增加的,可以提高单价;而工程内容说明不清楚的,则可适当降低一些单价,待澄清后可再寻求提价。

(4)暂定项目,又叫任意项目或选择项目,对这类项目要具体分析。

3. 计日工单价的报价

如果是单纯报计日工单价,而且不计入总价中,可以报高些,以便在业主额外用工或使用施工机械时可多盈利。但如果计日工单价要计入总报价时,则需具体分析是否报高价,以免抬高总报价。总之,要分析业主在开工后可能使用的计日工数量,再来确定报价方针。

4. 可供选择的项目的报价

所谓"可供选择项目"并非由投标人任意选择,而是招标人才有权进行选择。因此,我们虽然适当提高了可供选择项目的报价,并不意味着肯定可以取得较好

[想一想]

一个项目总报价确定后,通过调整内部各个项目的报价,希望既不提高总价,不影响中标,又能在结算时得到更理想的经济效益,这种情况应采用哪种报价方法?

的利润,只是提供了一种可能性,一旦招标人今后选用,投标人即可得到额外加价的利益。

5. 暂定金额的报价

暂定金额有三种:

一种是招标人规定了暂定工程量的分项内容和暂定总价款,并规定所有投标人都必须在总报价中加入这笔固定金额,但由于分项工程量不很准确,允许将来按投标人所报单价和实际完成的工程量付款。投标时应当对暂定金额的单价适当提高。

另一种是招标人列出了暂定金额的项目的数量,但并没有限制这些工程量的估价总价款,要求投标人既列出单价,也应按暂定项目的数量计算总价,当将来结算付款时可按实际完成的工程量和所报单价支付。一般来说,这类工程量可以采用正常价格。

第三种是只有暂定金额的一笔固定总金额,将来这笔金额做什么用,由招标人确定。这种情况对投标竞争没有实际意义,按招标文件要求将规定的暂定金额列入总报价即可。

6. 多方案报价法

对于一些招标文件,如果发现工程范围不很明确,条款不清楚或很不公正,或技术规范要求过于苛刻时,则要在充分估计投标风险的基础上,按多方案报价法处理,即是按原招标文件报一个价,然后再提出如某某条款做某些变动,报价可降低多少,由此可报出一个较低的价。这样,可以降低总价,吸引招标人。

7. 增加建议方案

有时招标文件中规定,可以提一个建议方案,即是可以修改原设计方案,提出投标者的方案。投标者这时应抓住机会,组织一批有经验的设计和施工工程师,对原招标文件的设计和施工方案仔细研究,提出更为合理的方案以吸引业主,促成自己的方案中标。建议方案不要写得太具体,要保留方案的技术关键,防止招标人将此方案交给其他投标人。同时要强调的是,建议方案一定要比较成熟,有很好的可操作性。

8. 分包商报价的采用

总承包商在投标前找 2~3 家分包商分别报价,而后选择其中一家信誉较好、实力较强和报价合理的分包商签订协议,同意该分包商作为本分包工程的唯一合作者,并将分包商的姓名列到投标文件中,但要求该分包商相应地提交投标保函。如果该分包商认为这家总承包商确实有可能得标,也许愿意接受这一条件。这种把分包商的利益同投标人捆在一起的做法,不但可以防止分包商事后反悔和涨价,还可能迫使分包时报出较合理的价格,以便共同争取得标。

9. 无利润算标

缺乏竞争优势的承包商,在不得已的情况下,只好在算标中根本不考虑利润去夺标。这种办法一般是处于以下条件时采用:

(1)有可能在得标后,将大部分工程分包给索价较低的一些分包商;

(2)对于分期建设的项目,先以低价获得首期工程,而后赢得机会创造第二

期工程中的竞争优势,并在以后的实施中赚得利润;

(3)较长时期内,承包商没有在建的工程项目,如果再不得标,就难以维持生存。因此,虽然本工程无利可图,只要能有一定的管理费维持公司的日常运转,就可设法渡过暂时的困难,以图将来东山再起。

(五)投标担保

投标担保方式一般可以有两种方式:

1. 投标保证金。

2. 银行或担保公司开具的投标保函。

四、建设项目施工开标、评标、定标和签订合同

(一)开标

1. 开标的时间和地点

我国《招标投标法》规定,开标应当在招标文件确定的提交投标文件截止时间的同一时间公开进行。

2. 出席开标会议的规定

开标由招标人或者招标代理人主持,邀请所有投标人或其委托代理人准时参加。投标单位法定代表人或授权代表未参加开标会议的视为自动弃权。

3. 开标程序和唱标的内容

(1)开标会议宣布开始后,应首先请各投标单位代表确认其投标文件的密封完整性,并签字予以确认。当众宣读评标原则、评标办法。由招标单位依据招标文件的要求,核查投标单位提交的证件和资料,并审查投标文件的完整性、文件的签署、投标担保等,但提交合格"撤回通知"和逾期送达的投标文件不予启封。

(2)唱标顺序应按各投标单位报送投标文件时间先后的顺序进行。

(3)开标过程应当记录,并存档备查(见表6-4)。

表6-4 开标程序

时间	开标应当在招标文件确定的提交投标文件截止时间的同一时间公开进行。在有些情况下可以暂缓或者推迟开标时间:招标文件发售后对原招标文件做了变更或者补充;开标前有发现影响招标公正性的不正当行为;出现突发事件等
参加人	开标由招标人或者招标代理人主持,邀请所有投标人参加。投标单位法定代表人或授权代表未参加开标会议的视为自动弃权
唱标顺序和内容	按各投标单位报送投标文件时间先后的顺序进行,并当众宣读有效标函的投标人名称、投标价格、工期、质量、主要材料用表、修改或撤回通知、投标保证金、优惠条件,以及招标人认为有必要的内容
不予受理的投标	1. 逾期送达的或者未送达指定地点的; 2. 未按招标文件要求密封的

4. 有关无效投标文件的规定

在开标时,投标文件出现下列情形之一的,应当作为无效投标文件,不得进入评标:

(1)投标文件未按照招标文件的要求予以密封的;

(2)投标文件中的投标函未加盖投标人的企业及企业法定代表人印章的,或者企业法定代表人委托代理人没有合法、有效的委托书(原件)及委托代理人印章的;

(3)投标文件的关键内容字迹模糊、无法辨认的;

(4)投标人未按照招标文件的要求提供投标保函或者投标保证金的;

(5)组成联合体投标,投标文件未附联合体各方共同投标协议的。

［问一问］

　常见废标的类型有哪些?

(二)评标

1. 评标的原则以及保密性和独立性

评标是招投标过程中的核心环节。评标活动应遵循公平、公正、科学、择优的原则,保证评标在严格保密的情况下进行。并确保评标委员会在评标过程中的独立性。

评标委员会成员名单一般应于开标前确定,而且该名单在中标结果确定前应当保密,任何单位和个人都不得非法干预、影响评标过程和结果。

2. 评标委员会的组建与对评标委员会成员的要求

(1)评标委员会的组建。评标委员会由招标人负责组建,负责评标活动,向招标人推荐中标候选人或者根据招标人的授权直接确定中标人。

评标委员会由招标人或其委托的招标代理机构熟悉相关业务的代表,以及有关技术、经济等方面的专家组成,成员人数为5人以上的单数,其中技术、经济等方面的专家不得少于成员总数的三分之二。评标委员会的专家成员应当从省级以上人民政府有关部门提供的专家名册或者招标代理机构专家库内的相关专家名单中确定。

(2)对评标委员会成员的要求。

(3)评标委员会成员的基本行为要求。

3. 评标的准备与初步评审

(1)评标的准备

评标委员会成员应当编制供评标使用的相应表格,认真研究招标文件,至少应了解和熟悉以下内容:

① 招标的目标。

② 招标项目的范围和性质。

③ 招标文件中规定的主要技术要求、标准和商务条款。

④ 招标文件规定的评标标准、评标方法和在评标过程中考虑的相关因素。

招标人或者其委托的招标代理机构应当向评标委员会提供评标所需的重要信息和数据。

评标委员会应当根据招标文件规定的评标标准和方法,对投标文件进行系统的评审和比较。招标文件中没有规定的标准和方法不得作为评标的依据。因此,评标委员会成员还应当了解招标文件规定的评标标准和方法,这也是评标的重要准备工作。

(2)初步评审

根据《评标委员会和评标方法暂行规定》和《标准施工招标文件》的规定,我国目前评标中主要采用的方法包括经评审的最低中标价法和综合评估法。两种评标方法在初步评审的内容和标准上基本是一致的。初步评审的内容见表6-5。

表6-5 初步评审的内容

符合性评审	包括商务符合性和技术符合性,评审投标文件是否在实质上响应了招标文件的所有条款、条件,无显著的差异或保留
技术性评审	方案可行性评估和关键工序评估;劳务、材料、机械设备、质量控制措施评估以及对施工现场周围环境污染的保护措施评估
商务性评审	校核投标报价并分析报价的合理性

① 初步评审标准,包括以下四方面:

形式评审标准

包括投标人名称与营业执照、资质证书、安全生产许可证一致;投标函上有法人代表人或其委托代理人签字或加盖公章;投标文件格式符合要求;联合体投标人已提交联合体协议书,并明确联合体牵头人(如有);报价唯一,即只能有一个有效报价等等。

资格评审标准

如果是未进行资格预审的,应具备有效的营业执照,具备有效的安全生产许可证,并且资质等级、财务状况、类似项目业绩、项目经理、其他要求、联合体投标人等,均符合规定。如果是已进行资格预审,仍按前文所述"资格审查办法"中的详细审查标准来进行。

响应性评审标准

主要的投标内容包括投标报价校核,审查全部报价数据计算的正确性,分析报价构成的合理性,并与招标控制价进行对比分析,还有工期、工程质量、投标有效期、投标保证金、权利义务、已标价工程量清单、技术标准和要求等,均符合招标文件的有关要求。也就是说,投标文件应实质上响应招标文件的所有条款、条件,无显著的差异或保留。

施工组织设计和项目管理机构评审标准

主要包括施工方案与技术措施、质量管理体系与措施、安全管理体系与措施、环境保护管理体系与措施、工程进度计划与措施、资源配备计划、技术负责人、其他主要人员、施工设备、试验、检测仪器设备等,符合有关标准。

② 投标文件的澄清和说明;

③ 投标报价有算术错误的,评标委员会按以下原则对投标报价进行修正,修正的价格经投标人书面确认后具有约束力。投标人不接受修正价格的,其投标

作废标处理。

　　a. 投标文件中的大写金额与小写金额不一致的,以大写金额为准。

　　b. 总价金额与依据单价计算出的结果不一致的,以单价金额为准修正总价,但单价金额小数点有明显错误的除外。

　　此外,如对不同文字文本投标文件的解释发生异议的,以中文文本为准。

　　④ 经初步评审后作为废标处理的情况。

4. 详细评审及其方法

　　经初步评审合格的投标文件,评标委员会应当根据招标文件确定的评标标准和方法,对其技术部分和商务部分作出进一步评审、比较。详细评审的方法包括经评审的最低投标价法和综合评估法两种(见表 6-6)。

　　(1)经评审的最低投标价法

　　① 经评审的最低投标价法的含义。根据经评审的最低投标价法,能够满足招标文件的实质性要求,并且经评审的最低投标价的投标,应当推荐为中标候选人。这种评标方法是按照评审程序,经初审后,以合理低标价作为中标的主要条件。

表 6-6　详细评审的方法

经评审的 最低投标价法	主要适用于具有通用技术、性能标准或者招标人对其技术、性能没有特殊要求的招标项目。修正因素主要包括一定条件下的优惠、工期提前的效益和多个标段的评标修正。合理的低价必须是经过终审,进行答辩,证明是实现低标价的措施有力可行的报价。
综合评估法	评标委员会对各个评审因素进行量化时,应当将量化指标建立在同一基础或统一标准上,使各投标文件具有可比性。对技术部分和商务部分进行量化后,评标委员会应当对这两部分的量化结果进行加权,计算出每一投标的综合评估价或者综合评估分

　　② 最低投标价法的适用范围。一般适用于具有通用技术、性能标准或者招标人对其技术、性能没有特殊要求的招标项目。

　　③ 最低投标价法的评标要求。采用经评审的最低投标价法的,评标委员会应当根据招标文件中规定的评标价格调整方法,对所有投标人的投标报价以及投标文件的商务部分作必要的价格调整。

　　(2)综合评估法

　　① 综合评估法的含义。不宜采用经评审的最低投标价法的招标项目,一般应当采取综合评估法进行评审。

　　根据综合评估法,最大限度地满足招标文件中规定的各项综合评价标准的投标,应当推荐为中标候选人。衡量投标文件是否最大限度地满足招标文件中规定的各项评价标准,可以采取折算为货币的方法、打分的方法或者其他方法。需量化的因素及其权重应当在招标文件中明确规定。

　　在综合评估法中,最为常用的方法是百分法。

　　② 综合评估法的评标要求。评标委员会对各个评审因素进行量化时,应当

将量化指标建立在同一基础或者同一标准上,使各投标文件具有可比性。

对技术部分和商务部分进行量化后,评标委员会应当对这两部分的量化结果进行加权,计算出每一投标的综合评估价或者综合评估分。

(3)其他评标方法

在法律、行政法规允许的范围内,招标人也可以采用其他评标方法。

5. 评标结果

除招标人授权直接确定中标人外,评标委员会按照经评审的价格由低到高的顺序推荐中标候选人。评标委员会完成评标后,应当向招标人提交书面评标报告,并抄送有关行政监督部门。评标报告应当如实记载以下内容:

(1)基本情况和数据表。

(2)评标委员会成员名单。

(3)开标记录。

(4)符合要求的投标人一览表。

(5)废标情况说明。

(6)评标标准、评标方法或者评标因素一览表。

(7)经评审的价格或者评分比较一览表。

(8)经评审的投标人排序。

(9)推荐的中标候选人名单与签订合同前要处理的事宜。

(10)澄清、说明、补正事项纪要。

评标报告由评标委员会全体成员签字。对评标结论持有异议的评标委员会成员可以书面方式阐述其不同意见和理由。评标委员会成员拒绝在评标报告上签字且不陈述其不同意见和理由,视为同意评标结论。评标委员会应当对此做出书面说明并记录在案(见图6-3)。

[问一问]

评标过程中商务性和技术性评审的主要内容是什么?

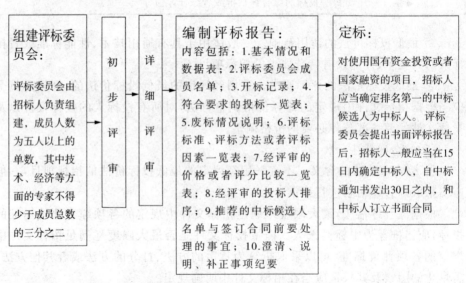

图6-3 评标程序

（三）定标

1. 中标候选人的确定

经过评标后，就可确定出中标候选人（或中标单位）。评标委员会推荐的中标候选人应当限定在 1～3 人，并标明排列顺序。招标人可以授权评标委员会直接确定中标人。

中标人的投标应当符合下列条件之一：

（1）能够最大限度满足招标文件中各项综合评价标准。

（2）能够满足招标文件的实质性要求，并且经评审的投标价格最低；但是投标价格低于成本价的除外。

招标人应当在投标有效期截止时限 30 日前确定中标人。依法必须进行施工招标的工程，招标人应当自确定中标人之日起 15 日内，向工程所在地的县级以上地方人民政府建设行政主管部门提交施工招标投标情况的书面报告。建设行政主管部门自收到书面报告之日起 5 日内未通知招标人在招标投标活动中有违法行为的，招标人可以向中标人发出中标通知书，并将中标结果通知所有未中标的投标人。

2. 发出中标通知书并订立书面合同

（1）中标人确定后，招标人应当向中标人发出中标通知书，并同时将中标结果通知所有未中标的投标人。

（2）招标和中标人应当自中标通知书发出之日起 30 日内，按照招标文件和中标人的投标文件订立书面合同。订立书面合同后 7 日内，中标人应当将合同送县级以上工程所在地的建设行政主管部门备案。

（3）招标人与中标人签订合同后 5 个工作日内，应当向中标人和未中标的投标人退还投标保证金。

（4）中标人应当按照合同约定履行义务，完成中标项目。

（四）重新招标和不再招标

（1）重新招标

有下列情形之一的，招标人将重新招标：

① 投标截止时间止，投标人少于 3 个的。

② 经评标委员会评审后否决所有投标的。

（2）不再招标

《标准施工招标文件》规定，重新招标后投标人仍少于 3 个或者所有投标被否决的，属于必须审批或核准的工程建设项目，经原审批或核准部门批准后不再进行招标。

（五）招标投标活动中的纪律和监督

1. 对招标人的纪律要求。

2. 对投标人的纪律要求。

3. 对评标委员会成员纪律要求。

4. 对与评标活动有关的工作人员的纪律要求。

5. 投诉。

【实践训练】

课目一：招标的程序

(一)背景资料

某建设单位的土建工程项目,前期准备工作已完成,决定采用公开招标,在整个招标过程中主要工作程序如下:

(1)向建设部门提出招标申请;

(2)编制招标文件;

(3)对施工单位进行资格预审并将资格预审文件与招标文件送审;

(4)发布招标邀请书;

(5)对投标者进行资格预审,并将结果通知各申请投标者;

(6)向合格投标者发送招标文件;

(7)召开招标预备会;

(8)招标文件的编制与递交;

(9)组织开标、评标、定标并签订工程合同。

在投标过程中出现了以下事件:招标人将整个项目分解为若干个小项目,对部分小项目不进行公开招标。招标人在投标预备会议以后,对其中两家投标单位代表提出由于目前资金暂时未到,如投标单位可垫付一定比例的资金可优先考虑中标的可能。在评标后招标方对选定的中标人情况不满意,提出资格预审以外的两个单位作为中标人,其中一个单位由于提出对招标单位的资金可以较大比例垫付而被选为中标人。招标单位只向该单位发出了中标通知书。中标单位在签订承包合同后将已中标部分项目中的主体工程和关键性工作分包给另外三个外地单位施工。由于此中标单位向招标单位提交了垫付资金,故没有向招标人提交履约保证金。

(二)问题

1. 拟订招标程序存在什么问题?

2. 投标过程中出现的若干事件哪些是正确的,哪些是错误的?

3. 常见废标的类型有哪些?

(三)分析与解答

[问题1解答]

拟订招标程序存在的问题:

(1)在提出招标申请之前,须根据立项审批文件向建设行政主管部门报建备案并接受招标管理机构对招标资质的审查。

(2)在资格预审文件、招标文件送审之后应进行工程标底价格的编制(除非该工程采用无标底招标)。

(3)发布招标邀请书应改为刊登资格预审通告、招标公告。

(4)在召开招标预备会之前应组织投标单位勘察施工现场。

[问题2解答]

招标人将项目细化对部分项目不公开招标是错误的。在投标预备会以后与投标单位谈判不符合《招标投标法》的有关规定。招标单位不仅要向中标人发出中标通知书,还要对其他投标单位发出未中标通知书;招标人在经过评审的单位以外确定中标人是不正确的。中标单位在签订承包合同后将主体工程分包违反有关规定。中标单位垫付资金不得替代履约保险。

[问题3解答]

常见废标的类型有:

(1)在评标过程中,一旦发现投标人以他人名义投标、串通投标、以行贿手段谋取中标或以其他弄虚作假方式投标的,该投标人的投标应作为废标处理。

(2)投标人的报价明显低于其他投标报价或者在设有标底时明显低于标底,投标人不能合理说明或者不能提供相关证明材料证明其投标报价不低于其成本的。

(3)投标人不具备资格条件或者投标文件不符合形式要求。

(4)投标文件未能在实质上响应招标文件提出的所有实质性要求和条件的。

课目二:报价的技巧

(一)背景资料

某办公楼施工招标文件的合同条款中规定:预付款数额为合同价的20%,开工日前1个月支付,上部结构工程完成一半时一次性全额(或分次按最大限度扣款额)扣回,工程款按季度结算,经造价工程师审核后于该季度下1个月末支付。

承包商A决定对该项目投标,经造价工程师估算,总价为1470万元,总工期15个月,其中:基础工程估价为150万元,工期为3个月;上部结构工程估价为600万元,工期为6个月;装饰和安装工程估价为720万元,工期为6个月。

投标小组经分析认为:该工程虽然有预付款,但平时工程款按季度支付,不利于资金周转,决定除按上述数额报价,另外建议业主将付款条件改为:预付款为合同价10%,工程款按月度结算,经造价工程师审核后于该月度的下1个月末支付,其余条款不变。

(二)问题

该承包商所提出的方案属于哪一种报价技巧?该报价技巧的运用是否符合有关要求?

(三)分析与解答

属于多方案报价法。该报价技巧运用符合有关要求(即对招标文件要做出实质性响应),因为承包商A的报价既适用于原付款条件,也适用于建议的付款条件。

第三节　建设工程施工合同

一、建设工程施工合同类型及选择

（一）建设工程施工合同类型

根据合同计价方式的不同,建设工程施工合同可以分为总价合同、单价合同、成本加酬金合同三种类型(见表6-7)。

1. 总价合同

总价合同是指在合同中确定一个完成项目的总价,承包单位据此完成项目全部内容的合同。

总价合同又可分为固定总价合同和可调总价合同。

2. 单价合同

单价合同是承包单位在投标时,按招标文件就分部分项工程所列出的工程量表确定各分部分项工程费用的合同类型。

单价合同又可分为固定单价合同和可调单价合同。

3. 成本加酬金合同

成本加酬金合同,是由业主向承包单位支付工程项目的实际成本,并按事先约定的某一种方式支付酬金的合同类型。

成本加酬金合同常见有几种:成本加固定费用合同;成本加定比费用合同;成本加奖金合同;成本加保证最大酬金合同;工时及材料补偿合同。

表6-7　合同类型的选择

合同类型	总价合同	单价合同	成本加酬金合同
项目规模和工期长短	规模小、工期短	规模和工期适中	规模大,工期长
项目的竞争情况	激烈	正常	不激烈
项目的复杂程度	低	中	高
单项工程的明确程度	类别和工程量都很清楚	类别清楚,工程量有出入	分类与工程量都不甚清楚
项目准备时间的长短	高	中	低
项目的外部环境因素	良好	一般	恶劣

（二）建设工程施工合同类型的选择

选择合同类型应考虑以下因素:

1. 项目规模和工期长短。

2. 项目的竞争情况。

3. 项目的复杂程度。

4. 项目的单项工程的明确程度。

5. 项目准备时间的长短。

6. 项目的外部环境因素。

二、建设工程施工合同文本的主要条款

(一)概述

1. 施工合同的概念

施工合同就是建筑安装工程承包合同,是发包人和承包人为完成商定的建筑安装工程,明确相互权利、义务关系的合同。

施工合同的当事人是发包人和承包人,双方是平等的民事主体。承发包双方签订施工合同,必须具备相应资质条件和履行施工合同的能力。

2.《建设工程施工合同(示范文本)》简介

根据有关工程建设施工的法律、法规,结合我国工程建设施工的实际情况,并借鉴了国际上广泛使用的土木工程施工合同(特别是 FIDIC 土木工程施工合同条件),建设部、国家工商行政管理局 1999 年 12 月 24 日发布了《建设工程施工合同(示范文本)》。

《建设工程施工合同文本》由协议书、通用条款、专用条款三部分组成。后面附有三个附件,包括:承包人承揽工程项目一览表、发包人供应材料设备一览表、工程质量保修书。

《协议书》是《施工合同文本》中总纲性的文件。它具有很高的法律效力。

《通用条款》对承发包双方的权利义务做出的规定,除双方协商一致对其中的某些条款作了修改、补充或取消外,双方都必须履行。具有很强的通用性,基本适用于各类建设工程,《通用条款》共有 11 部分 47 条。

[问一问]

《建设工程施工合同示范文本》附件分别是哪三个?

3. 施工合同文件的组成及解释顺序

(1)施工合同协议书;

(2)中标通知书;

(3)投标书及其附件;

(4)施工合同专用条款;

(5)施工合同通用条款;

(6)标准、规范及有关技术文件;

(7)图纸;

(8)工程量清单;

(9)工程报价单或预算书。

(二)施工合同双方的一般权利和义务

1. 发包人的义务

发包人是指专用条款中指明并与承包人在合同协议书中签字的当事人,其在合同履行过程中应当承担的义务一般包括:

(1)发包人在履行合同过程中应遵守法律,并保证承包人免于承担因发包人违反法律而引起的任何责任。

（2）发包人应委托监理人按合同约定的时间向承包人发出开工通知。

（3）发包人应按专用条款的约定向承包人提供施工场地，以及施工场地内地下管线和地下设施等有关资料，并保证资料的真实、准确、完整。

（4）发包人应协助承包人办理法律规定的有关施工证件和批件。

（5）发包人应根据合同进度计划，组织设计单位向承包人进行设计交底。

（6）发包人应按合同约定向承包人及时支付合同价款。

（7）发包人应按合同约定及时组织竣工验收。

（8）发包人履行合同约定的其他义务。

2. 承包人的义务

承包人是指与发包人签订合同协议书的当事人，负责工程的施工。

（1）遵守法律。承包人在履行合同过程中应遵守法律，并保证发包人免于承担因承包人违反法律而引起的任何责任。

（2）依法纳税。承包人应按有关法律纳税，应缴纳的税金包括在合同价格内。

（3）完成各项承包工作。承包人应按合同约定以及监理人的指示，实施、完成全部工程，并修补工程中的任何缺陷，除专用合同条款另有约定外，承包人应提供为完成合同工作所需的劳务、材料、施工设备和其他物品，并按合同约定负责临时设施的设计、建造、运行、维护、管理和拆除。

（4）对施工作业和施工方法的完备性负责。承包人应按合同约定的工作内容和施工进度要求，编制施工组织设计和施工措施计划，并对所有施工作业和施工方法的完备性和安全可靠性负责。

（5）保证工程施工和人员的安全。承包人应按合同约定采取施工安全措施，确保工程及其人员、材料、设备和设施的安全，防止因工程施工造成的人身伤害和财产损失。

（6）负责施工场地及其周边环境与生态的保护工作。承包人应按合同约定负责施工场地及其周边环境与生态的保护工作。

（7）避免施工对公众与他人的利益造成损害。承包人在进行合同约定的各项工作时，不得侵害发包人与他人使用公用道路、水源、市政管网等公共设施的权利，避免对邻近的公共设施产生干扰。承包人占用或使用他人的施工场地，影响他人作业或生活的，应承担相应责任。

（8）为他人提供方便。承包人应按监理人的指示为他人在施工场地或附近实施与工程有关的其他各项工作提供可能的条件。

（9）工程的维护与照管。工程接收证书颁发前，承包人应负责照管与维护工程。工程接收证书颁发时尚有部分未竣工工程的，承包人还应负责该未竣工工程的照管与维护工作，直至竣工后移交给发包人为止。

（10）承包人还应履行合同约定的其他义务。

3. 监理人

监理人是指受发包人委托对合同履行实施管理的法人或其他组织。

（1）监理人的职责和权力

监理人受发包人委托享有合同约定的权力。监理人发出的任何指示应视为已得到发包人的批准,但监理人无法免除或变更合同的约定的发包人和承包人的权利、义务和责任。合同的约定应由承包人承担的义务和责任,不因监理人对承包人提交文件的审查或批准,对工程、材料和设备的检查和检验,以及为实施监理作出的指示等职务行为而减轻或解除。监理人接受发包人委托的工程监理任务后,应组建现场监理机构,并在发布开工通知前驻进工地,及时开展监理工作。监理机构由总监理工程师和监理人员组成。

(2)总监理工程师和监理人员

总监理工程师是指监理人委派常驻施工场地对合同履行实施管理的全权负责人。监理人员在总监理工程师的授权范围内行使某项权力。

(3)监理人的指示

监理人的指示应盖有监理人授权的施工场地机构章,并有总监理工程师或总监理工程师授权的监理人员签字。在紧急情况下,总监理工程师或被授权的监理人员可以当场签发临时书面指示,承包人应遵照执行。承包人应收到上述临时书面指示后 24 小时内,向监理人发出书面确认函。监理人收到书面确认函后 24 小时内未予答复的,该书面确认函应被视为监理人的正式指示。

(4)商定或确定

按合同约定应当对有关事项进行商定或确定时,总监理工程师应与合同当事人协商,尽量达成一致。不能达成一致的,总监理工程师应认真研究后审慎确定。总监理工程师应将商定或确定的事项通知合同当事人,并附有详细依据。对总监理工程师的确定有异议的,构成争议的,按照合同争议解决条款处理。在争议解决前,双方应暂按总监理工程师的确定进行,按照合同争议解决条款程序对总监理工程师的确定作出修改的,按修改后的结果执行。

4. 承包人项目经理的产生和职责

(1)项目经理的产生和更换

承包人应按合同约定指派项目经理,并在约定的期限内到职。承包人更换项目经理应事先征得发包人的同意,并应在更换 14 天前通知发包人和监理人。承包人项目经理短期内离开施工场地,应事先征得监理人的同意,并委派代表代行其职责。监理人要求撤换不能胜任本职工作、行为不端或玩忽职守的承包人项目经理和其他人员的,承包人应予以撤换。

(2)项目经理的职责

① 代表承包人向发包人提出要求和通知。

②组织施工。

(三)施工组织设计和工期

1. 进度计划

承包人应当按专用条款约定的日期,将施工组织设计和工程进度计划提交工程师。群体工程中采取分阶段进行施工的单项工程,承包人则应按照发包人提供图纸及有关资料的时间,按单项工程编制进度计划,分别向工程师提交。

2. 开工及延期开工

承包人应当按协议书约定的开工日期开始施工。承包人不能按时开工,应

[问一问]

在合同履行过程中,发生影响承发包双方权利和义务的事件时,首先应由哪个部门做出处理决定?

在不迟于协议书约定的开工日期前 7 天,以书面形式向工程师提出延期开工的理由和要求。工程师在接到延期开工申请后的 48 小时内以书面形式答复承包人。工程师在接到延期开工申请后的 48 小时内不答复,视为同意承包人的要求,工期相应顺延。因发包人的原因不能按照协议书约定的开工日期开工,工程师以书面形式通知承包人后,可推迟开工日期。承包人对延期开工的通知没有否决权,但发包人应当赔偿承包人因此造成的损失,相应顺延工期。

承包人应当按照合同约定完成工程施工,如果由于其自身的原因造成工期延误,应当承担违约责任。但是,在有些情况下工期延误后,竣工日期可以相应顺延。因以下原因造成工期延误,经工程师确认,工期相应顺延:

(1)发包人不能按专用条款的约定提供开工条件;

(2)发包人不能按约定日期支付工程预付款、进度款,致使工程不能正常进行;

(3)设计变更和工程量增加;

(4)一周内非承包人原因停水、停电、停气造成停工累计超过 8 小时;

(5)不可抗力事件;

[想一想]

在哪些情况中,工期不予顺延?

(6)专用条款中约定或工程师同意工期顺延的其他情况。

4. 暂停施工

除了发生不可抗力事件或其他客观原因造成必要的暂停施工外,工程施工过程中,当一方违约使另一方受到严重损失的,受损方有权要求暂停施工。但暂停施工将会影响工程进度,影响合同正常履行,为此,合同双方都应尽量避免采取暂停施工手段,而应通过协商,共同采取紧急措施,消除可能发生的暂停施工因素。

(1)承包人暂停施工的责任。因下列暂停施工增加的费用和(或)工期延误由承包人承担。

① 承包人违约引起的暂停施工。

② 由于承包人原因为工程合理施工和安全保障所必需的暂停施工。

③ 承包人擅自暂停施工。

④ 专用合同条款约定由承包人承担的其他暂停施工。

(2)发包人暂停施工的责任。

(3)监理人暂停施工指示。

(4)暂停施工后的复工。

(5)暂停施工持续 56 天以上的处理办法。

5. 竣工验收

承包人应在其投标函中承诺的工期内完成合同工程。实际竣工日期应经工程验收后确定,并在工程接收证明中写明。

(1)工程竣工条件

当工程具备以下条件时,承包人即可向监理人报送竣工验收申请报告:

① 除监理人同意列入缺陷责任期内完成的尾工(甩项)工程和缺陷修补工作外,合同范围内的全部单位工程以及有关工作,包括合同要求的试验、试运行以

及检验和验收均已完成,并符合合同要求。

②已按合同约定的内容和份数备齐了符合要求的竣工资料。

③已按监理人要求编制了在缺陷责任期内完成尾工(甩项)工程和缺陷修补工作清单以及相应施工计划。

④监理人要求在竣工验收前应完成的其他工作。

⑤监理人要求提交的竣工验收资料清单。

(2)竣工验收过程

监理人收到承包人提交的竣工验收申请报告后,应审查申请报告的各项内容。监理人审查后认为尚不具备竣工验收条件的,应在收到竣工验收申请报告后的28天内通知承包人,指出在颁发接收证书前承包人还需进行的工作内容。监理人审查后认为已具备竣工验收条件的,应在收到竣工验收申请报告后的28天内提请发包人进行工程验收。发包人经过验收后同意接收工程的,应在监理人收到竣工验收申请报告后的56天内,由监理人向承包人出具经发包人签证的工程接收证书。发包人验收后不同意接收工程的,监理人应按照发包人的验收意见发出指示,要求承包人对不合格工程认真返工重做或进行补救处理,并承担由此产生的费用。承包人在完成不合格工程的返工重做或补救后,应重新提交竣工验收申请报告。

除专用合同条款另有约定外,经验收合格工程的实际竣工日期,以提交竣工验收申请报告的日期为准,并在工程接收证明中写明。发包人在收到承包人竣工验收申请报告56天后未进行验收的,视为验收合格,实际竣工日期以提交竣工验收申请报告的日期为准,但发包人由于不可抗拒力不能进行验收的除外。

(四)施工质量和检验

1. 工程质量标准

工程质量应当达到协议书约定的质量标准,质量标准的评定以国家或者行业的质量检验评定标准为准。在工程施工过程中,工程师及其委派人员对工程的检查检验,是他们一项日常性工作和重要职能。

2. 施工过程中的检查

(1)承包人的质量检查。

(2)监理人的质量检查。

3. 隐蔽工程和中间验收

(1)通知监理人检查。

(2)监理人未到场检查。

(3)监理人重新检查。

4. 材料设备供应

(1)承包人供应材料和工程设备供应的质量控制。

(2)发包人供应材料和工程设备供应的验收。

(3)材料和工程设备的质量控制。

(4)禁止使用不合格的材料和工程设备。

[问一问]

某基础工程隐蔽前已经工程师验收合格,在主体结构施工时因墙体开裂,对基础重新检验发现部分部位存在施工质量问题,则对重新检验的费用和工期的处理应由哪方承担?

5. 缺陷责任与保修责任

(1)缺陷责任。

(2)缺陷责任期延长。

(3)保修责任。

(五)合同价款与支付

1. 施工合同价款及调整

施工合同价款,是按有关规定和协议条款约定的各种取费标准计算,用以支付承包人按照合同要求完成工程内容的价款总额。合同价款应依据中标通知书中的中标价格和非招标工程的工程预算书确定。

2. 工程预付款

工程预付款主要是用于采购建筑材料。预付额度,建筑工程一般不得超过当年建筑(包括水、电、暖、卫等)工程工作量的30％,双方应当在专用条款内约定发包人向承包人预付工程款的时间和数额,开工后按约定的时间和比例逐次扣回。

3. 工程量的确认

具体的确认程序是:首先,承包人向工程师提交已完工程量的报告。然后,工程师进行计量。工程师接到报告后7天内按设计图纸核实已完工程量(以下称计量),并在计量前24小时通知承包人,承包人为计量提供便利条件并派人参加。承包人不参加计量,发包人自行进行,计量结果有效,作为工程价款支付的依据。

4. 工程款(进度款)支付

发包人应在在双方计量确认后14天内,向承包人支付工程款(进度款)。同期用于工程上的发包人供应材料设备的价款,以及按约定时间发包人应按比例扣回的预付款,与工程款(进度款)周期结算。合同价款调整、设计变更调整的合同价款及追加的合同价款,应与工程款(进度款)同期调整支付。

(六)竣工验收与结算。

1. 竣工验收中承发包人双方的具体工作程序和责任

工程具备竣工验收条件,承包人按国家工程竣工验收有关规定,向发包人提供完整竣工资料及竣工验收报告。

发包人收到竣工验收报告后28天内组织有关部门验收,并在验收后14天内给予认可或提出修改意见。承包人按要求修改。建设工程未经验收或验收不合格,不得交付使用。

2. 竣工结算

工程竣工验收报告经发包人认可后28天内,承包人向发包人递交竣工结算报告及完整的结算资料。

发包人自收到竣工结算报告及结算资料后28天内进行核实,确认后支付工程竣工结算价款。承包人收到竣工结算价款后14天内将竣工工程交付发包人。

3. 质量保修

建设工程办理交工验收手续后,在规定的期限内,因勘察、设计、施工、材料等原因造成的质量缺陷,应当由施工单位负责维修。

为了保证保修任务的完成,承包人应当向发包人支付保修金,也可由发包人从应付承包人工程款内预留。质量保修金的比例及金额由双方约定,但不应超过施工合同价款的 3%。工程的质量保证期满后,发包人应当及时结算和返还(如有剩余)质量保修金。发包人应当在质量保证期满后 14 天内,将剩余保修金和按约定利率计算的利息返还承包人。

(七)其他内容

包括:

1. 安全施工。
2. 专利技术及特殊工艺。
3. 文物和地下障碍物。
4. 不可抗力事件。
5. 工程保险。
6. 履约担保。
7. 工程分包。

(八)合同解除

施工合同订立后,当事人应当按照合同的约定履行。但是,在一定的条件下,合同没有履行或者完全履行,当事人也可以解除合同。

1. 出现下列情形之一的,施工合同可以解除

(1)合同的协商解除。

(2)发生不可抗力时合同的解除。

(3)当事人违约时合同的解除。

2. 一方主张解除合同的程序

一方主张解除合同的,应向对方发出解除合同的书面通知,并在发出通知前7 天告知对方。通知到达对方时合同解除。对解除合同有异议的,按照解决合同争议程序处理。

合同解除后,当事人双方约定的结算和清理条款仍然有效。承包人应当按照发包人要求妥善做好已完工程和已购材料、设备的保护和移交工作。按照发包人要求将自有的机械设备和人员撤出施工现场。发包人应为承包人提供必要条件,支付发生的费用,并按合同约定支付已变工程价款。

(九)施工合同的违约责任

1. 发包人的违约责任

(1)发包人不按时支付工程预付款的违约责任。

(2)发包人不按时支付工程款(进度款)的违约责任。

(3)发包人不按时支付结算价款的违约责任。

（4）发包人不履行合同义务或者不按合同约定履行其他义务从而给承包人造成直接损失，发包人承担违约责任，延误的工期相应顺延。

2. 承包人施工违约的违约责任

承包人不能按合同工期竣工，工程质量达不到约定的质量标准，或由于承包人原因致使合同无法履行，承包人承担违约责任，赔偿因其违约给发包人造成的损失。

双方应当在专用条款内约定承包人赔偿发包人损失的计算方法。一方违约后，另一方可按约定的担保条款，要求提供担保的第三方承担相应责任。违约方承担违约责任后，双方仍可继续履行合同。

（十）争议的解决

合同当事人在履行施工合同时发生争议，可以和解或者要求合同管理及其他相关部门予以处理。

第四节　国际工程招投标及 FIDIC《施工合同条件》

一、国际工程招投标

（一）概述

1. 世界银行集团简介

世界银行集团（The World Bank GrouP）共包括五个成员组织：国际复兴开发银行（The International Bank For Reconstruction and DeveloPment）、国际开发协会（The International DeveloPment Association）、国际金融公司（The International Finance CooPeration）、解决投资争端中心（The International Centre for the settlement of lnvestment DisPute）和多边投资担保机构（The Multilateral lnvestment Agency），"世界银行"是国际复兴开发银行和国际开发协会的统称。

2. 世界银行贷款项目的采购原则

第一，在项目采购中，必须注意经济性和效率性；

第二，世界银行贷款项目为合格的投标人承包项目提供平等的竞争机会，不论投标人来自发达国家还是发展中国家；

第三，世界银行作为一个开发机构，其贷款项目应促进借款国的制造业和承包业的发展。

（二）国际竞争性招标

国际竞争性招标（International ComPetitive Bidding—ICB），是指邀请世界银行成员国的承包商参加投标，从而确定最低评标价的投标人为中标人，并与之签订合同的整个程序和过程，如图 6-4 所示。

1. 总采购公告

世界银行要求，贷款项目中心以国际竞争性方式采购的货物和工程，借款人必须准备并交世界银行一份总采购公告。送交世界银行的时间最迟不应迟于招标文件已经准备好、将向投标人公开发售之前 60 天，以便及早安排刊登，使可能的投标人有时间考虑，并表示他们对这项采购的兴趣。

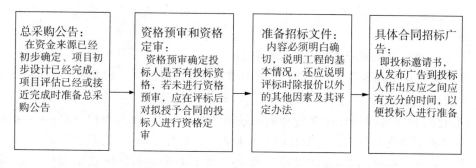

图 6-4　国际工程的国际竞争性招标程序

2. 资格预审和资格定审

凡采购大而复杂的工程，以及在例外情况下，采购专为用户设计的复杂设备或特殊服务，在正式投标前宜先进行资格预审，资格预审首先要确定投标人是否有投标资格（Eligibility），在有优惠待遇的情况下，也可确定其是否有资格享受本国或地区优惠待遇。

资格预审的目的是为了审定可能的投标人是否有能力承担该项采购任务。如果在投标前未进行资格预审，则应在评标后对标价最低、并拟授予合同的标书的投标人进行资格定审，以便审定其是否有足够的人力、财力资源有效地实施采购合同。资格定审的标准应在招标文件中明确规定，其内容与资格预审的标准相同。

3. 准备招标文件

招标文件是评标及签订合同的依据。招标文件的各项条款应符合《采购指南》的规定。世界银行虽然并不"批准"招标文件，但需其表示"无意见"（No objection）后招标文件才可以公开发售。在准备招标文件或世界银行审查过程中，也可能有忽略或产生错误。但招标文件一经制定，世界银行也已表示"无意见"，并已公开发售后，除非有十分严重的不妥之处或错误，即使其中有些规定不符合《采购指南》，评标时也必须以招标文件为准。招标文件的内容必须明白确切，应说明工程内容、工程所在地点、所需提供的货物、交货及安装地点、交货或竣工进程表、保修和维修要求，以及其他有关的条件和条款。如有必要，招标文件还应规定将采用的测试标准及方法，用以测定交付使用的设备是否符合规格要求。图纸与技术说明书内容必须一致。

招标文件还应说明在评标时除报价以外需考虑的其他因素，以及在评标时如何计量或用其他方法评定这些因素。如果允许对设计方案、使用原材料、支付条件、竣工日程等提出替代方案，招标文件应明确说明可以接受替代方案的条件和评标方法。招标文件发出后如有任何补充、澄清、勘误或更改，包括对投标人提出的问题所作出的答复，都必须在距招标截止期足够长的时间以前，发送原招标文件的每一个收件人。

招标文件所用的语言应是国际商业通用的语言,即英、法、西班牙文三者之一,并以该种文字的文本为准。如果借款人愿意,他可以在以英、法或西班牙文发出招标文件外,同时发出本国文字的招标文件。只有本国投标人可选择用本国文字投标。

4. 具体合同招标广告(投标邀请书)

除了总采购通告外,借款人应将具体合同的投标机会及时通知国际社会。为此,应及时刊登具体合同的招标广告,即投标邀请书。与总采购通告有所不同,这类具体合同招标广告不要求但鼓励刊登在联合国《发展商务报》上,至少应刊登在借款人国内广泛发行的一种报纸上;如有可能,也应刊登在官方公报上。招标广告的副本,应转发给有可能提供所需采购的货物或工程的合格国家的驻当地代表(如使馆的商务处),也应发给那些看到总采购通告后表示感兴趣的国内外厂商。如系大型、专业性强或重要的合同,世界银行也可要求借款人把招标广告刊登在国际上发行很广的著名技术性杂志、报纸或贸易刊物上。

从发出广告到投标人作出反应之间应有充分时间,以便投标人进行准备。一般从刊登招标广告或发售招标文件(两个时间中以较晚的时间为准)算起,给予投标商准备投标的时间不得少于 45 天。

5. 开标

在招标文件《投标人须知》中应明确规定投交标书地址、投标截止时间和开标时间及地点。投交标书的方式不得加以限制(如规定必须寄交某邮政信箱),以免延误,应该允许投标人亲自或派代表投交标书。开标时间一般应是投标截止时间或紧接在截止时之后。招标人应在规定时间当众开标。应允许投标人或其代表出席开标会议,对每份标书都应当众读出其投标人、报价和交货或完工期;如果要求或允许提出替代方案,也应读出替代方案的报价及完工期。标书是否附有投标保证金或保函也应当众读出。不能因为标书未附投标保证金或保函而拒绝开启。标书的详细内容是不可能也不必全部读出的。开标应作出记录,列明到会人员及会宣读的有关标书的内容。如果世界银行有要求,还应将记录的副本送交世界银行。开标时一般不允许提问或作任何解释,但允许记录和录音。

在投标截止期以后收到的标书,尤其是已经开始宣读标书以后收到的标书,不论出于何种原因,一般都可加以拒绝。

公开开标也有其他变通办法,一个办法是所谓"两个信封制度"(Two enveloPe system),即要求投标书的技术性部分密封装入一个信封,而将报价装入另一个密封信封。第一次开标会时先开启技术性标书的信封;然后将各投标人的标书交评标委员会评比,视其是否在技术方面符合要求。这一步骤所需时间短至几小时,长至几个星期。如标书在技术上不符合要求,即通知该标书的投标人。第二次开标会时再将技术上符合要求的标书报价公开读出。技术上不符合要求的标书,其第二个信封不再开启。如果采购合同简单,两个信封也可能在一次会议上先后开启。

6. 评标

评标主要有审标、评标、资格定审三个步骤。

(1)审标。审标是先将各投标人提交的标书就一些技术性、程序性的问题加以澄清并初步筛选。

(2)评标。按招标文件所明确规定的标准和评标方法,评定各标书的评标价。

(3)资格定审。如果未经资格预审,则应对评标价最低标书的投标人进行资格定审。定审结果,如果认定他有资格,又有足够的人力、财力资源承担合同任务,就应报送世界银行,建议授予合同。如发现他不符合要求,则再对评标价次低标书的投标人进行资格定审。

7. 授予合同或拒绝所有投标

按照招标文件规定的标准,对所有符合要求的标书进行评标,得出结果后,应将合同授予其标书评标价最低,并有足够的人力、财力资源的投标人。在正式授予合同之前,借款人应将评标报告,连同授予合同的建议,送交世界银行审查,征得其同意。

招标文件一般都规定借款人有拒绝所有投标的权利。借款人在采取这样的行动之前应先与世界银行磋商。借款人不能仅仅为了希望以更低价格采购到所需设备或工程而拒绝所有投标,再以同样的技术规格要求重新招标。但如果评标价最低的投标报价也大大超出了原来的预算,则可以废弃所有投标而重新招标。或者,作为替代办法,可在废弃所有投标后再与最低标的投标人谈判协商,以求取得协议。如不成功,可与次低标的投标人谈判。

如果所有投标均有重大方面不符合要求,或招标缺乏有效的竞争,借款人也可废弃所有投标而重新招标,但不能任意这样做。

8. 合同谈判和签订合同

中标人确定后,应尽快通知中标的投标商准备谈判。《采购指南》还规定:"不应要求投标人承担技术规格书中没有规定的工作责任,也不得要求其修改投标内容作为授予合同的条件"。有些技术性或商务性的问题是可以而且应该在谈判中确定的。①原招标文件中规定采购的设备、货物或工程的数量可能有所增减,合同总价也随之可按单价计算而有增减。②投标人的投标,对原招标文件中提出的各种标准及要求,总会有一些非重大性的差异。

9. 采购不当(MisProcurement)

如果借款人不按照借款人与世界银行在贷款协定中商定的采购程序进行采购,世界银行的政策就认为这种采购属于"采购不当"。世界银行将不支付货物或工程的采购价款,并将从贷款中取消原分配给此项采购的那一部分贷款额。

二、FIDIC《施工合同条件》

(一)概述

1. FIDIC 简介

FIDIC 是指国际咨询工程师联合会(Federation Internationledlnginieurs-Conseils),它是由该联合会的法文名称字头组成的缩写词。

FIDIC 下属有四个地区成员协会:FIDIC 亚洲及太平洋地区成员协会(ASPAC)、FIDIC 欧洲共同体成员协会(CEDIC)、FIDIC 非洲成员协会集团(CAMA)和 FIDIC 北欧成员协会集团(RINORD)。FIDIC 还下设许多专业委员会,主要的有业主咨询工程师关系委员会(CCRC)、土木工程合同委员会(CECC)、电器机械合同委员会(EMLC)及职业责任委员会(PLC)等。

2. FIDIC 施工合同条件的发展过程

FIDIC 编制了多个合同条件,以 1999 年最新出版的合同文本为例,包括以下四份新的合同文本:① 施工合同条件(Conditions of Contract for Construction);② 永久设备和设计—建造合同条件(Conditions of Contract forPlantand Design—Build);③ EPC/交钥匙项目合同条件(Conditions of Contract for EPC/Turnkeyh Proects);④合同的简短格式(Short Form of Contract)。

在 FIDIC 编制的合同条件中,以施工合同条件影响最大、应用最广。而 1999 年出版的施工合同条件是从 FIDIC 土木工程施工合同条件发展而来的。

FIDIC 合同条件得到了美国总承包商协会(FIFG)、中美洲建筑工程联合会(FIIC)、亚洲及西太平洋承包商协会国际联合会(IFAWPCA)的批准,由这些机构推荐作为土建工程实行国际招标时通用的合同条件。

3. FIDIC 合同条件的构成

FIDIC 合同条件由通用合同条件和专用合同条件两部分构成,且附有合同协议书、投标函和争端仲裁协议书。

(1)FIDIC 通用合同条件

FIDIC 通用条件是固定不变的,工程建设项目只要是属于房屋建筑或者工程的施工。通用条件共分 20 方面的问题:一般规定,业主,工程师,承包商,指定分包商,职员和劳工,工程设备、材料和工艺,开工、误期和暂停竣工检验,业主的接收,缺陷责任,测量和估价,变更和调整,合同价格和支付,业主提出终止,承包商提出暂停和终止,风险和责任,保险,不可抗力,索赔、争端和仲裁。由于通用条件是可以适用于所有土木工程的,因此条款也非常具体而明确。

FIDIC 通用合同条件可以大致划分为涉及权利义务的条款、涉及费用管理的条款、涉及工程进度控制的条款、涉及质量控制的条款和涉及法规性的条款等五大部分。

(2)FIDIC 专用合同条件

FIDIC 在编制合同条件时,对土木工程施工的具体情况作了充分而详尽的考察,从中归纳出大量内容具体详尽且适用于所有土木工程施工的合同条款,组成了通用合同条件。但仅有这些是不够的,具体到某一工程项目,有些条款应进一步明确,有些条款还必须考虑工程的具体特点和所在地区的情况予以必要的变动。FIDIC专用合同条件就是为了实现这一目的。通用条件与专用条件一起构成了决定一个具体工程项目各方的权利义务及对工程施工的具体要求的合同条件。

专用条件中的条款的出现可起因于以下原因:

第一,在通用条件的措词中专门要求在专用条件中包含进一步信息,如果没有这些信息,合同条件则不完整。

第二,在通用条件中说到在专用条件中可能包含有补充材料的地方。但如果没有这些补充条件,合同条件仍不失其完整性。

第三,工程类型、环境或所在地区要求必须增加的条款。

第四,工程所在国法律或特殊环境要求通用条件所含条款有所变更。此类变更是这样进行的:在专用条件中说明通用条件的某条或某条的一部分予以删除,并根据具体情况给出适用的替代条款,或者条款之一部分。

4. FIDIC 合同条件的具体应用

FIDIC 合同条件在应用时对工程类别、合同性质、前提条件等都有一定的要求。

(1)FIDIC 合同条件适用的工程类别

FIDIC 合同条件适用于房屋建筑和各种工程,其中包括工业与民用建筑工程、疏浚工程、土壤改善工程、道桥工程、水利工程、港口工程等。

(2)FIDIC 合同条件适用的合同性质

FIDIC 合同条件在传统上主要适用于国际工程施工。但对 FIDIC 合同条件进行适当修改后,而且同样适用于国内合同。

(3)应用 FIDIC 合同条件的前提

FIDIC 合同条件注重业主、承包商、工程师三方的关系协调,强调工程师(我国称为监理工程师)在项目管理中的作用。在土木工程施工中应用 FIDIC 合同条件应具备以下前提:①通过竞争性招标确定承包商;②委托工程师对工程施工进行监理;③按照单价合同方式编制招标文件(但也可以有些子项采用包干方式)。

5. FIDIC 合同条件下合同文件的组成及优先次序

在 FIDIC 合同条件下,合同文件除合同条件外,还包括其他对业主、承包方都有约束力的文件。其解释应按构成合同文件的如下先后次序进行:①合同协议书;②中标函;③投标书;④专用条件;⑤通用条件;⑥规范;⑦图纸;⑧资料表和构成合同组成部分的其他文件。

(二)FIDIC 合同条件中的各方

FIDIC 合同条件中涉及各方,包括业主、工程师和承包商。

1. 业主

业主是合同的当事人,在合同的履行过程中享有大量的权利并承担相应的义务。

[问一问]

FIDIC 合同条件注重业主、承包商、工程师三方的协调关系,强调在项目管理中起主要作用的是哪一方?

（1）业主应当在投标书附录中规定的时间（或几个时间）内给予承包商进入现场、占有现场各部分的权利。

（2）许可、执照或批准。

（3）业主人员。

（4）业主的资金安排。

（5）业主的索赔。

2. 工程师

工程师由业主任命，与业主签订咨询服务委托协议书，根据施工合同的规定，对工程的质量、进度和费用进行控制和监督，以保证工程项目的建设能满足合同的要求。

（1）工程师的任务和权力

工程师应当履行合同中指派给他的任务。工程师的职员应当包括具有适当资格的工程师和能够承担这些任务的其他专业人员。工程师可以行使合同中规定的、或者必然隐含的应当属于工程师的权力。如果要求工程师在行使规定权力前须得到业主批准，这些要求应当在专用条件中写明。但是，为了合同目的，工程师行使这些应当由业主批准但尚未批准的权力，应当视为业主已经予以批准。除得到承包商同意外，业主承诺不对工程师的权力作进一步的限制。工程师无权修改合同。

工程师在行使任务和权力时，还需要注意以下问题：

① 工程师履行或者行使合同规定或隐含的任务或权力时，应当视为代表业主执行；

② 工程师无权解除任何一方根据合同规定的任何任务、义务或者职责；

③ 工程师的任何批准、校核、证明、同意、检查、检验、指示、通知、建议、要求、试验或类似行动（包括未表示不批准），不应解除合同规定承包商的任何职责，包括对错误、遗漏、误差和未遵办的职责。

（2）由工程师委托

工程师可以向其助手指派任务和委托权力。这些助手包括驻地工程师，被任命为检验和试验各项工程设备、材料的独立检查员。这些指派和委托应当使用书面形式，在双方收到抄件后才生效。助手应是具有适当资质的人员，能够履行这些任务，行使这些权力，但助手只能在授权范围内向承包商发出指示。助手在授权范围内做出的任何批准、校核、证明、同意、检查、检验、指示、通知、建议、要求、试验或类似行动，应具有工程师做出的行动同样的效力。如承包商对助手的确定或者指示提出质疑，承包商可将此事项提交工程师，工程师应当及时对该确定或指示进行确认、取消或者改变。

（3）工程师的指示

工程师可在任何时间按照合同规定向承包商发出指示和实施工程和修补缺陷可能需要的附加或修正图纸，承包商应当接受这些指示。如果指示构成一项变更，则按照变更规定办理。一般情况下，这些指示应当采用书面形式。如果给出的是口头指示,在收到承包商的书面确认后两个工作日内工程师仍未通过发出书面拒绝或进行答复,则应当确认工程师的口头指令为书面指令。

(4)工程师的替换

如果业主准备替换工程师,必须提前不少于42天发出通知以征得承包商的同意。如果要求工程师在行使某种权力之前需要获得业主批准,则必须在合同专用条件中加以限制。

3. 承包商

承包商是指其标书已被业主接受的当事人,以及取得该当事人资格的合法继承人。承包商是合同的当事人,负责工程的施工。

(1)承包商的一般义务

① 承包商应当按照合同约定及工程师的指示,设计(在合同规定的范围内)、实施和完成工程,并修补工程中的任何缺陷。

② 承包商应提供合同规定的生产设备和承包商文件,以及此项设计、施工、竣工和修补缺陷所需的所有临时性或永久性的承包商人员、货物、消耗品及其他物品和服务。

③ 承包商应对所有现场作业、所有施工方法和全部工程的完备性、稳定性和安全性承担责任。除非合同另有规定,承包商对所有承包文件、临时工程及按照合同要求的每项生产设备和材料的设计承担责任,不应对其他永久工程的设计或规范负责。

④ 当工程师提出要求时,承包商应提交其建议采用的工程施工安排和方法的细节。

(2)承包商提供履约担保

承包商应当在收到中标函后28天内向业主提交履约担保,并向工程师送一份副本。履约担保可以分为企业法人提供的保证书和金融机构提供的保函两类。履约担保一般为不需承包商确认违约的无条件担保形式。履约保函应担保承包商圆满完成施工和保修的义务,而非到工程师颁发工程接收证书为止。但工程接收证书的颁发是对承包商按合同约定圆满完成施工义务的证明,承包商还应承担的义务仅为保修义务,如果双方有约定的话,允许颁发整个工程的接收证书后将履约保函的担保金额减少一定的百分比。业主应当在收到履约证书副本后21天内,将履约担保退还承包商。

在下列情况下业主可以凭履约担保索赔:

① 专用条款内约定的缺陷通知期满后仍未能解除承包商的保修义务时,承包商应延长履约保函有效期而未延长;

② 按照业主索赔或争议、仲裁等决定,承包商未向业主支付相应款项;

③ 缺陷通知期内承包商接到业主修补缺陷通知后42天内未派人修补;

④ 由于承包商的严重违约行为业主终止合同。

(3)承包商代表

承包商应当任命承包商代表,并授予其代表承包商根据合同采取行动所需的全部权力。承包商代表的任命应当取得工程师的同意。任命后,未经工程师同意,承包商不得撤销承包商代表的任命,或者任命替代人员。

(4)关于分包

承包商不得将整个工程分包。承包商应当对分包商的行为或违约负责。

(5)安全责任

承包商应当承担的安全责任包括:

① 遵守所有适用的安全规则;

② 负责有权在现场的所有人员的安全;

③ 努力清除现场和工程不需要的障碍物,以避免对人员造成危险;

④ 在工程竣工和移交前,提供围栏、照明、保卫和看守;

⑤ 因实施工程为公众和邻近土地所有人、占用人使用和提供保护,提供任何需要的临时工程。

(6)中标金额的充分性

承包商应当被认为已经确信中标合同金额的正确性和充分性,中标合同金额应当包括根据合同承包商承担的全部义务,以及为正确地实施和完成工程并修补任何缺陷所需的全部有关事项。

4. 指定分包商

FIDIC《施工合同条件》用了较多篇幅介绍指定分包商。

(1)指定分包商的概念

指定分包商是由业主(或工程师)指定、选定,完成某项特定工作内容并与承包商签订分包合同的特殊分包商。业主有权将部分工程项目的施工任务或涉及提供材料、设备、服务等工作内容发包给指定分包商实施。合同内规定有承担施工任务的指定分包商,大多因业主在招标阶段划分分包合同时,考虑到某部分施工的工作内容有较强的专业技术要求,一般承包单位不具备相应的能力,但如果以一个单独的合同对待又限于现场的施工条件或合同管理的复杂性,工程师无法合理地进行协调管理,为避免各独立合同之间的干扰,则只能将这部分工作发包给指定分包商实施。由于指定分包商是与承包商签订分包合同,因而在合同关系和管理关系方面与一般分包商处于同等地位,对其施工过程中的监督、协调工作纳入承包商的管理之中。指定分包工作内容可能包括部分工程的施工;供应工程所需的货物、材料、设备;设计;提供技术服务等。

(2)对指定分包商的付款

为了不损害承包商的利益,给指定分包商的付款应从暂列金额内开支。承包商在每个月末报送工程进度款支付报表时,工程师有权要求他出示以前已按指定分包合同给指定分包商付款的证明。如果承包商没有合法理由而扣押了指定分包商上个月应得工程款的话,业主有权按工程师出具的证明从本月应得款内扣除这笔金额直接付给指定分包商。

(三)施工合同的进度控制

1. 开工

一般情况下,开工日期应在承包商收到中标函后 42 天内开工,但工程师应在不少于 7 天前向承包商发出开工日期的通知。承包商应当在收到通知后的 28 天内,向工程师提交一份详细的进度计划。

2. 工程师对施工进度的监督

为了便于工程师对合同的履行进行有效的监督和管理以及协调各合同之间的配合,承包商每个月都应向工程师提交进度报告,说明前一阶段的进度情况和施工中存在的问题,以及下一阶段的实施计划和准备采取的相应措施。按照合同条件的规定,工程师在管理中应注意两点:①不论因何方应承担责任的原因导致实际进度与计划进度不符,承包人都无权对修改进度计划的工作要求额外支付;②工程师对修改后进度计划的批准,并不意味承包人可以摆脱合同规定应承担的责任。

3. 竣工时间的延长

承包商应当在工程或者分项工程的竣工时间内,完成整个工程和每个分项工程。可以给承包商合理延长竣工时间的条件通常可能包括以下几种情况:

(1)变更或者合同中某项工作量的显著变更;

(2)延误发放图纸;

(3)延误移交施工现场;

(4)承包商依据工程师提供的错误数据导致放线错误;

(5)不可预见的外界条件;

(6)施工中遇到文物和古迹而对施工进度的干扰;

(7)非承包商原因检验导致施工的延误;

(8)发生变更或合同中实际工程量与计划工程量出现实质性变化;

(9)施工中遇到有经验的承包商不能合理预见的异常不利气候条件影响;

(10)由于传染病或其他政府行为导致工期的延误;

(11)施工中受到业主或其他承包商的干扰;

(12)施工涉及有关公共部门原因引起的延误;

(13)业主提前占用工程导致对后续施工的延误;

(14)非承包商原因使竣工检验不能按计划正常进行;

(15)后续法规调整引起的延误;

(16)发生不可抗力事件的影响。

4. 竣工检验

承包商完成工程并准备好竣工报告所需报送的资料后,应提前 21 天将某一确定的日期通知工程师,说明此日后已准备好进行竣工检验。工程师应指示在该日期后 14 天内的某日进行。此项规定同样适用于按合同规定分部移交的工程。当整个工程或某区段未能通过按重新检验条款规定所进行的重复竣工检验时,工程师应有权选择以下任何一种处理方法:

第一,指示再进行一次重复的竣工检验;

第二,如果由于该工程缺陷致使业主基本上无法享用该工程或区段所带来的全部利益,拒收整个工程或区段(视情况而定),在此情况下,业主有权获得承包商的赔偿；

第三，颁发一份接收证书（如果业主同意的话），折价接收该部分工程，合同价格应按照可以适当弥补由于此类失误而给业主造成的减少的价值数额予以扣减。

5. 颁发工程接收证书

工程通过竣工检验达到了合同规定的"基本竣工"要求后，承包商在他认为可以完成移交工作前14天以书面形式向工程师申请颁发接收证书。基本竣工是指工程已通过竣工检验，能够按照预定目的交给业主占用或使用，而非完成了合同规定的包括扫尾、清理施工现场及不影响工程使用的某些次要部位缺陷修复工作后的最终竣工，剩余工作允许承包商在缺陷通知期内继续完成。这样规定有助于准确判定承包商是否按合同规定的工期完成施工义务，也有利于业主尽早使用或占有工程，及时发挥工程效益。

工程师接到承包商申请后的28天内，如果认为已满足竣工条件，即可颁发工程接收证书；若不满意，则应书面通知承包商，指出还需完成哪些工作后才达到基本竣工条件。工程接收证书中包括确认工程达到竣工的具体日期。工程接收证书颁发后，不仅表明承包商对该部分工程的施工义务已经完成，而且对工程照管的责任也转移给业主。

如果合同约定工程不同区段有不同竣工日期时，每完成一个区段均应按上述程序颁发部分工程的接收证书。

业主提前占用工程时，工程接收证书的颁发。工程师应及时颁发工程接收证书，并确认业主占用日为竣工日。提前占用或使用表明该部分工程已达到竣工要求，对工程照管责任也相应转移给业主，但承包商对该部分工程的施工质量缺陷仍负有责任。工程师颁发接收证书后，应尽快给承包商采取必要措施完成竣工检验的机会。

因非承包商原因导致不能进行规定的竣工检验时，工程接收证书的颁发。有时也会出现施工已达到竣工条件，但由于不应由承包商负责的主观或客观原因不能进行竣工检验。如果等条件具备进行竣工试验后再颁发接收证书，既会因推迟竣工时间而影响到对承包商是否按期竣工的合理判定，也会产生在这段时间内对该部分工程的使用和照管责任不明。针对此种情况，工程师应以本该进行竣工检验签发工程接收证书，将这部分工程移交给业主照管和使用。工程虽已接收，仍应在缺陷通知期内进行补充检验。当竣工检验条件具备后，承包商应在接到工程师指示进行竣工试验通知的14天内完成检验工作。由于非承包商原因导致缺陷通知期内进行的补检，属于承包商在投标阶段不能合理预见到的情况，该项检查试验比正常检验多支出的费用应由业主承担。

6. 缺陷通知期

缺陷通知期即国内施工文本所指的工程保修期，自工程接收证书中写明的竣工日开始，至工程师颁发履约证书为止的日历天数。

（1）承包商在缺陷通知期内应承担的义务。工程师在缺陷通知期内可就以下事项向承包商发布指示：

① 将不符合合同规定的永久设备或材料从现场移走并替换；

② 将不符合合同规定的工程拆除并重建；

③ 实施任何因保护工程安全而需进行的紧急工作。不论事件起因于事故、不可预见事件还是其他事件。

（2）履约证书的颁发。履约证书是承包商已按合同规定完成全部施工义务的证明，因此该证书颁发后工程师就无权再指示承包商进行任何施工工作，承包商即可办理最终结算手续。缺陷通知期内工程圆满地通过运行考验，工程师应在期满后的 28 天内，向业主签发解除承包商承担工程缺陷责任的证书，并将副本送给承包商。但此时仅意味承包商与合同有关的实际义务已经完成，而合同尚未终止，剩余的双方合同义务只限于财务和管理方面的内容。业主应在证书颁发后的 14 天内，退还承包商的履约保证书。

缺陷通知期满时，如果工程师认为还存在影响工程运行或使用的较大缺陷，可以延长缺陷通知期推迟颁发证书，但缺陷通知期的延长不应超过竣工日后的 2 年。

（四）合同价格和付款

1. 合同价格

接受的合同款额指业主在"中标函"中对实施、完成和修复工程缺陷所接受的金额，来源于承包商的投标报价并对其确认。但最终的合同价格则指按照合同各条款的约定，承包商完成建造和保修任务后，对所有合格工程有权获得的全部工程款。

2. 合同价格调整的原因

最终结算的合同价与中标函中注明的接受的合同款额一般不会相等，原因有以下几点：

（1）合同类型特点；

（2）发生应由业主承担责任的事件；

（3）承包商的质量责任；

（4）承包商延误工期或提前竣工；

（5）包含在合同价格之内的暂列金额。

3. 预付款

预付款是业主为了帮助承包商解决施工前期开展工作时的资金短缺，从未来的工程款中提前支付的一笔款项。预付款在分期支付工程进度款的支付中按百分比扣减的方式偿还。自承包商获得工程进度款累计总额（不包括预付款的支付和保留金的扣减）达到合同总价（减去暂列金额）10％那个月起扣。本月证书中承包商应获得的合同款额（不包括预付款及保留金的扣减）中扣除 25％作为预付款的偿还，直至还清全部预付款。

4. 工程进度款的支付程序

FIDIC《施工合同条件》对工程进度款的支付程序有详细的规定。

（1）工程量计量

工程量清单中所列的工程量仅是对工程的估算量，不能作为承包商完成合同规定施工义务的结算依据。每次支付工程月进度款前,均需通过测量来核实实际完成的工程量,以计量值作为支付依据。采用单价合同的施工工作内容应以计量的数量作为支付进度款的依据,而总价合同或单价包干混合式合同中按总价承包的部分可以按图纸工程量作为支付依据,仅对变更部分予以计量。

(2)承包商提供报表

每个月的月末,承包商应按工程师规定的格式提交一式 6 份本月支付报表。内容包括提出本月已完成合格工程的应付款要求和对应扣款的确认。

(3)工程师签证

在收到承包商的支付报表的 28 天内,按核查结果以及总价承包分解表中核实的实际完成情况签发支付证书。工程师可以不签发证书或扣减承包商报表中部分金额的情况包括:

① 合同内约定有工程师签证的最小金额时,本月应签发的金额小于签证的最小金额,工程师不出具月进度款的支付证书。本月应付款接转下月,超过最小签证金额后一并支付。

② 承包商提供的货物或施工的工程不符合合同要求,可扣发修正或重置相应的费用,直至修整或重置工作完成后再支付。

③ 承包商未能按合同规定进行工作或履行义务,并且工程师已经通知了承包商,则可以扣留该工作或义务的价值,直至工作或义务履行为止。

(4)业主支付

承包商的报表经过工程师认可并签发工程进度款的支付证书后,业主应在接到证书后及时给承包商付款。业主的付款时间不应超过工程师收到承包商的月进度付款申请单后的 56 天。

5. 竣工结算

颁发工程接收证书后的 84 天内,承包商应按工程师规定的格式报送竣工报表。工程师接到竣工报表后,应对照竣工图进行工程量详细核算,对其他支付要求进行审查,然后再依据检查结果签署竣工结算的支付证书。此项签证工作,工程师应在收到竣工报表后 28 天内完成。业主依据工程师的签证予以支付。

6. 保留金

保留金是按合同约定从承包商应得的工程进度款中相应扣减的一笔金额保留在业主手中,作为约束承包商严格履行合同义务的措施之一。当承包商有一般违约行为使业主受到损失时,可从该项金额内直接扣除损害赔偿费。

(1)保留金的约定和扣除

承包商在投标书附录中按招标文件提供的信息和要求确认了每次扣留保留金的百分比和保留金限额。每次月进度款支付时扣留的百分比一般为 5%～10%,累计扣留的最高限额为合同价的 2.5%～5%。从首次支付工程进度款开始,用该月承包商完成合格工程应得款加上因后续法规政策变化的调整和时常价格浮动变化的调价款为基数,乘以合同约定保留金的百分比作为本次支付时应扣留的保留金。逐月累计扣到合同约定的保留金最高限额为止。

（2）保留金的返还

扣留承包商的保留金分两次返还：

第一次，颁发工程接收证书后的返还。颁发了整个工程的接收证书时，将保留金的前一半支付给承包商。如果颁发的接收证书只是限于一个区段或工程的一部分，则：

返还金额＝保留金总额的一半×（移交工程区段或部分的合同价值的估算值）/（最终合同价值的估算值）×40%

第二次，保修期满颁发履约证书后将剩余保留金返还。整个合同的缺陷通知期满，返还剩余的保留金。如果颁发的履约证书只限于一个区段，则在这个区段的缺陷通知期满后，并不全部返还该部分剩余的保留金：

返还金额＝保留金总额的一半×（移交工程区段或部分的合同价值的估算值）/（最终合同价值的估算值）×40%

合同内以履约保函和保留金两种手段作为约束承包商忠实履行合同义务的措施，当承包商严重违约而使合同不能继续顺利履行时，业主可以凭履约保函向银行获取损害赔偿；而因承包商的一般违约行为令业主蒙受损失时，通常利用保留金补偿损失。履约保函和保留金的约束期均是承包商负有施工义务的责任期限（包括施工期和保修期）。当保留金已累计扣留到保留金限额的60%时，为了使承包商有较充裕的流动资金用于工程施工，可以允许承包商提交保留金保函代换保留金。业主返还保留金限额的50%，剩余部分待颁发履约证书后再返还。保函金额在颁发接收证书后不递减。

7. 最终结算

最终结算是指颁发履约证书后，对承包商完成全部工作价值的详细结算，以及根据合同条件对应付给承包商的其他费用进行核实，确定合同的最终价格。

[想一想]
FIDIC《施工合同条件》中，承包商的索赔权在什么时间阶段终止？

颁发履约证书后的56天内，承包商应向工程师提交最终报表草案，以及工程师要求提交的有关资料。最终报表草案要详细说明根据合同完成的全部工程价值和承包商依据合同认为还应支付给他的任何进一步款项，如剩余的保留金及缺陷通知期内发生的索赔费用等。

工程师审核后与承包商协商，对最终报表草案进行适当的补充或修改后形成最终报表。承包商将最终报表送交工程师的同时，还需向业主提交一份"结清单"进一步证实最终报表中的支付总额，作为同意与业主终止合同关系的书面文件。工程师在接到最终报表和结清单附件后的28天内签发最终支付证书，业主应在收到证书后的56天内支付。只有当业主按照最终支付证书的金额予以支付并退还履约保函后，结清单才生效，承包商的索赔权也即行终止。

（五）有关争端处理的规定

1. 对争端的理解

对争端应作广义的理解，当事人对合同条款和合同的履行的不同理解和看法都是争端。凡是当事人对合同是否成立、成立的时间、合同内容的解释、合同的履行、违约的责任，以及合同的变更、中止、转让、解除、终止等发生的争端，均应包括在内;也包括对工程师的任何意见、指示、决定、证书或估价方面的任何争端。

2. 争端发生后业主和承包商应采取的措施

(1)应将争端提交给工程师

不论争端产生在哪一个阶段,也不论是在否认合同有效或合同在其他情况下终止之前还是之后,此类争端事宜应首先以书面形式提交给工程师,并将副本提交给另一方。这样,能够使工程师尽早了解争端的内容及当事人的看法。

(2)承包商应继续进行施工

除非合同已被否认或被终止,在任何情况下,承包商都应以应有的精心继续进行工程施工,而且承包商和业主应立即执行工程师做出的每一项此类决定。

3. 工程师对争端的决定

如果业主与承包商之间产生争端,并且问题得不到澄清以使双方满意,双方中任何一方可立即将此争端提交工程师,要求其做出决定。由工程师做出决定,可以较快、较经济地解决争端,应当首先采用。工程师则应当在收到有关争端文件后84天内将其决定通知业主和承包商。

如果工程师已将他对争端所作的决定通知了业主和承包商,而业主和承包商在收到工程师有关此决定的通知70天后(包括70天),双方均未发出要将该争端提交仲裁的通知,则该决定将被视为最后决定,并对业主和承包商双方均有约束力。

对于具有法律性质的争端,工程师最好在听取法律咨询后作决定。

4. 争端裁决委员会的裁决

如果双方对工程师的决定不满,可以将争端提交争端裁决委员会(DisPute Adjudication Board—DAB)。争端裁决委员会是根据投标函附录中的规定设立的,由1人或者3人组成(具体由投标函附录中规定)。若争端裁决委员会成员为3人,则由合同双方各提名一位成员供对方认可,双方共同确定第三位成员作为主席。如果合同中有争端裁决委员会成员的意向性名单,则必须从该名单中进行选择。合同双方应当共同商定对争端裁决委员会成员的支付条件,并由双方各支付酬金的一半。

争端裁决委员会在收到书面报告后84天内对争端做出裁决,并说明理由。如果合同一方对争端裁决委员会的裁决不满,则应当在收到裁决后的28天内向合同对方发出表示不满的通知,并说明理由,表明准备提请仲裁。如果争端裁决委员会未在84天内对争端作出裁决,则双方中的任何一方均有权在84天的期满后的24天内向对方发出要求仲裁的通知。如果双方接受争端裁决委员会的裁决,或者没有按照规定发出表示不满的通知,则该裁决将成为最终的决定。

争端裁决委员会的裁决做出后,在未通过友好解决或者仲裁改变该裁决之前,双方应当执行该裁决。

5. 争端的友好解决

在合同发生争端时,如果双方能通过协商达成一致,这比通过仲裁、诉讼程序解决争端好得多。这样既能节省时间和费用,也不会伤害双方的感情,使双方的良好合作关系能够得以保持。事实上,在国际工程承包合同中产生的争端大都可以通过友好协商得到解决。在合同一方发出对争端裁决委员会裁决不满的通知后,必须经过56天才能申请仲裁。这56天的时间是留给争端的友好解决的。

6. 争端的仲裁

当事人在仲裁与诉讼中只能选择一种解决方法,因此,该规定实际决定了合同当事人只能把提交仲裁作为解决争端的最后办法。

在仲裁制度上,国际上的通行做法都是规定仲裁机构的裁决是终局性的,当事人无权就仲裁机构的裁决向法院起诉。

仲裁裁决具有法律效力。但仲裁机构无权强制执行。

如果争执双方没有另外的协议,仲裁可以在当事人将此争端提交仲裁的意向通知(也就是表示不满的通知)发出后56天后开始。在工程竣工前后均可诉诸仲裁。但在工程进行过程中,业主、工程师、承包商各自的义务不得以仲裁正在进行为理由而加以改变。

【实践训练】

课目:对评标结果的处理

(一)背景资料

某建设单位经当地主管部门批准,自行组织某项大型商业建设项目的施工招标工作。

计划的招投标程序及工作安排如下:1. 依法确定招标方式为公开招标;不设标底;2. 编制招标文件;3. 计划2010年6月4日发布招标邀请书;4. 对拟参加投标者进行资格预审;5. 向合格的投标者发售招标文件及设计图纸、技术资料等;6. 建立评标委员会:技术专家3人,经济专家2人,其他3人;7. 2010年8月1日上午9时开始开标会议,审查投标书;8. 由市招标办公室主持组织评标,计划2010年8月9日前决定中标单位;9. 计划2010年8月10日发出中标通知书;并办理有关手续;10. 由于建设单位法人代表因工作安排2004年8月9日到2010年9月19日在国外,故拟在2010年9月20日法人代表回国后立即组织建设单位与中标单位签订承发包合同。

经造价工程师审查,其程序、做法又作了调整。评标过程中,某技术专家评委对评标结果不满意,拒绝在评标报告上签字。

(二)问题

1. 将上述招标程序做法不妥之处指正。投标截止是何时?

2. 对评标结果应如何处理?

（三）分析与解答

解：问题 1：

1. 第 3 条发布招标邀请书不妥，应为发布（刊登）招标通告（公告）。

2. 在第 5、6 条间应加一条组织投标单位踏勘现场，并对投标文件答疑。

3. 第 6 条评标委员会人员数有误，应为 5 人以上单数。且技术经济专家不少于 2/3。

4. 第 8 条由市招标办公室主持组织评标不对，应由招标人主持组织评标。

5. 第 10 条应在发出中标通知书之日起 30 天内签订合同。

6. 投标截止是 2010 年 8 月 1 日上午 9 时。

问题 2：评标结果依然有效。但要对该专家的意见记录在案。

本章思考与实训

1. 简述建设工程承包合同价格的分类。

2. 简述编制招标工程标底的原则与依据。

3. 简述编制标底价格的步骤。

4. 简述投标报价工作的主要内容。

5. 简述投标报价的策略。

第七章 建设项目施工阶段工程造价的计价与控制

【内容要点】

1. 建设项目招投标概述；
2. 建设项目施工招投标与合同价款的确定；
3. 建设工程施工合同；
4. 国际工程招投标及 FIDIC 合同条件。

【知识链接】

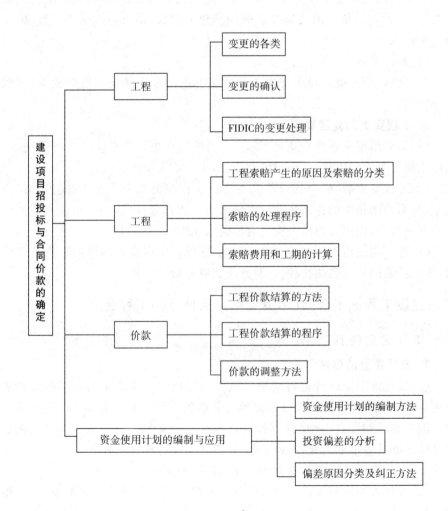

第一节 工程变更与合同价款调整

一、工程变更概述

1. 工程变更的分类

工程变更包括工程量变更、工程项目的变更（如发包人提出增加或者删减原项目内容）、进度计划的变更、施工条件的变更等。考虑到设计变更在工程变更中的重要性，往往将工程变更分为设计变更和其他变更两大类。

（1）设计变更

在施工过程中如果发生设计变更，将对施工进度产生很大的影响。因此，应尽量减少设计变更，如果必须对设计进行变更，必须严格按照国家的规定和合同约定的程序进行。

[想一想]
按照《建设工程施工合同（示范文本）》规定，工程变更包括哪些内容？

由于发包人对原设计进行变更，以及经工程师同意的、承包人要求进行的设计变更，导致合同价款的增减及造成的承包人损失，由发包人承担，延误的工期相应顺延。

（2）其他变更

合同履行中发包人要求变更工程质量标准及发生其他实质性变更，由双方协商解决。

2. 工程变更的处理要求

（1）如果出现了必须变更的情况，应当尽快变更。变更既已不可避免，不论是停止施工等待变更指令，还是继续施工，无疑都会增加损失。

（2）工程变更后，应当尽快落实变更。工程变更指令发出后，应当迅速落实指令，全面修改相关的各种文件。承包人也应当抓紧落实，如果承包人不能全面落实变更指令，则扩大的损失应当有承包人承担。

（3）对工程变更的影响应当作进一步分析。工程变更的影响往往是多方面的，影响持续的时间也往往较长，对此应当有充分的分析。

二、《建设工程施工合同（示范文本）》条件下的工程变更

（一）工程变更的程序

1. 设计变更的程序

（1）发包人对原设计进行变更。施工中发包人如果需要对原工程设计进行变更，应不迟于变更前14天以书面形式向承包人发出变更通知。承包人对于发包人的变更通知没有拒绝的权利，这是合同赋予发包人的一项权利。变更超过原设计标准或者批准的建设规模时，须经原规划管理部门和其他有关部门审查批准，并由原设计单位提供变更的相应的图纸和说明。

（2）承包人原因对原设计进行变更。承包人应当严格按照图纸施工，不得随意变更设计。施工中承包人提出的合理化建议涉及对设计图纸或者施工组织设

计的更改及对原材料、设备的更换,须经工程师同意。工程师同意变更后,也须经原规划管理部门和其他有关部门审查批准,并由原设计单位提供变更的相应的图纸和说明。

(3)设计变更事项。能够构成设计变更的事项包括以下变更:

① 更改有关部分的标高、基线、位置和尺寸;

② 增减合同中约定的工程量;

③ 改变有关工程的施工时间和顺序;

④ 其他有关工程变更需要的附加工作。

2. 其他变更的程序

从合同角度看,除设计变更外,其他能够导致合同内容变更的都属于其他变更。

(二)变更后合同价款的确定

1. 变更后合同价款的确定程序

设计变更发生后,承包人在工程设计变更确定后 14 天内,提出变更工程价款的报告,经工程师确认后调整合同价款,承包人在确定变更后 14 天内不向工程师提出变更工程价款报告时,视为该项设计变更不涉及合同价款的变更。工程师收到变更工程价款报告之日起 7 天内,予以确认。工程师无正当理由不确认时,自变更价款报告送达之日起 14 天后变更工程价款报告自行生效。

2. 变更后合同价款的确定方法

(1)合同中已有适用于变更工程的价格,按合同已有的价格计算、变更合同价款;

(2)合同中只有类似于变更工程的价格,可以参照此价格确定变更价格,变更合同价款;

(3)合同中没有适用或类似于变更工程的价格,由承包人提出适当的变更价格,经工程师确认后执行。

三、FIDIC 合同条件下的工程变更

在 FIDIC 合同条件下,业主提供的设计一般较为粗略,有的设计(施工图)是由承包商完成的,因此设计变更少于我国施工合同条件下的施工。

(一)工程变更的范围

由于工程变更属于合同履行过程中的正常管理工作,工程师可以根据施工进展的实际情况,在认为必要时就以下几个方面发布变更指令。

1. 对合同中任何工作工程量的改变。

2. 任何工作质量或其他特性的变更。

3. 工程任何部分标高、位置和尺寸的改变。

4. 删减任何合同约定的工作内容。

5. 新增工程按单独合同对待。

6. 改变原定的施工顺序或时间安排。

（二）变更程序

颁发工程接收证书前的任何时间，工程师可以通过发布变更指示或以要求承包商递交建议书的任何一种方式提出变更。

1. 指令变更

工程师在业主授权范围内根据施工现场的实际情况，在确属需要时有权发布变更指示。指令的内容应包括详细的变更内容、变更工程量、变更项目的施工技术要求和有关部门文件图纸，以及变更处理的原则。

2. 要求承包商递交建议书后再确定的变更

其程序为：

（1）工程师将计划变更事项通知承包商，并要求他递交实施变更的建议书。

（2）承包商应尽快予以答复。

（3）工程师做出是否变更的决定，尽快通知承包商说明批准与否或提出意见。

① 承包商在等待答复期间，不应延误任何工作。

② 工程师发出每一项实施变更的指示，应要求承包商记录支出的费用。

③ 承包商提出的变更建议书，只是作为工程师决定是否实施变更的参考。

（三）变更估价

1. 变更估价的原则

承包人按照工程师的变更指示实施变更工作后，往往会涉及对变更工程的估价问题。变更工程的价格或费率，往往是双方协商时的焦点。计算变更工程应采用的费率或价格，可分为三种情况：

（1）变更工作在工程量表中有同种工作内容的单价或价格，应以该单价计算变更工程费用。实施变更工作未引起工程施工组织和施工方法发生实质性变动，不应调整该项目的单价。

（2）工程量表中虽然列有同类工作的单价或价格，但对具体变更工作而言已不适用，则应在原单价或价格的基础上制定合理的新单价或价格。

（3）变更工作的内容在工程量表中没有同类工作的单价或价格，应按照与合同单价水平相一致的原则，确定新的费率或价格。任何一方不能以工程量表中没有此项价格为借口，将变更工作的单价定得过高或过低。

2. 可以调整合同工作单价的原则

具备以下条件时，允许对某一项工作规定的单价或价格加以调整：

（1）此项工作实际测量的工程量比工程量表或其他报表中规定的工程量的变动大于 10%；

（2）工程量的变更与对该项工作规定的具体单价的乘积超过了接受的合同款额的 0.01%；

（3）由此工程量的变更直接造成该项工作每单位工程量费用的变动超过 1%。

3. 删减原定工作后对承包商的补偿

工程师发布删减工作的变更指示后承包商不再实施部分工作,合同价格中包括的直接费部分没有受到损失,但摊销在该部分的间接费、税金和利润则实际不能合理回收。因此承包商可以就其损失向工程师发出通知并提供具体的证明资料,工程师与合同双方协商后确定一笔补偿金额加入到合同价内。

(四)承包商申请的变更

承包商根据工程施工的具体情况,可以向工程师提出对合同内任何一个项目或工作的详细变更请求报告。未经工程师批准前承包商不得擅自变更,若工程师同意则按工程师发布变更指示的程序执行。

(1)承包商提出变更建议。承包商认为如果采纳其建议将可能:

① 加速完工;

② 降低业主实施、维护或运行工程的费用;

③ 对业主而言能提高竣工工程的效率或价值;

④ 为业主带来其他利益。

(2)承包商应自费编制此类建议书。

(3)如果由工程师批准的承包商建议包括一项对部分永久工程的设计的改变,通用条件的条款规定如果双方没有其他协议,承包商应设计该部分工程。如果他不具备设计资质,也可以委托有资质单位进行分包。

(4)接受变更建议的估价。

① 如果此改变造成该部分工程的合同的价值减少,工程师应与承包商商定或决定一笔费用,并将之加入合同价格。这笔费用应是以下金额差额的一半(50%):

合同价的减少——由此改变造成的合同价值的减少,不包括依据后续法规变化做出的调整和因物价浮动调价所作的调整;

变更对使用功能的影响——考虑到质量、预期寿命或运行效率的降低,对业主而言已变更工作价值上的减少(如有时)。

② 如果降低工程功能的价值大于减少合同价格对业主的好处,则没有该笔奖励费用。

(五)按照计日工作实施的变更

对于一些小的或附带性的工作,工程师可以指示按计日工作实施变更。这时,工作应当按照包括在合同中的计日工作计划表进行估价。

第二节　工程索赔

一、工程索赔的概念和分类

(一)工程索赔的概念

工程索赔是在工程承包合同履行中,当事人一方由于另一方未履行合同所规定的义务或者出现了应当由对方承担的风险而遭受损失时,向另一方提出赔偿要求的行为。通常情况下,索赔是指承包人(施工单位)在合同实施过程中,对非自身原因造成的工程延期、费用增加而要求发包人给予补偿损失的一种权利要求。

索赔可以概括为如下 3 个方面:

(1)一方违约使另一方蒙受损失,受损方向对方提出赔偿损失的要求;

(2)发生应由业主承担责任的特殊风险或遇到不利自然条件等情况,使承包商蒙受较大损失而向业主提出补偿损失要求;

(3)承包商本人应当获得的正当利益,由于没能及时得到监理工程师的确认和业主应给予的支付,而以正式函件向业主索赔。

(二)工程索赔产生的原因

1. 当事人违约

当事人违约常常表现为没有按照合同约定履行自己的义务。发包人违约常常表现为没有为承包人提供合同约定的施工条件、未按照合同约定的期限和数额付款等。工程师未能按照合同约定完成工作,如未能及时发出图纸、指令等也视为发包人违约。承包人违约的情况则主要是没有按照合同约定的质量、期限完成施工,或者由于不当行为给发包人造成其他损害。

2. 不可抗力事件

不可抗力又可以分为自然事件和社会事件。自然事件主要是不利的自然条件和客观障碍。社会事件则包括国家政策、法律、法令的变更,战争、罢工等。

3. 合同缺陷

合同缺陷表现为合同文件规定不严谨甚至矛盾,合同中的遗漏或错误,在这种情况下,工程师应当给予解释,如果这种解释将导致成本增加或工期延长,发包人应当给予补偿。

4. 合同变更

合同变更表现为设计变更、施工方法变更、追加或者取消某些工作、合同其他规定的变更等。

5. 工程师指令

工程师指令有时也会产生索赔。

6. 其他第三方原因

[问一问]
在哪些事项中,费用索赔不成立?

其他第三方原因常常表现为与工程有关的第三方的问题而引起的对本工程的不利影响。

(三)工程索赔的分类

1. 按索赔的合同依据分类

(1)合同中明示的索赔

明示的索赔是指承包人所提出的索赔要求,在该工程项目的合同文件中有文字依据,承包人可以据此提出索赔要求,并取得经济补偿。

(2)合同中默示的索赔

默示的索赔,即承包人的该项索赔要求,虽然在工程项目的合同条款中没有专门的文字叙述,但可以根据该合同的某些条款的含义,推论出承包人有索赔权。这种索赔要求,同样有法律效力,有权得到相应的经济补偿。

2. 按索赔目的分类

(1)工期索赔

由于非承包人责任的原因而导致施工进程延误,要求批准顺延合同工期的索赔,称之为工期索赔。工期索赔形式上是对权利的要求,以避免在原定合同竣工日不能完工时,被发包人追究拖期违约责任。一旦获得批准合同工期顺延后,承包人不仅免除了承担拖期违约赔偿费的严重风险,而且可能提前工期得到奖励,最终仍反映在经济收益上。

(2)费用索赔

当施工的客观条件改变导致承包人增加开支,要求对超出计划成本的附加开支给予补偿,以挽回不应由他承担的经济损失。

3. 按索赔事件的性质分类

(1)工程延误索赔。

(2)工程变更索赔。

(3)合同被迫终止的索赔。

(4)工程加速索赔。

(5)意外风险和不可预见因素索赔。

(6)其他索赔。

二、工程索赔的处理原则和计算

(一)工程索赔的处理原则

1. 索赔必须以合同为依据。

2. 及时、合理地处理索赔。

3. 加强主动控制,减少工程索赔。

(二)索赔程序

《建设工程工程量清单计价规范》规定的索赔程序如下:

(1)索赔的提出

承包人向发包人的索赔应在索赔事件发生后,持索赔事件发生的有效证据和依据正当的索赔理由,按合同约定的时间向发包人递交索赔通知。发包人应按合同约定的时间对承包人提出的索赔进行答复和确认。当发、承包双方在合同中对此通知未作具体约定时,可按以下规定办理:

① 承包人应在确认引起索赔事件发生后 28 天内向工程师发出索赔意向通知。否则,承包人无权获得追加付款,竣工时间不得延长。承包人应在现场或发包人认可的其他地点,保持证明索赔可能需要的记录。发包人收到承包人的索赔通知后,未承认发包人责任前,可检查记录保持情况,并可指示承包人进一步的同期记录。

② 在承包商确认引起索赔事件后 42 天内,承包商应向发包人递交一份充分

[问一问]
工程索赔有哪几种分类方式?

详细的索赔报告,包括索赔的依据、要求追加付款的全部资料。

③ 如果引起索赔的事件具有连续影响,承包人应按月递交进一步的中间索赔报告,说明累计索赔的金额。承包人应在索赔事件产生的影响结束后 28 天内,递交一份最终索赔报告。

(2)承包人索赔的处理程序

发包人在收到承包人送交的索赔报告 28 天内,应做出回应,表示批准或不批准并附具体意见。还可以要求承包人进一步的资料,但仍要在上述期限内对索赔做出回应。发包人在收到最终索赔报告后的 28 天内,未向承包人做出答复,视为该项索赔报告已经认可。

(3)承包人提出索赔的期限

[问一问]
当索赔事件持续进行时,承包方下一步应该如何维权?

承包人在接受了竣工付款证书后,应被认为已无权再提出在合同工程接收证书颁发前所发生的任何索赔。承包人提交的最终结清申请单中,只限于提出工程接收证书颁发后发生的索赔。提出索赔的期限自接受最终结算证书时终止。

(三)FIDIC 合同条件规定的工程索赔程序

FIDIC 合同条件只对承包商的索赔做出了规定。

(1)承包商发出索赔通知

如果承包商认为有权得到竣工时间的任何延长期和(或)任何追加付款,承包商应当向工程师发出通知,说明索赔的事件或情况。该通知应当尽快在承包商察觉或者应当察觉该事件或情况后 28 天内发出。

(2)承包商未及时发出索赔通知的后果

如果承包商未能在上述 28 天期限内发出索赔通知,则竣工时间不得延长,承包商无权获得追加付款,而业主应免除有关该索赔的全部责任。

(3)承包商递交详细的索赔报告

在承包商察觉或者应当察觉该事件或情况后 42 天内,或在承包商可能建议并经工程师认可的其他期限内,承包商应当向工程师递交一份充分详细的索赔报告,包括索赔的依据、要求延长的时间和(或)追加付款的全部详细资料。

(4)引起索赔的事件或者情况具有连续影响

① 上述充分详细索赔报告应被视为中间的;

② 承包商应当按月递交进一步的中间索赔报告,说明累计索赔延误时间和(或)金额,以及所有可能的合理要求的详细资料;

③ 承包商应当在索赔的事件或者情况产生影响结束后 28 天内,或在承包商可能建议并经工程师认可的其他期限内,递交一份最终索赔报告。

(5)工程师的答复

[问一问]
简述工程施工索赔的程序?

工程师在收到索赔报告或对过去索赔的任何进一步证明资料后 42 天内,或在工程师可能建议并经承包商认可的其他期限内,做出回应,表示"批准"、或"不批准"、或"不批准并附具体意见"。工程师应当商定或者确定应给予竣工时间的延长期及承包商有权得到的追加付款。

(四)索赔的依据

提出索赔的依据有以下几个方面：

(1)招标文件、施工合同文本及附件,其他各签约(如备忘录、修正案等),经认可的工程实施计划,各种工程图纸、技术规范等。

(2)双方的往来信件及各种会谈纪要。

(3)进度计划和具体的进度以及项目现场的有关文件。

(4)气象资料、工程检查验收报告和各种技术鉴定报告,工程中送停电、送停水、道路开通和封闭的记录和证明。

(5)国家有关法律、法令、政策文件,官方的物价指数、工资指数,各种会计核算资料,材料的采购、订货、运输、进场、使用方面的凭证。

(五)索赔的计算

1. 可索赔的费用

费用内容一般可以包括以下几个方面：

(1)人工费

包括增加工作内容的人工费、停工损失费和工作效率降低的损失费等累计,其中增加工作内容的人工费应按照计日工资计算,而停工损失费和工作效率降低的损失费按窝工费计算,窝工费计算的标准双方应在合同中约定。

(2)设备费

可采用机械台班费、机械折旧费、设备租赁费等几种形式。当工作内容增加引起设备费索赔时,设备费的标准按照机械台班费计算。因窝工引起的设备费索赔,当施工机械属于施工企业自有时,按照机械折旧费计算索赔费用;当施工机械费是施工企业从外部租赁时,索赔费用的标准按照设备租赁费计算。

(3)材料费

(4)保函手续费

工程延期时,保函手续费相应增加;反之当取消部分工程并且发包人与承包人达成提前竣工协议时,承包人的保函金额相应折减,因而计入合同价内的保函手续费也应扣减。

(5)迟延付款利息

发包人未按约定时间进行付款的,应按银行贷款利率支付迟延付款的利息。

(6)保险费

(7)利润

在不同的索赔事件中可以索赔的费用是不同的。

(8)管理费

此项又可分为现场管理费和公司管理费两部分,由于二者的计算方法不一样,所以在审核过程中应区别对待。

[问一问]

承包商单项索赔必须同时具备哪些条件?

[算一算]

某建设项目业主与甲施工单位签订了施工总包合同,合同中保函手续费为20万元,合同工期为200天。合同履行过程中,因不可抗力事件发生致使开工日期推迟30天,因异常恶劣气候停工10天,因季节性大雨停工5天,因设计分包单位延期交图停工7天,上述事件均未发生在同一时间,则甲施工总包单位可索赔的保函手续费为多少万元。

［想一想］

发生人工费索赔时,能按计日工费计算的是什么费用?

2. 费用索赔的计算

(1)实际费用法

该方法是按照每件索赔事件所引起损失的费用项目分别分析计算索赔值,然后将各费用项目的索赔值汇总,即可得到总索赔费用值。

(2)修正的总费用法

这种方法是对总费用法的改进,即在总费用计算的原则上,去掉一些不确定的可能因素,对总费用法进行相应的修改和调整,使其更加合理。

3. 工期索赔中应当注意的问题

(1)划清施工进度拖延的责任。

(2)被延误的工作应是处于施工进度计划关键线路上的施工内容。

4. 工期索赔的计算

(1)网络分析法是利用进度计划的网络图,分析其关键线路。如果延误的工作为关键工作,则总延误的时间为批准顺延的工期;如果延误的工作为非关键工作,当该工作由于延误超过时差限制而成为关键工作时,可以批准延误时间与时差的差值;若该工作延误后仍为非关键工作,则不存在工期索赔问题。

［算一算］

某土方工程业主与施工单位签订了土方施工合同,合同约定的土方工程量为8000m³,合同工期为16天,合同约定:工程量增加20%以内为施工方应承担的工期风险。挖运过程中,因出现了较深的软弱下卧层,致使土方量增加了10200m³,则施工方可提出的工期索赔为多少天。(结果四舍五入取整)

(2)比例计算法的公式为:

对于已知部分工程的延期的时间:

$$工期索赔值 = 受干扰部分工程的合同价/原合同总价$$
$$\times 该受干扰部分工期拖延时间 \tag{7-1}$$

对于已知额外增加工程量的价格:

$$工期索赔值 = 额外增加的工程量的价格/原合同总价 \times 原合同总工期$$

(六)索赔报告的内容

1. 总论部分

一般包括以下内容:序言;索赔事项概述;具体索赔要求;索赔报告编写及审核人员名单。

2. 根据部分

本部分主要是说明自己具有的索赔权利,这是索赔能否成立的关键。根据部分的内容主要来自该工程项目的合同文件,并参照有关法律规定。该部分中施工单位应引用合同中的具体条款,说明自己理应获得经济补偿或工期延长。

3. 计算部分

索赔计算的目的,是以具体的计算方法和计算过程,说明自己应得经济补偿的款额或延长时间。如果说根据部分的任务是解决索赔能否成立,则计算部分的任务就是决定应得到多少索赔款额和工期。

4. 证据部分

证据部分包括该索赔事件所涉及的一切证据资料,以及对这些证据的说明,证据是索赔报告的重要组成部分,没有翔实可靠的证据,索赔是不能成功的。在引用证据时,要注意该证据的效力或可信程度。为此,对重要的证据资料最好附以文字证明或确认件。

【实践训练】

课目:计算补偿费用

(一)背景资料

某承包商(乙方)于某年3月6日与某业主(甲方)签订一项施工合同。在合同中规定,甲方于3月14日提供施工现场。工程开工日期为3月16日,竣工日期为4月22日,合同日历工期为38天。工期每提前1天奖励3000元,每拖后1天罚款5000元。乙方按时提交了施工方案和施工网络进度计划(如图7-1所示),并得到甲方代表的批准。

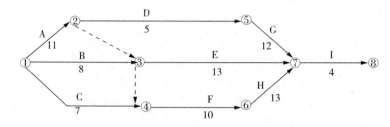

图7-1 某工程施工网络进度计划(单位:天)

实际施工过程中发生了如下几项事件:

事件1:因部分原有设施搬迁拖延,甲方于3月17日才提供出全部场地,影响了工作A、B的正常作业时间,使该两项工程的作业时间均延长了2天,并使这两项工作分别窝工6、8个工日;工作C未因此受到影响。

事件2:乙方与租赁商原约定工作D使用的某种机械于3月27日进场,但因运输问题推迟到3月30日才进场,造成工作D实际作业时间增加1天,多用人工7个工日。

事件3:在工作E施工时,因设计变更,造成施工时间增加2天,多用人工14个工日,其他费用增加1.5万元。

事件4:工作F是一项隐蔽工程,在其施工完毕后,乙方及时向甲方代表提出检查验收要求。但因甲方代表未能在规定时间到现场检查验收,承包商自行检查后进行了覆盖。事后甲方代表认为该项工作很重要,要求乙方在两个主要部位(部位a和部位b)进行剥离检查。检查结果为:部位a完全合格,部位b的偏差超出了规范允许范围,乙方根据甲方代表的要求扩大剥离检查范围并进行返工处理,合格后甲方代表予以签字验收。部位a的剥离和覆盖用工为6个工日,其他费用为1000元;部位b的剥离、返工及覆盖用工20个工日,其它费用为1.2万元。因工作F的重新检验和返工处理影响了工作H的正常作业,使工作H的

[想一想]

在FIDIC合同条件中,可索赔工期和费用,但不可以索赔利润的索赔事件包括哪些?

作业时间延长 2 天,多用人工 10 个工日。

其余各项工作的实际作业时间和费用情况均与原计划相符。

(二)问题

1. 在上述事件中,乙方可以就哪些事件向甲方提出工期补偿和费用补偿要求?试简述其理由。

2. 该工程的实际施工天数为多少天?可得到的工期补偿为多少天?工期奖罚天数为多少天?

3. 假设工程所在地人工费标准为 30 元/工日,应由甲方给予补偿的窝工人工费补偿标准为 18 元/工日,实施管理费、利润等均不予补偿。则在该工程中,乙方可得到的合理的经济补偿有哪几项?经济补偿额为多少?

(三)分析与解答

[分析]:

问题 1:

答:事件 1:可以提出工期补偿和费用补偿要求,因为施工场地提供的时间延长属于甲方应承担的责任,且工作 A 位于关键线路上。

事件 2:不能提出补偿要求,因为租赁设备迟进场属于乙方应承担的风险。

事件 3:可以提出费用补偿要求,不能提出工期补偿要求。因为设计变更的责任在甲方,由此增加的费用应由甲方承担;而且此增加的作业时间(2 天)没有超过该项工作的总时差(10 天)。

事件 4:不能提出费用补偿要求和工期补偿要求。因为乙方应该对自己完成的产品质量负责。无论甲方代表是否参加检查验收,均有权要求乙方剥离检查,检查后发现工作 F 质量不合格,其费用由乙方承担;也不能得到工期补偿。

问题 2:

答:(1)通过对图 7 - 1 的计算,该工程施工网络进度计划的关键线路为①—②—③—④—⑤—⑥—⑦—⑧,计划工期为 38 天,与合同工期相同。将图 7 - 1 中所有各项工作的持续时间均以实际持续时间代替,计算结果表明:关键线路不变(仍为①—②—③—④—⑤—⑥—⑦—⑧),实际工期为 42 天。

(2)将图 7 - 1 中所有由甲方负责的各项工作持续时间延长天数加到原计划相应工作的持续时间上,计算结果表明:关键线路亦不变(仍为①—②—③—④—⑤—⑥—⑦—⑧),工期为 40 天。40—38＝2(天),所以,该工程可索赔工期天数为 2 天。

(3)工期罚款天数为 2 天。

第三节　工程价款结算

一、我国工程价款的结算方法

(一)工程价款结算的重要意义

所谓工程价款结算是指承包商在工程实施过程中,依据承包合同中关于付款条款的规定和已经完成的工程量,并按照规定的程序向建设单位(业主)收取工程价款的一项经济活动。

工程价款结算是工程项目承包中的一项十分重要的工作,主要表现在:

(1)工程价款结算是反映工程进度的主要指标。

(2)工程价款结算是加速资金周转的重要环节。

(3)工程价款结算是考核经济效益的重要指标。

(二)工程价款的主要结算方式

1. 按月结算

实行旬末或月中预支,月终结算,竣工后清算的方法。跨年度竣工的工程,在年终进行工程盘点,办理年度结算。我国现行建筑安装工程价款结算中,相当一部分是实行这种按月结算。

2. 竣工后一次结算

建设项目或单项工程全部建筑安装工程建设期在 12 个月以内,或者工程承包合同价值在 100 万元以下的,可以实行工程价款每月月中预支,竣工后一次结算。

3. 分段结算

即当年开工,当年不能竣工的单项工程或单位工程按照工程形象进度,划分不同阶段进行结算。分段结算可以按月预支工程款。分段的划分标准,由各部门、自治区、直辖市、计划单列市规定。

对于以上三种主要结算方式的收支确认,国家财政部在 1999 年 1 月 1 日起实行的《企业会计准则——建造合同》讲解中作了如下规定:

(1)实行旬末或月中预支,月终结算,竣工后清算办法的工程合同,应分期确认合同价款收入的实现,即:各月份终了,与发包单位进行已完工程价款结算时,确认为承包合同已完工部分的工程收入实现,本期收入额为月终结算的已完工程价款金额。

(2)实行合同完成后一次结算工程价款办法的工程合同,应于合同完成,施工企业与发包单位进行工程合同价款结算时,确认为收入实现,实现的收入额为承发包双方结算的合同价款总额。

(3)实行按工程形象进度划分不同阶段、分段结算工程价款办法的工程合同,应按合同规定的形象进度分次确认已完阶段工程收益实现。即:应于完成合同规定的工程形象进度或工程阶段,与发包单位进行工程价款结算时,确认为工程收入的实现。

4. 目标结款方式

即在工程合同中,将承包工程的内容分解成不同的控制界面,以业主验收控制界面作为支付工程价款的前提条件。也就是说,将合同中的工程内容分解成不同的验收单元,当承包商完成单元工程内容并经业主(或其委托人)验收后,业主支付构成单元工程内容的工程价款。目标结款方式实质上是运用合同手段、财务手段对工程的完成进行主动控制。

[问一问]

将承包工程的内容分解成不同的控制界面,以业主验收控制界面作为支付工程价款的前提条件,采用的结算方法是什么?

5. 结算双方约定的其他结算方式

(三)工程预付款及其计算

1. 预付备料款的限额

预付备料款限额由下列主要因素决定:主要材料(包括外购构件)占工程造价的比重;材料储备期;施工工期。

对于施工企业常年应备的备料款限额,可按下式计算:

$$备料款限额 = 年度承包工程总值 \times 主要材料所占比重/年度施工日历天数 \times 材料储备天数 \qquad (7-2)$$

一般建筑工程不应超过当年建筑工作量(包括水、电、暖)的 30%,安装工程按年安装工作量的 10%;材料占比重较多的安装工程按年计划产值的 15% 左右拨付。

2. 备料款的扣回

发包单位拨付给承包单位的备料款属于预支性质,到了工程实施后,随着工程所需主要材料储备的逐步减少,应以抵充工程价款的方式陆续扣回。扣款的方法:

(1)可以从未施工工程尚需的主要材料及构件的价值相当于备料款数额时起扣,从每次结算工程价款中,按材料比重扣抵工程价款,竣工前全部扣清。其基本表达公式是:

$$T = P - M/N \qquad (7-3)$$

式中 T——起扣点,即预付备料款开始扣回时的累计完成工作量金额;

M——预付备料款限额;

N——主要材料所占比重;

P——承包工程价款总额。

(2)扣款的方法也可以在承包方完成金额累计达到合同总价的一定比例后,由承包方开始向发包方还款,发包方从每次应付给承包方的金额中扣回工程预付款,发包方至少在合同规定的完工期前将工程预付款的总计金额逐次扣回。

(四)工程进度款的支付(中间结算)

施工企业在施工过程中,按逐月(或形象进度、或控制界面等)完成的工程数量计算各项费用,向建设单位(业主)办理工程进度款的支付(即中间结算)。

工程进度款支付过程中,应遵循如下要求:

1. 工程量的确认

根据有关规定,工程量的确认应做到:

(1)承包方应按约定时间,向工程师提交已完工程量的报告。

(2)工程师收到承包方报告后7天内未进行计量,第8天起,承包方报告中开列的工程量即视为已被确认,作为工程价款支付的依据。

(3)工程师对承包方超出设计图纸范围和(或)因自身原因造成返工的工程量,不予计量。

2. 合同收入的组成

(1)合同中规定的初始收入,即建造承包商与客户在双方签订的合同中最初商定的合同总金额,它构成了合同收入的基本内容。

(2)因合同变更、索赔、奖励等构成的收入,这部分收入并不构成合同双方在签订合同时已在合同中商定的合同总金额,而是在执行合同过程中由于合同变更、索赔、奖励等原因而形成的追加收入。

3. 工程进度款支付

国家工商行政管理总局、建设部颁布的《建设工程施工合同(示范文本)》中对工程进度款支付作了如下详细规定:

(1)工程款(进度款)在双方确认计量结果后14天内,发包方应向承包方支付工程款(进度款)。按约定时间发包方应扣回的预付款,与工程款(进度款)同期结算。

(2)符合规定范围的合同价款的调整,工程变更调整的合同价款及其他条款中约定的追加合同价款,应与工程款(进度款)同期调整支付。

(3)发包方超过约定的支付时间不支付工程款(进度款),承包方可向发包方发出要求付款通知,发包方收到承包方通知后仍不能按要求付款,可与承包方协商签订延期付款协议,经承包方同意后可延期支付。协议须明确延期支付时间和从发包方计量结果确认后第15天起计算应付款的贷款利息。

(4)发包方不按合同约定支付工程款(进度款),双方又未达成延期付款协议,导致施工无法进行,承包方可停止施工,由发包方承担违约责任。

[想一想]

根据《建设工程施工合同(示范文本)》规定,工程进度款支付内容包括了哪些?

(五)工程保修金(尾留款)的预留

按照有关规定,工程项目总造价中应预留出一定比例的尾留款作为质量保修费用(又称保留金),待工程项目保修期结束后最后拨付。

(六)其他费用的支付

1. 安全施工方面的费用。

2. 专利技术及特殊工艺涉及的费用。

3. 文物和地下障碍物涉及的费用。

(七)工程竣工结算及其审查

1. 工程竣工结算的含义及要求

工程竣工结算是指施工企业按照合同规定的内容全部完成所承包的工程,

经验收质量合格,并符合合同要求之后,向发包单位进行的最终工程价款结算。

《建设工程施工合同(示范文本)》中对竣工结算作了详细规定:

(1)工程竣工验收报告经发包方认可后28天内,承包方向发包方递交竣工结算报告及完整的结算资料,双方按照协议书约定的合同价款及专用条款约定的合同价款调整内容,进行工程竣工结算。

(2)发包方收到承包方递交的竣工结算报告及结算资料后28天内进行核实,给予确认或者提出修改意见。发包方确认竣工结算报告后通知经办银行向承包方支付工程竣工结算价款。承包方收到竣工结算价款后14天内将竣工工程交付发包方。

(3)发包方收到竣工结算报告及结算资料后28天内无正当理由不支付工程竣工结算价款,从第29天起按承包方同期向银行贷款利率支付拖欠工程价款的利息,并承担违约责任。

(4)发包方收到竣工结算报告及结算资料后28天内不支付工程竣工结算价款,承包方可以催告发包方支付结算价款。发包方在收到竣工结算报告及结算资料后56天内仍不支付的,承包方可以与发包方协议将该工程折价,也可以由承包方申请人民法院将该工程依法拍卖,承包方就该工程折价或者拍卖的价款优先受偿。

(5)工程竣工验收报告经发包方认可后28天内,承包方未能向发包方递交竣工结算报告及完整的结算资料,造成工程竣工结算不能正常进行或工程竣工结算价款不能及时支付,发包方要求交付工程的,承包方应当交付;发包方不要求交付工程的,承包方承担保管责任。

(6)发包方和承包方对工程竣工结算价款发生争议时,按争议的约定处理。

[想一想]
发包方收到承包方递交的竣工结算报告及结算资料后,应给予确认或提出修改意见。根据《建设工程施工合同(示范文本)》的规定,这个时间应是多少天?

在实际工作中,当年开工、当年竣工的工程,只需办理一次性结算。跨年度的工程,在年终办理一次年终结算,将未完工程结转到下一年度,此时竣工结算等于各年度结算的总和。

办理工程价款竣工结算的一般公式为:

竣工结算工程价款＝预算(概算)或合同价款＋施工过程中预算或合同价款调整数额－预付及已结算工程价款－保修金　　　　　　　(7-4)

(八)工程价款价差调整的主要方法

1. 工程造价指数调整法

这种方法是甲乙方采用当时的预算(或概算)定额单价计算出承包合同价。待竣工时,根据合理的工期及当地工程造价管理部门所公布的该月度(或季度)的工程造价指数,对原承包合同价予以调整,重点调整那些由于实际人工费、材料费、施工机械费等费用上涨及工程变更因素造成的价差,并对承包商给以调价补偿。

2. 实际价格调整法

在我国,由于建筑材料需要市场采购的范围越来越大,有些地区规定对钢材、木材、水泥等三大材的价格采取按实际价格结算的方法。工程承包商可凭发票按实报销。这种方法方便而正确。但由于是实报实销，因而承包商对降低成本不感兴趣，为了避免副作用，地方主管部门要定期发布最高限价，同时合同文件中应规定建设单位或工程师有权要求承包商选择更廉价的供应来源。

3. 调价文件计算法

这种方法是甲乙方采取按当时的预算价格承包，在合同工期内，按照造价管理部门调价文件的规定，进行抽料补差，在同一价格期内按所完成的材料用量乘以价差。也有的地方定期发布主要材料供应价格和管理价格，对这一时期的工程进行抽料补差。

4. 调值公式法

建筑安装工程费用价格调值公式一般包括固定部分、材料部分和人工部分。但当建筑安装工程的规模和复杂性增大时，公式也变得更为复杂。调值公式一般为：

$$P = P0(a_0 + a_1 * A/A_0 + a_2 * B/B_0 + a_3 * C/C_0 + a_4 * D/D_0 + \cdots\cdots)$$

$$(7-5)$$

式中　P——调值后合同价款或工程实际结算款；

　　　$P0$——合同价款中工程预算进度款；

　　　a_0——固定要素，代表合同支付中不能调整的部分占合同总价中的比重；

　　　a_1、a_2、a_3、a_4……——代表有关各项费用（如：人工费用、钢材费用、水泥费用、运输费等）在合同总价中所占比重 $a_0 + a_1 + a_2 + a_3 + a_4 \cdots\cdots = 1$；

　　　A_0、B_0、C_0、D_0 基准日期与 a_1、a_2、a_3、a_4……对应的各项费用的基期价格指数或价格；

　　　A、B、C、D 与特定付款证书有关的期间最后一天的 49 天前与 a_1、a_2、a_3、a_4……对应的各项费用的现行价格指数或价格。

在运用这一调值公式进行工程价款价差调整中要注意如下几点：

(1)固定要素通常的取值范围在 0.15～0.35 左右。

(2)调值公式中有关的各项费用，按一般国际惯例，只选择用量大、价格高且具有代表性的一些典型人工费和材料费，并用它们的价格指数变化综合代表材料费的价格变化，以便尽量与实际情况接近。

(3)各部分成本的比重系数，在许多招标文件中要求承包方在投标中提出，并在价格分析中予以论证。

(4)调整有关各项费用要与合同条款规定相一致。

(5)调整有关各项费用应注意地点与时点。

(6)各品种系数之和加上固定要素系数应该等于1。

2. **工程竣工结算的审查**

工程竣工结算审查是竣工结算阶段的一项重要工作。经审查核定的工程竣工结算是核定建设工程造价的依据，也是建设项目验收后编制竣工决算和核定

[算一算]

　某工程合同价为 100 万元，合同约定：采用调值公式进行动态结算，其中固定要素比重为 0.2，调价要素分为 A、B、C 三类，分别占合同价的比重为 0.15、0.35、0.3，结算时价格指数分别增长了 20%、15%、25%，则该工程实际结算款额为多少万元。

新增固定资产价值的依据。因此,建设单位、监理公司以及审计部门等,都十分关注竣工结算的审核把关。一般从以下几方面入手:

(1)核对合同条款。

(2)检查隐蔽验收记录。

(3)落实设计变更签证。

(4)按图核实工程数量。

(5)认真核实单价。

(6)注意各项费用计取。

(7)防止各种计算误差。

[想一想]

在运用调值公式进行工程价款价差调整时,要注意什么?

二、设备、工器具和材料价款的支付与结算

(一)国内设备、工器具和材料价款的支付与结算

1. 国内设备、工器具价款的支付与结算

按照我国现行规定,银行、单位和个人办理结算都必须遵守结算原则:一是恪守信用,及时付款;二是谁的钱进谁的账,由谁支配;三是银行不垫款。

2. 国内材料价款的支付与结算

建筑安装工程承发包双方的材料往来,可以按以下方式结算:

(1)由承包单位自行采购建筑材料的,发包单位可以在双方签订工程承包合同后按年度工作量的一定比例向承包单位预付备料资金。

(2)按工程承包合同规定,由承包方包工包料的,则由承包方负责购货付款,并按规定向发包方收取备料款。

(3)按工程承包合同规定,由发包单位供应材料的,其材料可按材料预算价格转给承包单位。材料价款在结算工程款时陆续抵扣。

(二)进口设备,工器具和材料价款的支付与结算

进口设备分为标准机械设备和专制设备两类。

标准机械设备系指通用性广泛、供应商(厂)有现货,可以立即提交的货物。专制设备是指根据业主提交的定制设备图纸专门为该业主制造的设备。

1. 标准机械设备的结算

标准机械设备的结算,大都使用国际贸易广泛使用的不可撤销的信用证。这种信用证在合同生效之后一定日期由买方委托银行开出,经买方认可的卖方所在地银行为议付银行。以卖方为收款人的不可撤销的信用证,其金额与合同总额相等。

(1)标准机械设备首次合同付款

当采购货物已装船,卖方提交下列文件和单证后,即可支付合同总价的 90%。

① 由卖方所在国的有关当局颁发的允许卖方出口合同货物的出口许可证,或不需要出口许可证的证明文件;

② 由卖方委托买方认可的银行出具的以买方为受益人的不可撤销保函。担

保金额与首次支付金额相等；

③ 装船的海运提单；

④ 商业发票副本；

⑤ 由制造厂（商）出具的质量证书副本；

⑥ 详细的装箱单副本；

⑦ 向买方信用证的出证银行开出以买方为受益人的即期汇票；

⑧ 相当于合同总价形式的发票。

（2）最终合同付款

机械设备在保证期截止时，卖方提交下列单证后支付合同总价的尾款，一般为合同总价的 10%。

① 说明所有货物无损、无遗留问题、完全符合技术规范要求的证明书；

② 向出证行开出以买方为受益人的即期汇票；

③ 商业发票副本。

（3）支付货币与时间

① 合同付款货币：买方以卖方在投标书标价中说明的一种或几种货币，和卖方在投标书中说明在执行合同中所需的一种或几种货币比例进行支付。

② 付款时间：每次付款在卖方所提供的单证符合规定之后，买方须从卖方提出日期的一定期限内（一般 45 天内）将相应的货款付给卖方。

2. 专制机械设备的结算

专制机械设备的结算一般分为三个阶段，即预付款、阶段付款和最终付款。

（1）预付款

一般专制机械设备的采购，在合同签订后开始制造前，由买方向卖方提供合同总价的 10%～20% 的预付款。

预付款一般在提出下列文件和单证后进行支付：

① 由卖方委托银行出具以买方为受益人的不可撤销的保函，担保金额与预付款货币金额相等；

② 相当于合同总价形式的发票；

③ 商业发票；

④ 由卖方委托的银行向买方的指定银行开具由买方承兑的即期汇票。

（2）阶段付款

按照合同条款，当机械制造开始加工到一定阶段，可按设备合同价一定的百分比进行付款。阶段的划分是当机械设备加工制造到关键部位时进行一次付款，到货物装船买方收货验收后再付一次款。每次付款都应在合同条款中作较详细的规定。

机械设备制造阶段付款的一般条件如下：

① 当制造工序达到合同规定的阶段时，制造厂应以电传或信件通知业主；

② 开具经双方确认完成工作量的证明书；

③ 提交以买方为受益人的所完成部分保险发票；

[算一算]

　某桩基工程，业主通过招标与某基础工程公司签订了施工合同，工程量清单中估计工程量 4000m³，合同价 500 元/m³，合同工期为 40 天。合同约定：工期提前 1 天奖励 2 万元，拖后 1 天罚款 4 万元；工程款按旬结算支付。合同履行到第 21 天时发生了地震，造成停工 4 天，经工程师认可的施工方的实际损失为 10 万元，第 3 旬完成工程量 800m³；后期因机械故障停工 3 天，最后实际工期为 50 天。不考虑其他款项，施工方在第 3 旬应得到的工程款为多少万元。

④ 提交商业发票副本。

机械设备装运付款,包括成批订货分批装运的付款,应由卖方提供下列文件和单证:

① 有关运输部门的收据;

② 交运合同货物相应金额的商业发票副本;

③ 详细的装箱单副本;

④ 由制造厂(商)出具的质量和数量证书副本;

⑤ 原产国证书副本;

⑥ 货物到达买方验收合格后,当事双方签发的合同货物验收合格证书副本。

(3)最终付款

最终付款指在保证期结束时的付款。付款时应提交:

① 商业发票副本;

② 全部设备完好无损,所有待修缺陷及待办的问题,均已按技术规范说明圆满解决后的合格证副本。

3. 利用出口信贷方式支付进口设备、工器具和材料价款

对进口设备、工器具和材料价款的支付,我国还经常利用出口信贷的形式。出口信贷根据借款的对象分为卖方信贷和买方信贷。

(1)卖方信贷是卖方将产品赊销给买方,规定买方在一定时期内延期或分期付款。卖方通过向本国银行申请出口信贷,来填补占用的资金。

(2)买方信贷有两种形式:一种是由产品出口国银行把出口信贷直接贷给买方,买卖双方以即期现汇成交。买方信贷的另一种形式,是由出口国银行把出口信贷贷给进口国银行,再由进口国银行转贷给买方,买方用现汇支付借款,进口国银行分期向出口国银行偿还借款本息。

(三)设备、工器具和材料价款的动态结算

(1)设备、工器具和材料价款的动态结算主要是依据国际上流行的货物及设备价格调值公式来计算,即:

$$P1 = P0(a + b \times M1/M0 + c \times L1/L0) \qquad (7-6)$$

式中　$P1$——应付给供货人的价格或结算款;

　　　$P0$——合同价格(基价);

　　　$M0$——原料的基本物价指数,取投标截止前 $28d$ 的指数;

　　　$L0$——特定行业人工成本的基本指数,取投标截止日期前 $28d$ 的指数;

　　　$M1$、$L1$——在合同执行时的相应指数;

　　　a——代表管理费用和利润占合同的百分比,这一比例是不可调整的,因而称之为"固定成分";

　　　b——代表原料成本占合同价的百分比;

　　　c——代表人工成本占合同价的百分比。

在公式中,$a + b + c = 1$,其中:

a 的数值可因货物性质的不同而不同,一般占合同的 5%—15%。

b 是通过设备、工器具制造中消耗的主要材料的物价指数进行调整的。

c 通常是根据整个行业的物价指数调整的(如机床行业)。

(2)对于有多种主要材料和成分构成的成套设备合同,则可采用更为详细的公式进行逐项的计算调整:

$$P1 = P0\ (a + b \times Ms1/Ms0 + c \times Mc1/Mc0 + d \times MP1/MP0$$
$$+ e \times Le1/Le0 + f \times LP1/LP0) \tag{7-7}$$

式中　$Ms1/Ms0$——钢板的物价指数;

　　　$Mc1/Mc0$——电解铜的物价指数

　　　$MP1/MP0$——塑料绝缘材料的物价指数

　　　$LE1/Le0$——电器工业的人工费用指数

　　　$LP1/LP0$——塑料工业的人工费用指数

　　　a——固定成本在合同价格中所占的百分比;

　　　$b、c、d$——每类材料成分的成本在合同价格中所占的百分比;

　　　$e、f$——每类人工成分的成本在合同价格中所占的百分比。

三、我国施工合同文本与 FIDIC 合同、NEC 合同和 AIA 合同关于工程价款支付与结算的比较分析

建设部和国家工商行政管理局重新修订并于 1999 年 12 月颁布了新的《建设工程施工合同(示范文本)》(简称新文本)。在国际上,各种行业组织颁布有不同的施工合同标准文件,有代表性的包括国际咨询工程师联合会 FIDIC 制订的《土木工程施工合同条件》(简称 FIDIC 合同,以 1987 年第 4 版为例)、英国土木工程师学会 ICE 制订的《新工程合同条件》(简称 NEC 合同、1995 年版)和美国建筑师学会 AIA 制订的《工程承包合同通用条款》(A201,1997 年版)等。这些施工合同标准文件对工程价款的支付(主要包括工程预付款、工程进度款、保留金及竣工结算)做出了不同的规定。

【实践训练】

课目一:拨款计划

(一)背景资料

某建筑公司于某年 3 月 10 日与某建设单位签订一工程施工合同。合同中有关工程价款及其交付的条款摘要如下:(1)合同总价为 600 万元,其中:工程主要材料和结构件总值占合同总价的 60%;(2)预付备料款为合同总价的 25%,于 3 月 20 日前拨付给乙方;(3)工程进度款由乙方逐月(每月末)申报,经审核后于下月 5 日前支付;(4)工程竣工并交付竣工结算报告后 30 日内,支付工程总价款

的95％,留总价5％作为工程保修金,保修期(半年)满后全部结清。合同中有关工程工期的规定为:4月1日开工,9月20日竣工。工程款逾期支付,按每月3‰的利率计息。逾期竣工,按每日1000元罚款。根据经甲方代表批准的施工进度,各月计划完成产值(合同价)如表7-1所示。

表7-1 各月计划完成产值(合同价) 单位:万元

月份	4	5	6	7	8	9
完成产值	80	100	120	120	100	80

在工程施工至8月16日,因施工设备出现故障停工两天,造成窝工50工日(每工日工资19.50元),8月份实际完成产值比原计划少3万元;工程施工至9月6日,因甲方提供的某种室外饰面板材质量不合格,粘贴后效果差,甲方决定更换板材,造成拆除用工60工日(每日工资23.50元),机械多闲置3个台班(每台班按400元计),预算外材料费损失2万元,其他费用损失1万元,重新粘贴预算价10万元,因拆除、重新粘贴使工期延长6天。最终工程于9月29日竣工。

(二)问题

1. 请按原施工进度计划,为甲方提供一份完整的逐月拨款计划。

2. 乙方分别于8月20日和9月20日提出延长工期2天,索赔费1092元和延长工期6天,索赔162070.00元。请问该两项索赔能否成立? 应批准的工期延长为几天? 索赔费为多少万元?

3. 8月份和9月份,乙方应申报的工程结算款分别为多少?

(三)分析与解答

问题1:

解:1. 预付备料款 M＝600×25％＝150万元 (拨款日期3月20日前)

2. 起扣点 T＝P－M/N＝600－150/60％＝350万元

3. 各月进度款

(1)4月份计划完成产值80万元,拨款80万元 (拨款日期5月5日前)

(2)5月份计划完成产值100万元,拨款100万元 (拨款日期6月5日前)

(3)6月份计划完成产值120万元,拨款120万元 (拨款日期7月5日前)

(4)7月份计划完成产值120万元,其中50万元全额拨款,其余扣备料款60％

拨款额＝50＋(120－50)×(1－60％)＝78万元 (拨款日期8月5日前)

(5)8月份计划完成产值100万元

拨款额＝100×(1－60％)＝40万元 (拨款日期9月5日前)

(6)9月份计划完成产值80万元

拨款额＝80×(1－60％)－600×5％＝2万元 (拨款日期10月5日前)

(7)保修期满后将保修金 30 万元扣除实际保修费支出的余额加银行同期存款利息拨付给乙方。

问题 2:

答:(1)两项索赔中,前一项索赔不能成立(乙方自身原因造成的),后一项索赔成立(甲方原因造成的)。

(2)应批准的工期延长天数为 6 天。

(3)因批准的索赔费用为:

$$60 \times 23.50 + 3 \times 400 + 20,000.00 + 10,000.00$$

$$+ 100,000.00 = 132,610 \ 元 = 13.261 \ 万元$$

问题 3:

答:(1)8 月份应申报的工程结算款为:$(100-3) \times (1-60\%) = 38.8$ 万元

(2)9 月份应申报的工程结算款为:

$$83 + 13.261 - 83 \times 60\% - (600 + 13.261)$$

$$\times 5\% - (9-6) \times 0.1 = 15.498 \ 万元$$

课目二:因工程量变更另行确定综合单价

(一)背景资料

某宾馆装修改造项目采用工程量清单计价方式进行招投标,该项目装修合同工期为 3 个月,合同总价为 400 万元,合同约定实际完成工程量超过估计工程量 15% 以上时调整单价,调整后的综合单价为原综合单价的 90%。合同约定客房地面铺地毯工程量为 3800m²,单价为 140 元/m²;墙面贴壁纸工程量为 7500m²,单价为 88 元/m²。施工过程中发生以下事件:

装修进行 2 个月后,发包方以设计变更的形式通知承包方将公共走廊作为增加项目进行装修改造。走廊地面装修标准与客房装修标准相同,工程量为 980m²;走廊墙面装修为高级乳胶漆,工程量为 2300m²,因工程量清单中无项目,发包人与承包人依据合同约定协商后确定的乳胶漆的综合单价为 15 元/m²。

由于走廊设计变更等待新图纸造成承包方停工待料 5 天,造成窝工 50 工日(每工日工资 20 元)。

施工图纸中浴厕间毛巾环为不锈钢材质,但由发包人编制的工程量清单中无此项目,故承包人投标时未进行报价。施工过程中,承包人自行采购了不锈钢毛巾环并进行安装。工程结算时,承包人按毛巾环实际采购价要求发包人进行结算。

(二)问题

(1)因工程量变更,施工合同中综合单价应如何确定?

(2)客房及走廊地面、墙面装修的结算工程款应为多少?

(3)由于走廊设计变更造成的工期及费用损失,承包人是否应得到补偿?

（4）承包人关于毛巾环的结算要求是否合理？为什么？

（三）分析与解答

（1）合同中综合单价因工程量变更需调整时，除合同另有规定外，应按照下列办法确定：

① 工程量清单漏项或设计变更引起新的工程量清单项目，其相应综合单价由承包人提出，经发包人确认后作为结算的依据。

② 由于工程量清单的工程数量有误或设计变更引起工程量增减，属合同约定幅度以内的，应执行原有的综合单价；属合同约定幅度以外的，其增加部分的工程量或减少后的剩余部分的工程量的综合单价由承包人提出，经发包人确认后，作为结算的依据。

（2）客房地面及墙面装修结算工程款为：

$$3800m^2 \times 140 \, 元/m^2 + 7500m^2 \times 88 \, 元/m^2 = 1192000 \, 元$$

走廊地面地毯按原单价计算的工程量为：

$$3800m^2 \times 15\% = 570m^2$$

走廊地面装修结算工程款为：

$$570m^2 \times 140 \, 元/m^2 + (980m^2 - 570m^2) \times 140 \, 元/m^2 \times 90\% = 131460 \, 元$$

走廊墙面装修结算工程款为：$2300m^2 \times 15 \, 元/m^2 = 34500 \, 元$

客房及走廊墙面、地面装修结算工程为：

$$1192000 \, 元 + 131460 \, 元 + 34500 \, 元 = 1357960 \, 元$$

（3）由于等待新图纸造成暂时停工的责任在于发包人，因此发包人应对承包人的损失予以补偿，并顺延工期。

（4）承包人的要求不合理。对于工程量清单漏项的项目，承包人应在施工前向发包人提出其综合单价，经发包人确认后作为结算的依据。

第四节　资金使用计划的编制和应用

一、施工阶段资金使用计划的作用与编制方法

1. 施工阶段资金使用计划的作用

施工阶段资金使用计划的编制与控制在整个工程造价管理中处于重要而独特的地位，它对工程造价的重要影响表现在以下几方面：

（1）通过编制资金使用计划，合理确定工程造价施工阶段目标值，使工程造价的控制有所依据，并为资金的筹集与协调打下基础。

（2）通过资金使用计划的科学编制，可以对未来工程项目的资金使用和进度

控制有所预测,消除不必要的资金浪费和进度失控,也能够避免在今后工程项目中由于缺乏依据而进行轻率判断所造成的损失,减少盲目性,增加自觉性,使现有资金充分地发挥作用。

(3)通过资金使用计划的严格执行,可以有效地控制工程造价上升,最大限度地节约投资,提高投资效益。

对脱离实际的工程造价目标值和资金使用计划,应在科学评估的前提下,允许修订和修改,使工程造价更加趋于合理水平,从而保障建设单位和承包商各自的合法利益。

2. 施工阶段资金使用计划的编制方法

施工阶段资金使用计划的编制方法,主要有以下几种:

(1)按不同子项目编制资金使用计划

按不同子项目划分资金的使用,进而做到合理分配,必须对工程项目进行合理划分,划分的粗细程度根据实际需要而定。在实际工作中,总投资目标按项目分解只能分到单项工程或单位工程。

(2)按时间进度编制的资金使用计划

按时间进度编制的资金使用计划,通常可利用项目进度网络图进一步扩充后得到。利用网络图控制投资,即要求在拟定工程项目的执行计划时,一方面确定完成某项施工活动所需的时间,另一方面也要确定完成这一工作的合适的支出预算。

按时间进度编制资金使用计划用横道图形式和时标网络图形式。

资金使用计划也可以采用S型曲线与香蕉图的形式,其对应数据的产生依据是施工计划网络图中时间参数(工序最早开工时间,工序最早完工时间,工序最迟开工时间,工序最迟完工时间,关键工序,关键路线,计划总工期)的计算结果与对应阶段资金使用要求。

利用确定的网络计划便可计算各项活动的最早及最迟开工时间,获得项目进度计划的甘特图。在甘特图的基础上便可编制按时间进度划分的投资支出预算,进而绘制时间—投资累计曲线(S形图线)。

二、施工阶段投资偏差与进度偏差分析

施工阶段投资偏差的形成过程,是由于施工过程随机因素与风险因素的影响形成了实际投资与计划投资、实际工程进度与计划工程进度的差异,这些差异是称为投资偏差与进度偏差,这些偏差是施工阶段工程造价计算与控制的对象。

投资偏差指投资计划值与实际值之间存在的差异,即

$$投资偏差 = 已完工程实际投资 — 已完工程计划投资 \qquad (7-8)$$

$$进度偏差 = 已完工程实际时间 — 已完工程计划时间 \qquad (7-9)$$

为了与投资偏差联系起来,进度偏差也可表示为:

$$进度偏差 = 拟完工程计划投资 — 已完工程计划投资 \qquad (7-10)$$

[算一算]

某工程公司工期为3个月,2002年5月1日开工,5-7月份计划完成工程量分别为 500 吨、2000 吨、1500 吨,计划单价为 5000 元/吨;实际完成工程量分别为 400 吨、1600 吨、2000 吨,5-7月份实际价格均为 4000 元/吨,则 6 月末的投资偏差为多少万元?

所谓拟完工程计划投资是指根据进度计划安排在某一确定时间内所应完成的工程内容的计划投资。

在投资偏差分析时,具体又分为:

(1)局部偏差和累计偏差。

(2)绝对偏差和相对偏差。

常用的偏差分析方法有横道图法、时标网络图法、表格法和曲线法。

(1)横道图法

特点:形象、直观、一目了然,它能够准确表达出投资偏差,而且能一眼感受到偏差的严重性。但这种方法反映的信息量少,一般在项目的较高管理层应用。

(2)时标网络图法

略。

(3)表格法

优点:灵活、适用性强;信息量大;表格处理可借助于计算机,节约人力,大大提高速度。

(4)曲线法

特点:形象、直观,但很难用于定量分析,只能对定量分析起一定的指导作用(见图 7-2,7-3)。

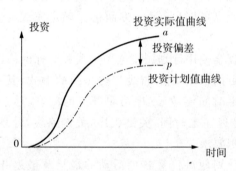

图 7-2　投资计划值与实际值曲线

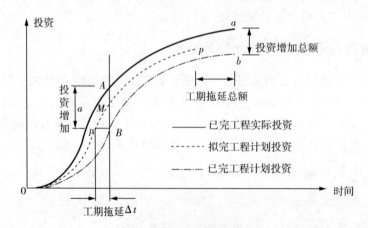

图 7-3　三条投资参数曲线

工程造价计价与控制

三、偏差形成原因的分类及纠正方法

一般来讲,引起投资偏差的原因主要有四个方面:客观原因、业主原因、设计原因和施工原因。

偏差的类型分为四种形式:

(1)投资增加且工期拖延。

(2)投资增加但工期提前。

(3)工期拖延但投资节约。

(4)工期提前且投资节约。

通常把纠偏措施分为组织措施、经济措施、技术措施、合同措施四个方面。

[想一想]
在偏差分析的方法中,具有适用性强、信息量大、可以反映各种偏差变量和指标且有助于用计算机辅助管理的方法是什么?

【实践训练】

课目:绘制进度前锋线

(一)背景资料

图 7-4 是某项目的钢筋混凝土工程施工网络计划。

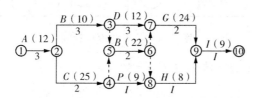

图 7-4　是某项目的钢筋混凝土工程施工网络计划

其中,工作 A、B、D 是支模工程;C、E、G 是钢筋工程;F、H、I 是浇筑混凝土工程。箭线之下是持续时间(周),箭线之上是预算费用,并列入了表 7-2 中。计划工期 12 周。工程进行到第 9 周时,D 工作完成了 2 周,E 工作完成了 1 周,F 工作已经完成,H 工作尚未开始。

表 7-2　网络计划的工作时间和预算造价

工作名称	A	B	C	D	E	F	G	H	I	合计
持续时间(周)	3	3	2	3	2	1	2	1	1	
造价(万元)	12	10	25	12	22	9	24	8	9	131

(二)问题

1. 问题

(1)请绘制本例的实际进度前锋线。

(2)第 9 周结束时累计完成造价多少?按据值法计算其进度,偏差是多少?

(3)如果后续工作按计划进行,试分析上述实际进度情况对计划工期产生了

什么影响?

(4)重新绘制第9周至完工的时标网络计划。

(三)分析与解答

(1)绘制第9周的实际进度前锋线

根据第9周的进度检查情况,绘制的实际进度前锋线见图7-5,现对绘制情况进行说明如下:

为绘制实际进度前锋线,首先将图7-4搬到了时标表上;确定第9周为检查点;由于D工作只完成了2周,故在该箭线上(共3周)的2/3处(第8周末)打点;由于E工作(2周)完成了1周,故在1/2处打点;由于F工作已经完成,而H工作尚未开始,故在H工作的起点打点;自上而下把检查点和打点连起来,便形成了图7-5的实际进度前锋线。

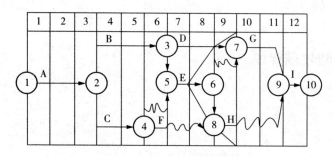

图7-5 实际进度前锋线

(2)根据第9周检查结果和表7-2中所列数字,计算已完成工程预算造价是:

A+B+2/3D+1/2E+C+F=12+10+2/3×12+1/2×22+25+9=75 万元

到第9周应完成的预算造价可从图7-4中分析,应完成A、B、D、E、C、F、H,故:

A+B+D+E+C+F+H=12+10+12+22+25+9+8=98 万元

[想一想]

在投资偏差分析时,需要对偏差产生的原因进行分析,其中地基变化属于什么原因?

根据据值法计算公式,进度偏差为:SV=BCWP-BCWS=75-98=-23 万元,即进度延误23万元。

进度绩效指数为:

SPI=BCWP/BCWS=75/98=0.765=76.5%,即完成计划的76.5%。

(3)从图7-4中可以看出,D、E工作均未完成计划。D工作延误一周,这一周是在关键路上,故将使项目工期延长一周。E工作不在关键线路上,它延误了二周,但该工作有一周总时差,故也会导致工期拖延一周。H工作延误一周,但是它有二周总时差,对工期没有影响。D、E工作是平行工作,工期总的拖延时间是一周。

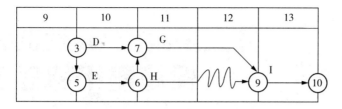

图 7-6　重绘的第 9 周末至竣工验收的时标网络计划

（4）重绘的第 9 周末至竣工验收的时标网络计划，见图 7-6。与计划相比，工期延误了一周，H 的总时差由 2 周减少到 1 周。

本章思考与实训

1. 试述施工阶段工程造价控制的程序。

2. 试述工程费用计划的作用和编制方法。

3. 工程价款现行结算办法和动态结算办法有哪些？

4. 简述各种费用的结算程序。

5. 如何对工程变更及其价款进行控制？

6. 何为索赔，如何对工程索赔进行控制？

7. 简述索赔费用的一般构成和计算方法。

8. 投资偏差分析的方法有哪些？

9. 投资偏差原因有哪些？

第八章　竣工决算的编制和竣工后保修费用的处理

【内容要点】

1. 竣工验收；
2. 竣工决算；
3. 保修费用的处理。

【知识链接】

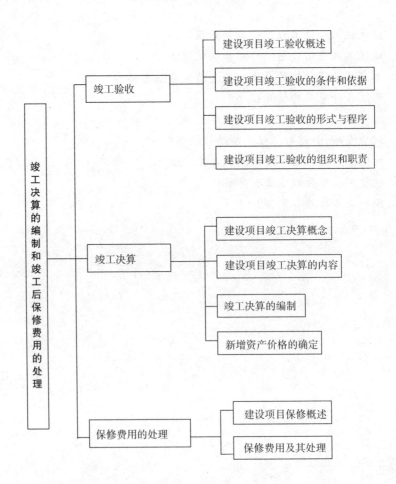

竹工决算的编制和竣工后保修费用的处理

- 竣工验收
  - 建设项目竣工验收概述
  - 建设项目竣工验收的条件和依据
  - 建设项目竣工验收的形式与程序
  - 建设项目竣工验收的组织和职责
- 竣工决算
  - 建设项目竣工决算概念
  - 建设项目竣工决算的内容
  - 竣工决算的编制
  - 新增资产价格的确定
- 保修费用的处理
  - 建设项目保修概述
  - 保修费用及其处理

第一节　竣工验收

一、建设项目竣工验收概述

1. 建设项目竣工验收的概念

建设项目竣工验收是指由发包人、承包人和项目验收委员会,以项目批准的设计任务书和设计文件,以及国家或部门颁发的施工验收规范和质量检验标准为依据,按照一定的程序和手续,在项目建成并试生产合格后(工业生产性项目),对工程项目的总体进行检验和认证、综合评价和鉴定的活动。

2. 建设项目竣工验收的作用

(1)全面考核建设成果,检查设计、工程质量是否符合要求,确保建设项目按设计要求的各项技术经济指标正常使用。

(2)通过竣工验收办理固定资产使用手续,可以总结工程建设经验,为提高建设项目的经济效益和管理水平提供重要依据。

(3)建设项目竣工验收是项目施工阶段的最后一个程序,是建设成果转入生产使用的标志,是审查投资使用是否合理的重要环节。

(4)建设项目建成投产交付使用后,能否取得良好的宏观效益,需要经过国家权威管理部门按照技术规范、技术标准组织验收确认。因此,竣工验收是建设项目转入投产使用的必要环节。

3. 建设项目竣工验收的任务

(1)发包人、勘察和设计单位、监理人、承包人分别对建设项目的决策和论证、勘察和设计以及施工的全过程进行最后的评价,对各自在建设项目进展过程中的经验和教训进行客观的评价,以保证建设项目按设计要求的各项技术经济指标正常使用。

(2)办理建设项目的验收和移交手续,并办理建设项目竣工结算和竣工决算,以及建设项目档案资料的移交和保修手续等,总结建设经验,提高建设项目的经济效益和管理水平。

(3)承包人通过竣工验收应采取措施将该项目的收尾工作和包括市场需求、"三废"治理、交通运输等问题在内的遗留问题尽快处理好,确保建设项目尽快发挥效益。

二、建设项目竣工验收的范围和依据

1. 竣工验收的范围

凡新建、扩建、改建的基本建设项目和技术改造项目(所有列入固定资产投资计划的建设项目或单项工程),已按国家批准的设计文件所规定的内容建成,符合验收标准,即:工业投资项目经负荷试车考核,试生产期间能够正常生产出合格产品,形成生产能力的;非工业投资项目符合设计要求,能够正常使用的,不

[问一问]
　　通常所说的建设项目竣工验收,是指什么?

论是属于哪种建设性质,都应及时组织验收,办理固定资产移交手续。

有的工期较长、建设设备装置较多的大型工程,为了及时发挥其经济效益,对其能够独立生产的单项工程,也可根据建成的先后顺序,分期分批地组织竣工验收;对能生产中间产品的一些单项工程,不能提前投料试车,可按生产要求与生产最终产品的工程同步建成竣工后,再进行全部验收。此外对于某些特殊情况,工程施工虽未全部按设计要求完成,也应进行验收。这些特殊情况主要有:

(1)因少数非主要设备或某些特殊材料短期内不能解决,虽然工程内容尚未全部完成,但可以投产或使用的工程项目。

(2)规定要求的内容已完成,但因外部条件的制约,如流动资金不足、生产所需原材料不能满足等,而使已建工程不能投入使用的项目。

(3)有些建设项目或单项工程,已形成部分生产能力,但近期内不能按原设计规模续建。应从实际情况出发,经主管部门批准后,可缩小规模对已完成的工程或设备组织竣工验收,移交固定资产。

(4)国外引进设备项目,按照合同规定完成负荷调试、设备考核合格后,进行竣工验收。

2. 竣工验收的条件

国务院 2000 年 1 月发布的第 279 号令《建设工程质量管理条例》规定,建设工程竣工验收应当具备以下条件:

(1)完成建设工程设计和合同约定的各项内容,并满足使用要求;

(2)有完整的技术档案和施工管理资料;

(3)有工程使用的主要建筑材料、建筑构配件和设备的进场试验报告;

(4)有勘察、设计、施工、工程监理等单位分别签署的质量合格文件;

(5)发包人已按合同约定支付工程款;

(6)有承包人签署的工程保修书;

(7)在建设行政主管部门及工程质量监督部门等有关部门的历次抽查中,责令整改的问题全部整改完毕;

(8)工程前期审批手续齐全,主体工程、辅助工程和公用设施,已按批准的设计文件要求建成;

(9)国外引进项目或设备应按合同要求完成负荷调试考核,并达到规定的各项技术经济指标;

(10)建设项目基本符合竣工验收标准,但有部分零星工程和少数尾工未按设计规定的内容全部建成,而且不影响正常生产和使用,也应组织竣工验收。对剩余工程应按设计留足投资。

3. 竣工验收的依据

(1)国家、省、自治区、直辖市和行业行政主管部门颁布的法律、法规,现行的施工技术验收标准及技术规范、质量标准等有关规定;

(2)审批部门批准的可行性研究报告、初步设计、实施方案、施工图纸和设备技术说明书;

（3）施工图设计文件及设计变更洽商记录；

（4）国家颁布的各种标准和现行的施工验收规范；

（5）工程承包合同文件；

（6）技术设备说明书；

（7）建筑安装工程统一规定及主管部门关于工程竣工的规定。

（8）从国外引进的新技术和成套设备的项目，以及中外合资建设项目，要按照签订的合同和进口国提供的设计文件等进行验收；

（9）利用世界银行等国际金融机构贷款的建设项目，应按世界银行规定，按时编制《项目完成报告》。

[问一问]

建设项目竣工验收的主要依据有哪些？

三、建设项目竣工验收的标准

1. 工业建设项目竣工验收标准

（1）生产性项目和辅助性公用设施，已按设计要求完成，能满足生产使用；

（2）主要工艺设备配套经联动负荷试车合格，形成生产能力，能够生产出设计文件所规定的产品；

（3）必要的生产设施，已按设计要求建成；

（4）生产准备工作能适应投产的需要；

（5）环境保护设施、劳动安全卫生设施、消防设施已按设计要求与主体工程同时建成使用；

（6）生产性投资项目如工业项目的土建工程、安装工程、人防工程、管道工程、通信工程等工程的施工和竣工验收，必须按照国家和行业施工及验收规范执行。

2. 民用建设项目竣工验收标准

（1）建设项目各单位工程和单项工程，均已符合项目竣工验收标准；

（2）建设项目配套工程和附属工程，均已施工结束，达到设计规定的相应质量要求，并具备正常使用条件。

四、建设项目竣工验收的形式、方式与程序

该程序分成四大步骤，如图 8-1 所示。

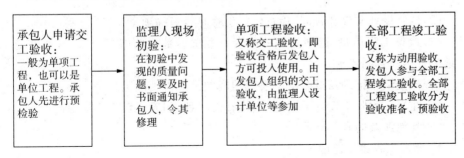

图 8-1　竣工验收的程序

（一）建设项目竣工验收的形式

1. 事后报告验收形式，对一些小型项目或单纯的设备安装项目适用。

2. 委托验收形式，对一般工程项目，委托某个有资格的机构为建设单位验收。

3. 成立竣工验收委员会验收。

（二）建设项目竣工验收的方式

分为单位工程竣工验收、单项工程竣工验收和全部工程竣工验收三种形式。

（三）建设项目竣工验收的程序

1. 承包人申请交工验收

承包人在完成了合同工程或按合同约定可分部移交工程的，可申请交工验收；交工验收一般为单项工程，但在某些特殊情况下也可以是单位工程的施工内容，诸如特殊基础处理工程、发电站单机机组完成后的移交等。承包人施工的工程达到竣工条件后，应先进行预检验，对不符合要求的部位和项目，确定修补措施和标准，修补有缺陷的工程部位；对于设备安装工程，要与发包人和监理人共同进行无负荷的单机和联动试车。承包人在完成了上述工作和准备好竣工资料后，即可向发包人提交"工程竣工报验单"。

2. 监理人现场初验

监理人收到"工程竣工报验单"后，应由总监理工程师组成验收组，对竣工的工程项目的竣工资料和各专业工程的质量进行初验，在初验中发现的质量问题，要及时书面通知承包人，令其修理甚至返工。经整改合格后监理工程师签署"工程竣工报验单"，并向发包人提出质量评估报告，至此现场初步验收工作结束。

3. 单项工程验收

单项工程验收又称交工验收，即验收合格后发包人方可投入使用。由发包人组织的交工验收，由监理人、设计单位、承包人、工程质量监督部门等参加，主要依据国家颁布的有关技术规范和施工承包合同，对以下几方面进行检查或检验：

（1）检查、核实竣工项目准备移交给发包人的所有技术资料的完整性、准确性。

（2）按照设计文件和合同，检查已完工程是否有漏项。

（3）检查工程质量、隐蔽工程验收资料和关键部位的施工记录等，考察施工质量是否达到合同要求。

（4）检查试车记录及试车中所发现的问题是否得到改正。

（5）在交工验收中发现需要返工、修补的工程，明确规定完成期限。

（6）其他涉及的有关问题。

4. 全部工程竣工验收

全部施工验收过程完成后，由国家主管部门组织的竣工验收，又称为动用验收。发包人参与全部工程竣工验收。全部工程竣工验收分为验收准备、预验收和正式验收三阶段。

整个建设项目进行竣工验收后,发包人应及时办理固定资产交付使用手续。在进行竣工验收时,已验收过的单项工程可以不再办理验收手续,但应将单项工程交工验收证书作为最终验收的附件而加以说明。发包人在竣工验收过程中,如发现工程不符合竣工条件,应责令承包人进行返修,并重新组织竣工验收,直到通过验收。

第二节　竣工决算

一、建设项目竣工决算的概念及作用

1. 建设项目竣工决算的概念

建设项目竣工决算是指所有建设项目竣工后,建设单位按照国家有关规定在新建、改建和扩建工程建设项目竣工验收阶段编制的竣工决算报告。竣工决算是以实物数量和货币指标为计量单位,综合反映竣工项目从筹建开始到项目交付使用为止的全部建设费用、投资效果和财务情况的总结性文件,是竣工验收报告的重要组成部分。

2. 建设项目竣工决算的作用

(1)建设项目竣工决算是综合、全面地反映竣工项目建设成果及财务情况的总结性文件,它采用货币指标、实物数量、建设工期和各种技术经济指标综合、全面地反映建设项目自开始建设到竣工为止的全部建设成果和财物状况。

(2)建设项目竣工决算是办理交付使用资产的依据,也是竣工验收报告的重要组成部分。

(3)建设项目竣工决算是分析和检查设计概算的执行情况,考核投资效果的依据。

二、竣工决算的内容

竣工决算由"竣工决算报表"和"竣工情况说明书"两部分组成。

一般大、中型建设项目的竣工决算报表包括:竣工工程概况表、竣工财务决算表、建设项目交付使用财产总表和建设项目交付使用财产明细表等;

小型建设项目的竣工决算报表一般包括:竣工决算总表和交付使用财产明细表两部分。

1. 竣工决算报告情况说明书

竣工决算报告情况说明书主要反映竣工工程建设成果和经验,是对竣工决算报表进行分析和补充说明的文件,是全面考核分析工程投资与造价的书面总结,其内容主要包括:

(1)建设项目概况,对工程总的评价。

(2)资金来源及运用等财务分析。

（3）基本建设收入、投资包干结余、竣工结余资金的上交分配情况。

（4）各项经济技术指标的分析。

（5）工程建设的经验及项目管理和财务管理工作以及竣工财务决算中有待解决的问题。

（6）需要说明的其他事项。

2. 竣工财务决算报表

建设项目竣工财务决算报表要根据大、中型建设项目和小型建设项目分别制定。

大、中型建设项目竣工决算报表包括：建设项目竣工财务决算审批表，建设项目概况表，建设项目竣工财务决算表，建设项目交付使用资产总表。

小型建设项目竣工财务决算报表包括：建设项目竣工财务决算审批表，竣工财务决算总表，建设项目交付使用资产明细表。

（1）建设项目竣工财务决算审批表

该表作为竣工决算上报有关部门审批时使用，其格式按照中央级小型项目审批要求设计的，地方级项目可按审批要求作适当修改，大、中、小型项目均要按照下列要求填报此表8-1。

表 8-1　基本建设项目竣工财务决算审批表

建设项目法人(项目单位)		建设性质	
建设项目名称		主管部门	
开户银行意见：			
			盖　章
			年　月　日
员办(审批)审核意见			
			盖　章
			年　月　日
主管部门审批意见：			
			盖　章
			年　月　日
财政部委托机构的审核意见：			
			盖　章
			年　月　日

　[注]　(1)表中"建设性质"按照新建、改建、扩建、迁建和恢复建设项目等分类填列。(2)表中"主管部门"是指建设单位的主管部门。(3)所有建设项目均须经过开户银行签署意见后，按照有关要求进行报批：中央级小型项目由主管部门签署审批意见；中央级大、中型建设项目报所在地财政监察专员办事机构签署意见后，再由主管部门签署意见报财政部审批；地方级项目由同级财政部门签署审批意见。(4)已具备竣工验收条件的项目，三个月内应及时

填报审批表,如三个月内不办理竣工验收和固定资产移交手续的视同项目已正式投产,其费用不得从基本建设投资中支付,所实现的收入作为经营收入,不再作为基本建设收入管理。

(2)大、中型建设项目概况表

该表综合反映大、中型建设项目的基本概况,内容包括该项目总投资、建设起止时间、新增生产能力、主要材料消耗、建设成本、完成主要工程量和主要技术经济指标及基本建设支出情况,为全面考核和分析投资效果提供依据,可按表8-2的要求填写。

表8-2 基本建设项目概况表

建设项目名称			建设地址			项目	概算(元)	实际(元)	备注
主要设计单位			主要施工企业		基	建筑安装工程			
占地	设计	实际	总投资	设计	实际	设备、工具器具			
					建	待摊投资			
面积		(万元)				其中:建设单位管理费			
新增生产能力	能力(效益)名称			设计	实际	支	其他投资		
							待核销基建支出		
建设起	设计	从　　年　月　　日开工				出	非经管项目转出投资		
		至　　年　月　　日竣工							
止时间	实际	从　　年　月　　日开工					合计		
		至　　年　月　　日竣工							
设计概算批准文号									
完成	建设规模				设备(台、套、吨)				
主要	设计		实际		设计		实际		
工程量									
收尾工程	工程项目、内容		已完成投资额)		尚需投资额(元)		完成时间		
	小计								

[注] (1)建设项目名称、建设地址、主要设计单位和主要施工单位,要按全称填列;
(2)表中各项目的设计、概算、计划等指标,根据批准的设计文件和概算、计划等确定的数字填

列;(3)表中所列新增生产能力、完成主要工程量、主要材料消耗的实际数据,根据建设单位统计资料和施工单位提供的有关成本核算资料填列;(4)表中"主要技术经济指标"包括单位面积造价、单位生产能力投资、单位投资增加的生产能力、单位生产成本和投资回收年限等反映投资效果的综合性指标,根据概算和主管部门规定的内容分别按概算和实际填列;(5)表中基建支出是指建设项目从开工起至竣工为止发生的全部基本建设支出,包括形成资产价值的交付使用资产,应根据财政部门历年批准的"基建投资表"中的有关数据填列。按照财政部印发财基字[1998]4号关于《基本建设财务管理若干规定》的通知,需要注意以下几点:a. 建筑安装工程投资支出、设备工器具投资支出、待摊投资支出和其他投资支出构成建设项目的建设成本。b. 待核销基建支出是指非经营性项目发生的江河清障、补助群众造林、水土保持、城市绿化、取消项目可行性研究费、项目报废等不能形成资产部分的投资。对于能够形成资产部分的投资,应计入交付使用资产价值。c. 非经营性项目转出投资支出是指非经营项目为项目配套的专用设施投资,包括专用道路、专用通讯设施、送变电站、地下管道等,其产权不属于本单位的投资支出,对于产权归属本单位的,应计入交付使用资产价值。(6)表中"初步设计和概算批准日期、文号",按最后经批准的日期和文件号填列;(7)表中收尾工程是指全部工程项目验收后尚遗留的少量收尾工程,在表中应明确填写收尾工程内容、完成时间,这部分工程的实际成本可根据实际情况进行估算并加以说明,完工后不再编制竣工决算。

(3)大、中型建设项目竣工财务决算表

样表(见表8-3)反映竣工的大中型建设项目从开工到竣工为止全部资金来源和资金运用的情况,它是考核和分析投资效果,落实结余资金,并作为报告上级核销基本建设支出和基本建设拨款的依据。此表采用平衡表形式,即资金来源合计等于资金支出合计。具体编制方法是:

表8-3　基本建设项目竣工财务决算表　　　　　单位元

资金来源	金额	资金占用	金额	补充资料
一、基建拨款		一、基本建设支出		
1. 预算拨款		1. 交付使用资产		
2. 基建基金拨款		2. 在建工程		
		3. 待核销基建支出		
3. 专项建设基金拨款		4. 非经营项目转出投资		
4. 进口设备转账拨款		二、应收生产单位投资借款		
5. 器材转账拨款		三、拨付所属投资借款		
6. 煤代油专用基金拨款		四、器材		
7. 自筹资金拨款		其中:待处理器材损失		
8. 其他拨款		五、货币资金		
二、项目资本		六、预付及应收款		
1. 国家资本		七、有价证券		
2. 法人资本		八、固定资产		
3. 个人资本		固定资产原价		

4. 外商资本金		减：累计折旧	
三、项目资本公积金		固定资产清理	
四、基建借款		待处理固定资产损失	
其中：国债转贷			
五、上级拨入投资借款			
六、企业债券投资借款			
七、待冲基建支出			
八、应付款			
九、未交款			
1. 未交税金			
2. 其他未交款			
十、上级拨入资金			
十一、留成收入			
合计		合计	
补充资料： 基建投资借款期末余额：			
应收生产单位投资借款期末数：			
基建结余资金：			

[注] (1)资金来源包括基建拨款、项目资本金、项目资本公积金、基建借款、上级拨入投资借款、企业债券资金、待冲基建支出、应付款和未交款以及上级拨入资金和企业留成收入等。a. 项目资本金是指经营性项目投资者按国家有关项目资本金的规定,筹集并投入项目的非负债资金,在项目竣工后,相应转为生产经营企业的国家资本金、法人资本金、个人资本金和外商资本金;b. 项目资本公积金是指经营性项目对投资者实际缴付的出资额超过其资金的差额(包括发行股票的溢价净收入)、资产评估确认价值或者合同、协议约定价值与原账面净值的差额、接收捐赠的财产、资本汇率折算差额,在项目建设期间作为资本公积金,项目建成交付使用并办理竣工决算后,转为生产经营企业的资本公积金;c. 基建收入是基建过程中形成的各项工程建设副产品变价净收入、负荷试车的试运行收入以及其他收入,在表中基建收入以实际销售收入扣除销售过程中所发生的费用和税后的实际纯收入填写。(2)表中"交付使用资产"、"预算拨款"、"自筹资金拨款"、"其他拨款"、"项目资本"、"基建投资借款"、"其他借款"等项目,是指自开工建设至竣工止的累计数,上述有关指标应根据历年批复的年度基本建设财务决算和竣工年度的基本建设财务决算中资金平衡表相应项目的数字进行汇总填写。(3)表中其余项目费用办理竣工验收时的结余数,根据竣工年度财务决算中资金平衡表的有关项目期末数填写。(4)资金支出反映建设项目从开工准备到竣工全过程资金支出的情况,内容包括基建支出、应收生产单位投资借款、库存器材、货币资金、有价证券和预付及应收款以及拨付所属投资借款和库存固定资产等,资金支出总额应等于资金来源总额。(5)补充材料的"基建投资借款期末余额"反映竣工时尚未偿还的基本投资借款额,应根据竣工年度资金平衡表内的"基建投资借款"项目期末数填写;"应收生产单位投资借款期末数",根据竣工年

度资金平衡表内的"应收生产单位投资借款"项目的期末数填写;"基建结余资金"反映竣工的结余资金,根据竣工决算表中有关项目计算填写。(6)基建结余资金可以按下列公式计算:

$$基建结余资金＝基建拨款＋项目资本＋项目资本公积金＋基建投资借款$$

$$＋企业债券基金＋待冲基建支出－基本建设支出－应收生产单位投资借款 \quad (8-1)$$

(4)大、中型建设项目交付使用资产总表

总表(8-4)反映建设项目建成后新增固定资产、流动资产、无形资产和递延资产价值的情况和价值,作为财产交接、检查投资计划完成情况和分析投资效果的依据。小型项目不编制"交付使用资产总表",直接编制"交付使用资产明细表";大、中型项目在编制"交付使用资产总表"的同时,还需编制"交付使用资产明细表"。大、中型建设项目交付使用资产总表具体编制方法是:

表 8-4   基本建设项目交付使用资产总表   单位:元

序号	单项目工程项目名称	总计	固定资产				流动资产	无形资产	递延资产
			合计	建安工程	设备	其他			
交付单位:		负责人:			接收单位:			负责人:	
盖 章		年 月 日			盖 章		年 月 日		

[注] (1)表中各栏目数据根据"交付使用明细表"的固定资产、流动资产、无形资产、递延资产的各相应项目的汇总数分别填写,表中总计栏的总计数应与竣工财务决算表中的交付使用资产的金额一致。(2)表中第2、6、7、8、9栏的合计数,应分别与竣工财务决算表交付使用的固定资产、流动资产、无形资产、递延资产的数据相符。

(5)建设项目交付使用资产明细表

明细表(表8-5)反映交付使用的固定资产、流动资产、无形资产和递延资产及其价值的明细情况,是办理资产交接的依据和接收单位登记资产账目的依据,是使用单位建立资产明细账和登记新增资产价值的依据。大、中型和小型建设项目均需编制此表。编制时要做到:齐全完整,数字准确,各栏目价值应与会计账目中相应科目的数据保持一致。建设项目交付使用资产明细表具体编制方法是:

表 8-5 基本建设项目交付使用资产明细表

单项工程名称	建筑工程			设备、工具、器具、家具						流动资产		无形资产		递延资产	
	结构	面积(m²)	价值(元)	名称	规格型号	单位	数量	价值(元)	设备安装费(元)	名称	价值(元)	名称	价值(元)	名称	价值(元)
交付单位：							接收单位：								
盖　章	年月日						盖　章					年月日			

[注] ① 表中"建筑工程"项目应按单项工程名称填列其结构、面积和价值。其中"结构"是指项目按钢结构、钢筋混凝土结构、混合结构等结构形式填写;面积则按各项目实际完成面积填列;价值按交付使用资产的实际价值填写。②表中"固定资产"部分要在逐项盘点后,根据盘点实际情况填写,工具、器具和家具等低值易耗品可分类填写。③表中"流动资产"、"无形资产"、"递延资产"项目应根据建设单位实际交付的名称和价值分别填列。

(6)小型建设项目竣工财务决算总表

由于小型建设项目内容比较简单,因此可将工程概况与财务情况合并编制一张"竣工财务决算总表"(见表 8-6)。该表主要反映小型建设项目的全部工程和财务情况。具体编制时可参照大、中型建设项目月概况表指标和大、中型建设项目竣工财务决算表指标口径填写。

表 8-6 小型建设项目竣工财务决算总表

建设项目名称		建设地址			资金来源		资金运用	
初步设计概算批准文号					项目	金额(元)	项目	金额(元)
占地面积	计划	实际	计划	实际	一、基建拨款 其中:预算拨款		一、交付使用资产	
			固定资产	流动资产	固定资产	流动资产	二、项目资本金		二、待核销基建支出	
		总投资					三、项目资本公积金		三、非经营项目转出投资	

新增生产能力	能力（效益）名称	设计	实际		四、基建借款		四、应收生产单位投资借款
					五、上级拨入借款		
建设起止时间	计划	从　年　月　日开工至 年　　月　　日竣工			六、企业债券资金		五、拨付所属投资借款
	实际	从　年　月　日开工至 年　　月　　日竣工			七、待冲基建支出		六、器材
基建支出	项目	概算（元）	实际（元）		八、应付款		七、货币资金
	建筑安装工程				九、未付款 其中： 未交基建收入 未交包干收入		八、预付及应收款
	设备、工具、器具						九、有价证券
	待摊投资，其中： 建设单位管理费						十、原有固定资产
	其他投资				十、上级拨入资金		
	待核销基建支出				十一、留成收入		
	非经营性项目转出投资						
	合计				合计		合计

3. 建设工程竣工图

建设工程竣工图是真实地记录各种地上、地下建筑物、构筑物等情况的技术文件，是工程进行交工验收、维护、改建和扩建的依据，是国家的重要技术档案。

编制竣工图的形式和深度，应根据不同情况区别对待，其具体要求有：

（1）凡按施工图竣工没有变动的，由承包人在原施工图上加盖"竣工图"标志后，即作为竣工图；

（2）凡在施工过程中，虽有一般性设计变更，但能将原施工图加以修改补充作为竣工图的，可不重新绘制，由承包人负责在原施工图（必须是新蓝图上）注明修改的部分，并附以设计变更通知单和施工说明，加盖"竣工图"标志后，作为竣工图。

（3）凡结构形式改变、施工工艺改变、平面布置改变、项目改变以及有其他重大改变，不宜再在原施工图上修改、补充时，应重新绘制改变后的竣工图。承包人负责在新图上加盖"竣工图"标志，并附以有关记录和说明，作为竣工图。

（4）为了满足竣工验收和竣工决算需要，还应绘制反映竣工工程全部内容的工程设计平面示意图。

（5）重大的改建、扩建工程项目涉及原有的工程项目变更时，应将相关项目的竣工图资料统一整理，并在原图案卷内增补必要的说明。

4. 工程造价比较分析

批准的概算是考核建设工程造价的依据。在分析时，可先对比整个项目的总概算，然后将建筑安装工程费、设备工器具费和其他工程费用逐一与竣工决算表中所提供的实际数据和相关资料及批准的概算、预算指标、实际的工程造价进行对比分析，以确定竣工项目总造价是节约还是超支，并在对比的基础上，总结先进经验，找出节约和超支的内容和原因，提出改进措施。在实际工作中，应主要分析以下内容：

（1）主要实物工程量。

（2）主要材料消耗量。

（3）考核建设单位管理费、建筑及安装工程其他直接费、现场经费和间接费的取费标准。

[想一想]
建设项目竣工决算由哪几部分组成？

三、竣工决算的编制

1. 竣工决算的编制依据

（1）经批准的可行性研究报告、投资估算书、初步设计或扩大初步设计、修正总概算及其批复文件；

（2）经批准的施工图设计及其施工图预算书；

（3）设计交底或图纸会审会议纪要；

（4）设计变更记录、施工记录或施工签证单及其他施工发生的费用记录；

（5）招标控制价、承包合同、工程结算等有关资料；

（6）历年基建计划、历年财务决算及批复记录；其他有关资料。

（7）设备、材料调价文件和调价记录；

（8）有关财务核算制度、办法和其他有关资料。

2. 竣工决算的编制要求

（1）按照规定组织竣工验收，保证竣工决算的及时性；

（2）积累、整理竣工项目资料，保证竣工决算的完整性；

（3）清理、核对各项账目，保证竣工决算的正确性。

3. 竣工决算的编制步骤

（1）收集、整理和分析有关依据资料；

（2）清理各项财务、债务和结余物资；

（3）填写竣工决算报表；

（4）编制建设工程竣工决算说明；

（5）做好工程造价对比分析；

（6）清理、装订好竣工图；

（7）上报主管部门审查。

4. 竣工决算的编制方法实例

【例 8-1】 某一大中型建设项目 2006 年开工建设，2008 年年底有关财务核算资料如下：

(1)已经完成部分单项工程，经验收合格后，已经交付使用的资产包括：

① 固定资产价值 75540 万元。

② 为生产准备的使用期限在一年以内的备品备件、工具、器具等流动资产价值 30000 万元，期限在一年以上，单位价值在 1500 元以上的工具 60 万元。

③ 建造期间购置的专利权、非专利技术等无形资产 2000 万元，摊销期 5 年。

(2)基本建设未完成项目包括：

① 建筑安装工程支出 16000 万元。

② 设备工器具投资 44000 万元。

③ 建设单位管理费、勘察设计费等待摊投资 2400 万元。

④ 通过出让方式购置的土地使用权形成的其他投资 110 万元。

(3)非经营项目发生待核销基建支出 50 万元。

(4)应收生产单位投资借款 1400 万元。

(5)购置需要安装的器材 50 万元，其中待处理器材 16 万元。

(6)货币资金 470 万元。

(7)预付工程款及应收有偿调出器材款 18 万元。

(8)建设单位自用的固定资产原值 60550 万元，累计折扣 10022 万元。

(9)反映在资金平衡表上的各类资金来源的期末余额是：

① 预算拨款 52000 万元。

② 自筹资金拨款 58000 万元。

③ 其他拨款 450 万元。

④ 建设单位向商业银行借入的借款 110000 万元。

⑤ 建设单位当年完成交付生产单位使用的资产价值中，200 万元属于利用投资借款形成的待冲基建支出。

⑥ 应付器材销售商 40 万元货款和尚未支付的工程款 1916 万元。

⑦ 未交税金 30 万元。

根据上述有关资料编制该项目竣工财务决算表(见表 8-7)

表 8-7 大中型基本建设项目竣工财务决算表

建设项目名称：××建设项目　　　　　　　　　　　　　　　　　　　　单位：万元

资金来源	金额	资金占用	金额
一、基建拨款		一、基本建设支出	
1. 预算拨款		1. 交付使用资产	
2. 基建基金拨款		2. 在建工程	
3. 进口设备转账拨款		3. 待核销基建支出	

4. 器材转账拨款		4. 非经营项目转出投资	
5. 煤代油专用基金拨款		二、应收生产单位投资借款	
6. 自筹资金拨款		三、拨付所属投资借款	
7. 其他拨款		四、器材	
二、项目资本		其中:待处理器材损失	
1. 国家资本		五、货币资金	
2. 法人资本		六、预付及应收款	
3. 个人资本		七、有价证券	
三、项目资本公积金		八、固定资产	
四、基建借款		固定资产原价	
五、上级拨入投资借款		减:累计折旧	
六、企业债券资金		固定资产净值	
七、待冲基建支出		固定资产清理	
八、应付款		待处理固定资产损失	
九、未交款			
1. 未交税金			
2. 未交基建收入			
3. 未交基建包干结余			
4. 其他未交款			
十、上级拨入资金			
十一、留成收入			
合计		合计	

四、新增资产价值的确定

(一)新增资产价值的分类

1. 固定资产

固定资产是指使用期限超过一年,单位价值在 1000 元、1500 元或 2000 元以上,并且在使用过程中保持原有实物形态的资产。

2. 流动资产

流动资产是指可以在一年或者超过一年的营业周期内变现或者耗用的资产。流动资产按资产的占用形态可分为现金、存货、银行存款、短期投资、应收账款及预付账款。

3. 无形资产

无形资产是指特定主体所控制的,不具有实物形态,对生产经营长期发挥作用且能带来经济利益的资源。主要有专利权、非专利技术、商标权、商誉。

4. 递延资产

递延资产是指不能全部计入当年损益,应当在以后年度分期摊销的各种费用,包括开办费、租入固定资产改良支出等。

5. 其他资产

其他资产是指具有专门用途,但不参加生产经营的经国家批准的特种物资,银行冻结存款和冻结物资、涉及诉讼的财产等。

(二)新增资产价值的确定方法

1. 新增固定资产价值的确定

新增固定资产价值是以独立发挥生产能力的单项工程为对象的。单项工程建成经有关部门验收鉴定合格,正式移交生产或使用,即应计算新增固定资产价值。一次交付生产或使用的工程一次计算新增固定资产价值,分期分批交付生产或使用的工程,应分期分批计算新增固定资产价值。在计算时应注意以下几种情况:

(1)对于为了提高产品质量、改善劳动条件、节约材料消耗、保护环境而建设的附属辅助工程,只要全部建成,正式验收交付使用后就要计入新增固定资产价值。

(2)对于单项工程中不构成生产系统,但能独立发挥效益的非生产性项目,如住宅、食堂、医务所、托儿所、生活服务网点等,在建成并交付使用后,也要计算新增固定资产价值。

(3)凡购置达到固定资产标准不需安装的设备、工具、器具,应在交付使用后计入新增固定资产价值。

(4)属于新增固定资产价值的其他投资,应随同受益工程交付使用的同时一并计入。

(5)交付使用财产的成本,应按下列内容计算:

① 房屋、建筑物、管道、线路等固定资产的成本包括建筑工程成本和应分摊的待摊投资;

② 动力设备和生产设备等固定资产的成本包括需要安装设备的采购成本、安装工程成本、设备基础支柱等建筑工程成本或砌筑锅炉及各种特殊炉的建筑工程成本、应分摊的待摊投资;

③ 运输设备及其他不需要安装的设备、工具、器具、家具等固定资产一般仅计算采购成本,不计分摊的"待摊投资"。

(6)共同费用的分摊方法。新增固定资产的其他费用,如果是属于整个建设项目或两个以上单项工程的,在计算新增固定资产价值时,应在各单项工程中按比例分摊。分摊时,什么费用应由什么工程负担应按具体规定进行。一般情况下,建设单位管理费按建筑工程、安装工程、需安装设备价值总额按比例分摊,而土地征用费、勘察设计费等费用则按建筑工程造价分摊,生产工艺流程系统设计费按安装工程造价比例分摊。

[想一想]
本身具有使用价值,且其价值在于它的使用能产生超额获利能力,一般不作为无形资产入账,自创过程中发生的费用按当期费用处理,按此确定价值的资产属于哪种资产?

[问一问]
按照财务制度和企业会计准则,新增固定资产价值的计算对象为是什么?

【例8-2】 某工业建设项目及其总装车间的建筑工程费、安装工程费、需安装设备费以及应摊入费用如表8-8所示,计算总装车间新增固定资产价值。

表8-8 分摊费用计算表 单位:万元

项目名称	建设工程	安装工程	需安装设备费	建设单位管理费	土地征用费	建设单位设计费	工艺设计费
建设单位竣工决算	3000	600	900	70	80	40	20
总装车间竣工决算	600	300	450				

解 计算如下:

$$应分摊的建设单位管理费 = \frac{600+300+450}{3000+600+900} \times 70 = 21(万元)$$

$$应分摊的土地征用费 = \frac{600}{3000} \times 80 = 16(万元)$$

$$应分摊的建设设计费 = \frac{600}{3000} \times 40 = 8(万元)$$

$$应分摊的工艺设计费 = \frac{300}{600} \times 20 = 10(万元)$$

$$总装车间新增固定资产价值 = (600+300+450)+(21+16+8+10)$$
$$= 1350+55 = 1405(万元)$$

2. 新增流动资产价值的确定

流动资产是指可以在一年内或者超过一年的一个营业周期内变现或者运用的资产。

(1)货币性资金

货币性资金是指现金、各种银行存款及其他货币资金,其中现金是指企业的库存现金,包括企业内部各部门用于周转使用的备用金;各种存款是指企业的各种不同类型的银行存款;其他货币基金是指除现金和银行存款以外的其他货币资金,根据实际入账价值核定。

(2)应收及预付款项

应收账款是指企业因销售产品、提供劳务等应向购货单位或受益单位收取的款项;预付存款是指企业按照购货合同预付给供货单位的购货定金或部分货款。应收及预付款项包括应收票据、应收款项、其他应收款、预付货款和待摊费用。一般情况下,应收及预付款项按企业销售商品、产品或提供劳务时的实际成交金额入账核算。

(3)短期投资包括股票、债券、基金

股票和债券根据是否可以上市流通分别采用市场法和收益法确定其价值。

(4)存货

存货是指企业的库存材料、在产品、产成品等。各种存货应按照取得的实际成本计价。存货的形成,主要有外购和自制两个途径。外购的存货,按照买价加

[算一算]

某医院建设项目由甲、乙、丙三个单项工程组成,其中:勘察设计费60万元,建设项目建筑工程费2000万元、设备费3000万元、安装工程费1000万元,丙工程建筑工程费600万元、设备费1000万元、安装工程费200万元,则丙单项工程应分摊的勘察设计费为多少万元。

运输费、装卸费、保险费、途中合理损耗、入库前加工整理及挑选费用以及缴纳的税金等计价;自制的存货,按照制造过程中的各项实际支出计价。

3. 新增无形资产价值的确定

无形资产是指特定主体所控制的,不具有实物形态,对生产经营长期发挥作用且能够带来经济利益的资源。

(1)无形资产的计价原则

① 投资者按无形资产作为资本金或者合作条件投入时,按评估确认或合同协议约定的金额计价。

② 购入的无形资产,按照实际支付的价款计价。

③ 企业自创并依法申请取得的,按开发过程中的实际支出计价。

④ 企业接受捐赠的无形资产,按照发票账单所持金额或者同类无形资产市场价作价。

⑤ 无形资产计价入账后,应在其有效使用期内分期摊销。

(2)无形资产的计价方法

① 专利权的计价。

② 非专利技术的计价。

③ 商标权的计价。

④ 土地使用权的计价。

4. 递延资产和其他资产价值的确定

(1)递延资产价值的确定

① 开办费是指在筹集期间发生的费用,不能计入固定资产或无形资产价值的费用,主要包括筹建期间人员工资、办公费、员工培训费、差旅费、印刷费、注册登记费以及不计入固定资产和无形资产购建成本的汇兑损益、利息支出等。根据现行财务制度规定,企业筹建期间发生的费用,应于开始生产经营起一次计入开始生产经营当期的损益。企业筹建期间开办费的价值可按其账面价值确定。

② 以经营租赁方式租入的固定资产改良工程支出的计价,应在租赁有限期限内摊入制造费用或管理费用。

(2)其他资产

其他资产包括特准储备物资等,按实际入账价值核算。

【实践训练】

课目:计算有关数据

(一)背景资料

为贯彻落实国家西部大开发的伟大战略,某建设单位决定在西部某地建设一项大型特色生产基地项目。该项目从 2000 年开始实施,到 2001 年底财务核算资料如下:

1. 已经完成部分单项工程,经验收合格,交付的资产有:

(1)固定资产 74739 万元。

(2)为生产准备的使用期限在一年以内的随机备件、工具、器具 29361 万元。期限在 1 年以上,单件价值 2000 元以上的工具 61 万元。

(3)建造期内购置的专利权、非专利技术 1700 万元。摊销期为 5 年。

(4)筹建期间发生的开办费 79 万元。

2. 基建支出的项目有:

(1)建筑工程和安装工程支出 15800 万元。

(2)设备工器具投资 43800 万元。

(3)建设单位管理费、勘察设计费等待摊投资 2392 万元。

(4)通过出让方式购置的土地使用权形成的其他投资 108 万元。

3. 非经营项目发生待核销基建支出 40 万元。

4. 应收生产单位投资借款 1500 万元。

5. 购置需要安装的器材 49 万元,其中待处理器材损失 15 万元。

6. 货币资金 480 万元。

7. 工程预付款及应收有偿调出器材款 20 万元。

8. 建设单位自用的固定资产原价 60220 万元,累计折旧 10066 万元。

反映在《资金平衡表》上的各类资金来源的期末余额是:

1. 预算拨款 48000 万元。

2. 自筹资金拨款 60508 万元。

3. 其他拨款 300 万元。

4. 建设单位向商业银行借入的借款 109287 万元。

5. 建设单位当年完成交付生产单位使用的资产价值中,有 160 万元属利用投资借款形成的待冲基建支出。

6. 应付器材销售商 37 万元货款和应付工程款 1963 万元尚未支付。

7. 未交税金 28 万元。

(二)问题

1. 计算交付使用资产与在建工程有关数据(见表 8-9)。

表 8-9　交付使用资产与在建工程数据表　　　单位:万元

资金项目	金额	资金项目	金额
(一)交付使用资产		(二)在建工程	
1. 固定资产		1. 建筑安装工程投资	
2. 流动资产		2. 设备投资	
3. 无形资产		3. 待摊投资	
4. 递延资产		4. 其他投资	

2. 编制大中型基本建设项目竣工财务决算表(见表 8-10)。

表 8 - 10　大中型基本建设项目竣工财务决算表　　　单位:元

资金来源	金额	资金占用	金额
一、基建拨款		一、基本建设支出	
1. 预算拨款		1. 交付使用资产	
2. 基建基金拨款		2. 在建工程	
3. 进口设备转账拨款		3. 待核销基建支出	
4. 器材转账拨款		4. 非经营项目转出投资	
5. 煤代油专用基金拨款		二、应收生产单位投资借款	
6. 自筹资金拨款		三、拨付所属投资借款	
7. 其他拨款		四、器材	
二、项目资本		其中:待处理器材损失	
1. 国家资本		五、货币资金	
2. 法人资本		六、预付及应收款	
3. 个人资本		七、有价证券	
三、项目资本公积金		八、固定资产	
四、基建借款		固定资产原价	
五、上级拨入投资借款		减:累计折旧	
六、企业债券资金		固定资产净值	
七、待冲基建支出		固定资产清理	
八、应付款		待处理固定资产损失	
九、未交款			
1. 未交税金			
2. 未交基建收入			
3. 未交基建包干结余			
4. 其他未交款			
十、上级拨入资金			
十一、留成收入			
合计		合计	

3. 计算基建结余资金。

(三)分析与解答

解:

1. 计算交付使用资产与在建工程有关数据(见表 8 - 11)。

表 8－11　交付使用资产与在建工程数据表　单位:万元

资金项目	金额	资金项目	金额
(一)交付使用资产	105940	(二)在建工程	62100
1.固定资产	74800	1.建筑安装工程投资	15800
2.流动资产	29361	2.设备投资	43800
3.无形资产	1700	3.待摊投资	2392
4.递延资产	79	4.其他投资	108

2.编制大中型基本建设项目竣工财务决算表(见表 8－12)。

表 8－12　大中型基本建设项目竣工财务决算表　　单位:元

资金来源	金额	资金占用	金额
一、基建拨款	1088080000	一、基本建设支出	1680800000
1.预算拨款	480000000	1.交付使用资产	1059400000
2.基建基金拨款		2.在建工程	621000000
3.进口设备转账拨款		3.待核销基建支出	400000
4.器材转账拨款		4.非经营项目转出投资	
5.煤代油专用基金拨款		二、应收生产单位投资借款	15000000
6.自筹资金拨款	605080000	三、拨付所属投资借款	
7.其他拨款	3000000	四、器材	490000
二、项目资本		其中:待处理器材损失	150000
1.国家资本		五、货币资金	4800000
2.法人资本		六、预付及应收款	200000
3.个人资本		七、有价证券	
三、项目资本公积金		八、固定资产	501540000
四、基建借款	1092870000	固定资产原价	602200000
五、上级拨入投资借款		减:累计折旧	100660000
六、企业债券资金		固定资产净值	501540000
七、待冲基建支出	1600000	固定资产清理	
八、应付款	20000000	待处理固定资产损失	
九、未交款	280000		
1.未交税金	280000		
2.未交基建收入			
3.未交基建包干结余			
4.其他未交款			
十、上级拨入资金			
十一、留成收入			
合计	2202830000	合计	2202830000

表中部分数据计算:固定资产＝固定资产原价－累计折旧＋固定资产清理＋待处理固定资产损失＝60220－10066＝50154万元

3.基建结余资金＝基建拨款＋项目资本＋项目资本公积金＋基建借款＋企业债券资金＋待冲基建支出－基本建设支出－应收生产单位投资借款
＝108808＋109287＋160－168080－1500＝48675万元

第三节　保修费用的处理

一、建设项目保修

(一)建设项目保修及其意义

1.保修的含义

项目保修是项目竣工验收交付使用后,在一定期限内由承包人到发包人或用户进行回访,对于工程发生的确实是由于承包人施工责任造成的建筑物使用功能不良或无法使用的问题,由承包人负责修理,直到达到正常使用的标准。

2.保修的意义

建设工程质量保修制度是国家所确定的重要法律制度,建设工程保修制度对于完善建设工程保修制度、促进承包方加强质量管理、保护用户及消费者的合法权益能够起到重要的作用。

(二)保修的范围和最低保修期限

1.保修的范围

建筑工程的保修范围应包括地基基础工程、主体结构工程、屋面防水工程和其他土建工程,以及电气管线、上下水管线的安装工程,供热、供冷系统工程等项目。

2.保修的期限

(1)基础设施工程、房屋建筑的地基基础工程和主体结构工程,为设计文件规定的该工程的合理使用年限;

(2)屋面防水工程、有防水要求的卫生间、房间和外墙面的防渗漏为5年;

(3)供热与供冷系统为2个采暖期和供热期;

(4)电气管线、给排水管道、设备安装和装修工程为2年;

(5)其他项目的保修期限由承发包双方在合同中规定。建设工程的保修期,自竣工验收合格之日算起。

(三)保修的操作方法

1.发送保修证书(房屋保修卡)

在工程竣工验收的同时(最迟不应超过3天到一周),由承包人向发包人发送《建筑安装工程保修证书》。保修证书一般的主要内容包括:

（1）工程简况、房屋使用管理要求；

（2）保修范围和内容；

（3）保修时间；

（4）保修说明；

（5）保修情况记录；

（6）保修单位（即承包人）的名称、详细地址等。

2. 要求检查和保修

在保修期间内，建设单位或用户发现房屋的使用功能出现问题，是由于施工质量而影响使用，可以用口头或书面通知承包人的有关保修部门，说明情况，要求派人前往检查修理。承包人必须尽快地派人检查，并会同建设单位共同作出鉴定，提出修理方案，尽快地组织人力、物力进行修理。房屋建筑工程在保修期间出现质量缺陷，建设单位或房屋建筑所有人应当向承包人发出保修通知，承包人接到保修通知后，应到现场检查情况，在保修书约定的时间内予以保修，发生涉及结构安全或者严重影响使用功能的紧急抢修事故，承包人接到保修通知后，应当立即到达现场抢修。发生涉及结构安全的质量缺陷，建设单位或者房屋建筑产权人应当立即向当地建设主管部门报告，采取安全防范措施；由原设计单位或者具有相应资质等级的设计单位提出保修方案；承包人实施保修；原工程质量监督机构负责监督。

3. 验收

在发生问题的部位或项目修理完毕后，要在保修证书的"保修记录"栏内做好记录，并经发包人验收签认，此时修理工作完毕。

二、保修费用及其处理

（一）保修费用的含义

保修费用是指对保修期间和保修范围内所发生的维修、返工等各项费用支出。

（二）保修费用的处理

根据《中华人民共和国建筑法》的规定，在保修费用的处理问题上，必须根据修理项目的性质、内容以及检查修理等多种因素的实际情况，区别保修责任的承担问题，对于保修的经济责任的确定，应当由有关责任方承担。由建设单位和施工单位共同商定经济处理办法。

（1）承包单位未按国家有关规范、标准和设计要求施工，造成的质量缺陷，由承包单位负责返修并承担经济责任。

（2）由于设计方面的原因造成的质量缺陷，由设计单位承担经济责任，可由施工单位负责维修，其费用按有关规定通过建设单位向设计单位索赔，不足部分由建设单位负责协同有关方解决。

（3）因建筑材料、建筑构配件和设备质量不合格引起的质量缺陷，属于承包单位采购的或经其验收同意的，由承包单位承担经济责任；属于建设单位采购

[想一想]

工程竣工后，由于洪水等不可抗力造成的损坏，应由哪家单位承担保修费用？

的,由建设单位承担经济责任。

(4)因使用单位使用不当造成的损坏问题,由使用单位自行负责。

(5)因地震、洪水、台风等不可抗拒原因造成的损坏问题,施工单位、设计单位不承担经济责任,由建设单位负责处理。

(6)根据《中华人民共和国建筑法》第七十五条的规定,建筑施工企业违反该法规定,不履行保修义务的,责令改正,可以处以罚款。在保修期间因屋顶、墙面渗漏、开裂等质量缺陷,有关责任企业应当依据实际损失给予实物或价值补偿。因勘察设计原因、监理原因或者建筑材料、建筑构配件和设备等原因造成的质量缺陷,根据民法规定,施工企业可以在保修和赔偿损失之后,向有关责任者追偿。因建设工程质量不合格而造成损害的,受损害人有权向责任者要求赔偿。因建设单位或者勘察设计的原因、施工的原因、监理的原因产生的建设质量问题,造成他人损失的,以上单位应当承担相应的赔偿责任。受损害人可以向任何一方要求赔偿,也可以向以上各方提出共同赔偿要求。有关各方之间在赔偿后,可以在查明原因后向真正责任人追偿。

(7)涉外工程的保修问题,除参照上述办法进行处理外,还应依照原合同条款的有关规定执行。

【实践训练】

课目一:处理修理费

(一)背景资料

某工程在保修期间发生屋面漏水,甲方多次催促乙方修理,乙方一再拖,最后甲方另请施工单位修理,修理费1.5万元,该项费用如何处理?

(二)问题

修理费1.5万元,该项费用如何处理?

(三)分析与解答

[分析]:修理费1.5万元应从乙方(承包方)的保修金中扣除。

课目二:竣工结算

(一)背景资料

某建设单位拟编制某工业项目的竣工决算。该建设项目包括A、B两个主要生产车间和C、D、E、F四个辅助生产车间及若干附属办公、生活建筑物。在建设期内,各单项工程竣工结算数据见表所示。工程建设其他投资完成情况如下:支付行政划拨土地的土地征用及迁移费500万元,支付土地使用权出让金700万元;建设单位管理费400万元(其他300万元构成固定资产);勘探设计费340万元;专利费 70 万元;非专利费 30 万元;生产职工培训费 50 万元;报废工程损失 20 万元;生产线试运转支出 20 万元,试生产产品销售款 5 万元。

表 8-13　某建设单位竣工决算数据表　　　　单位:万元

项目名称	建筑工程	安装工程	需安装设备	不需安装设备	生产工器具	
					总额	达到固定资产标准
A 生产车间	1800	380	1600	300	130	80
B 生产车间	1500	350	1200	240	100	60
辅助生产车间	2000	230	800	160	90	50
附属建筑	700	40		20		
合计	6000	1000	3600	720	320	190

(二)问题

1. 什么是建设项目竣工决算? 竣工决算包括哪些内容?

2. 编制竣工决算的依据有哪些?

3. 如何进行编制竣工决算?

4. 试确定 A 生产车间的新增固定资产价值。

5. 试确定该建设项目的固定资产、流动资产、无形资产和其他资产价值。

(三)分析与解答

本案例要求同学们对竣工决算概念、内容、编制依据与步骤有所了解,并较熟悉掌握建设项目新增资产的分类方法和固定资产、流动资产、无形资产和其他资产的概念及其价值确定方法。

本章思考与实训

1. 简述竣工验收的内容和程序。

2. 何为竣工决算,包括哪些内容?

3. 简述竣工决算的编制方法和步骤。

4. 竣工项目资产包括哪几类,如何进行核定?

5. 新增固定资产、流动资产、无形资产价值应如何确定?

6. 简述建设工程竣工决算的内容?

7. 工程保修费用如何处理?

参考文献

1. 柯洪. 全国造价工程师执业资格考试培训教材：工程造价计价与控制. 北京：中国计划出版社，2009 年.

2. 柯洪，杨红雄. 2012 年全国造价工程师职业资格考试应试指南——工程造价计价与控制. 北京：中国计划出版社，2012 年.

3. 建设工程量清单计价规范 GB50500—2008. 北京：中国计划出版社，2008 年.

4. 国际咨询工程师联合会，中国工程咨询协会. FIDIC 施工合同条件. 北京：机械工业出版社，2002 年.

5. 中华人民共和国 2007 年版标准施工招标文件使用指南. 北京：中国计划出版社，2008 年.

6. 李建峰. 工程定额原理. 北京：人民交通出版社，2008 年.

7. 李颖. 高职高专工程造价专业系列教材：工程造价控制. 武汉：武汉理工大学出版社，2009 年.

8. 申玲，于凤光. 工程造价计价（第二版）（工程管理专业理论与实践教学指导系列教材）. 北京：水利水电出版社，2010 年.

9. 马楠. 建筑工程计量与计价. 北京：科学出版社，2007 年.

10. 马楠，张丽华. 建筑工程预算与报价. 北京：科学出版社，2010 年.

11. 马楠，龚东晓. 2008 全国造价工程师执业资格考试考前冲刺预测试卷——工程造价计价与控制. 北京：中国电力出版社，2008 年.

12. 马楠. 建筑工程计量与计价（高等职业教育"十一五"规划教材·高职高专建筑工程技术专业教材系列）. 北京：科学出版社，2007 年.

13. 中国建设工程造价管理协会标准，建设项目投资估算编审规程. 北京：中国计划出版社，2007 年.

14. 国家发展改革委、建设部联合发布. 建设项目经济评价方法与参数（第三版）. 北京：中国计划出版社，2006 年.

15. 中华人民共和国 2007 年版标准施工招标文件使用指南. 北京：中国计划出版社，2008 年.

16. 何伯森. 工程项目管理的国际惯例. 北京：中国建筑工业出版社，2007 年.

17. 全国注册咨询工程师资格考试参考教材编写委员编著. 项目决策分析与评价. 北京：中国计划出版社，2011 年.

18. 中国建设工程造价管理协会. 建设项目工程结算编审规程. 北京：中国计划出版社，2007 年.

19. 王春梅. 全国造价工程师执业资格考试培训教材：工程造价案例分析. 北京：清华大学出版社，2010 年.

编后语

按照出版社的统筹安排,由本编辑室策划、组编的一套高职高专土建类专业系列规划教材陆续面世了。

本套系列教材很荣幸地请安徽工程科技学院院长干洪教授作为顾问。干教授在担任安徽建筑工业学院副院长时曾是"安徽省高校土木工程系列规划教材"第一届编委会主任,与我社有过很好的合作。本套高职高专土建类专业系列教材从策划到编写,干教授全程关注,提出了许多指导性意见。他认为编写者和出版者都要为教材的使用者——学生着想,他希望我们把这一套教材做深、做透、做出特色、做出影响。

担任本套系列教材编委会主任的是合肥工业大学博士生导师柳炳康教授。他历任合肥工业大学建筑工程系主任、土木与建筑工程学院副院长,是国家一级注册结构工程师。从1982年起长期在教学第一线从事本科生及研究生的教学工作,曾主编多部土木工程专业教材,著述颇丰。柳教授为本套教材的编写和审定等做了大量而具体的工作,并在百忙中为本套教材作总序。

在这里,本编辑室还要感谢所有为这套教材的编写和出版付出智慧和汗水的人们:

安徽建工技师学院周元清副院长、江西现代职业技术学院建筑工程学院罗琳副院长和合肥共达职业技术学院齐明超等学校领导,以及诸位系主任、教研室负责人等,都非常重视这套教材的编写,亲自参加编委会会议并分别担任教材的主编。

江西赣江发展文化公司的纪伟鹏老师对本套教材的出版提出许多建设性的意见,也协助我们在江西省组建作者队伍,使本套教材的省际联合得以落实。

感谢社领导的大力支持和我社各个部门的密切配合,使得本套教材在组稿、编校、照排、出版和发行各个环节上得以顺利进行。

温家宝总理在视察常州信息职业技术学院时明确指出:"职业学校的学生,要学习知识,还要学会本领,学会生存。"我们编写出版这套教材时,也在一直思索着:如何能让学生真正学到一技之长,早日成为一个个有真本领的高级蓝领? 也在努力把握着:本套教材如何在"服务于教学、服务于学生"和"培养实用人才"上面多下一番工夫? 也在探索尝试着:本套教材在编排上、体例上、版式上做了一些创新处理,如何才能达到形式与内容的统一?

是不是能够达到以上这些目的,尚待时间和实践检验。我们恳请各位读者使用本套高职高专土建类专业系列规划教材时不吝指教,有意见和建议者请随时与我们联系(0551-2903467)。也欢迎其他相关院校的老师加入到本套教材的建设队伍中来。有意参编教材者,请将您的个人资料发至责任编辑信箱(chenhm30@163.com)。

合肥工业大学出版社 第四编辑部

2010 年 12 月

基础课类

土木工程概论	曲恒绪	建筑力学	方从严
房屋建筑构造	朱永祥	工程力学	窦本洋
建设法规概论	董春南	结构力学	蒋丽珍
建筑工程测量	刘双银	土力学与地基基础	陶玲霞
建筑制图与识图	徐友岳	建筑工程概预算	李 红
建筑制图与识图习题集	徐友岳	工程量清单计价	张雪武
建筑材料	吴自强		

建筑工程技术专业

建筑结构（上册）	肖玉德	建筑施工技术	张齐欣
建筑结构（下册）	周元清	建筑施工组织	黄文明
建筑钢结构	檀秋芬	建筑CAD	齐明超
建筑设备	孙桂良		

建筑装饰工程专业

建筑装饰构造	胡 敏	建筑装饰施工	周元清
建筑装饰材料	张齐欣	建筑装饰施工组织与管理	余 晖
住宅装饰设计	孙 杰	建筑装饰工程制图与识图	李文全

建筑设计技术专业

建筑·设计——平面构成	夏守军	建筑·设计——素描	余山枫
建筑·设计——色彩构成	王先华	建筑·设计——色彩	姜积会
建筑·设计——立体构成	陈晓耀	建筑·设计——手绘表现技法	杨兴胜

工程监理专业

建设工程监理概论	陈月萍	建设工程进度控制	闫超君
建设工程质量控制	胡孝华	建设工程合同管理	董春南
建设工程投资控制	赵仁权		

工程造价专业

工程造价计价与控制	范一鸣	装饰工程概预算	李 红
市政与园林工程概预算	崔怀祖		

工程管理专业

工程管理概论	俞 磊	建筑工程项目管理	李险峰

道路桥梁工程技术专业

道路材料	陈晓明